U0936292

中国科学院研究生教学丛书

胶体化学概论

江　龙　编著

科学出版社

北　京

内 容 简 介

本书是《中国科学院研究生教学丛书》之一。

本书主要介绍胶体与界面化学的基本原理和近年来活跃的新兴领域的相关研究工作，例如纳米颗粒的制备与排布、有序分子组合体等。对有广泛实用意义的浓分散体系流变学作了较为详细的介绍，对一些新的表面测定仪器也作了介绍。

通过本书的学习，学生可在大学物理化学的基础上进一步了解胶体与界面的基本理论问题，并能在以后的研究工作中加以应用。

本书可作为化学类及相关专业的研究生教材，并可供相关专业的研究人员参考。

图书在版编目（CIP）数据

胶体化学概论/江龙编著．-北京：科学出版社，2002
（中国科学院研究生教学丛书）
ISBN 978-7-03-009572-5

Ⅰ．胶…　Ⅱ．江…　Ⅲ．胶体化学-研究生-教材　Ⅳ．O648

中国版本图书馆 CIP 数据核字（2001）第 040808 号

责任编辑：胡华强　卢秀娟　丁　里
责任印制：赵　博 / 封面设计：槐寿明

科学出版社 出版
北京东黄城根北街 16 号
邮政编码：100717
http://www.sciencep.com
三河市骏杰印刷有限公司印刷
科学出版社发行　各地新华书店经销
*
2002 年 1 月第　一　版　　开本：787×1092　1/16
2024 年 8 月第十二次印刷　　印张：13 3/4
字数：304 000

定价：79.00 元

（如有印装质量问题，我社负责调换）

《中国科学院研究生教学丛书》总编委会

主　任：白春礼

副主任：何　岩　师昌绪　杨　乐　汪尔康
沈允钢　黄荣辉　叶朝辉

委　员：朱清时　叶大年　王　水　施蕴渝
余翔林　冯克勤　冯玉琳　高　文
洪友士　王东进　龚　立　吕晓澎
林　鹏

《中国科学院研究生教学丛书》化学学科编委会

主　编：汪尔康

副主编：朱清时

编　委：蒋耀忠　庞文琴　袁倬斌　张玉奎
于德泉

《中国科学院研究生教学丛书》序

在21世纪曙光初露，中国科技、教育面临重大改革和蓬勃发展之际，《中国科学院研究生教学丛书》——这套凝聚了中国科学院新老科学家、研究生导师们多年心血的研究生教材面世了。相信这套丛书的出版，会在一定程度上缓解研究生教材不足的困难，对提高研究生教育质量起着积极的推动作用。

21世纪将是科学技术日新月异，迅猛发展的新世纪，科学技术将成为经济发展的最重要的资源和不竭的动力，成为经济和社会发展的首要推动力量。世界各国之间综合国力的竞争，实质上是科技实力的竞争。而一个国家科技实力的决定因素是它所拥有的科技人才的数量和质量。我国要想在21世纪顺利地实施“科教兴国”和“可持续发展”战略，实现邓小平同志规划的第三步战略目标——把我国建设成中等发达国家，关键在于培养造就一支数量宏大、素质优良、结构合理、有能力参与国际竞争与合作的科技大军。这是摆在我国高等教育面前的一项十分繁重而光荣的战略任务。

中国科学院作为我国自然科学与高新技术的综合研究与发展中心，在建院之初就明确了出成果出人才并举的办院宗旨，长期坚持走科研与教育相结合的道路，发挥了高级科技专家多、科研条件好、科研水平高的优势，结合科研工作，积极培养研究生；在出成果的同时，为国家培养了数以万计的研究生。当前，中国科学院正在按照江泽民同志关于中国科学院要努力建设好“三个基地”的指示，在建设具有国际先进水平的科学研究基地和促进高新技术产业发展基地的同时，加强研究生教育，努力建设好高级人才培养基地，在肩负起发展我国科学技术及促进高新技术产业发展重任的同时，为国家源源不断地培养输送大批高级科技人才。

质量是研究生教育的生命，全面提高研究生培养质量是当前我国研究生教育的首要任务。研究生教材建设是提高研究生培养质量的一项重要的基础性工作。由于各种原因，目前我国研究生教材的建设滞后于研究生教育的发展。为了改变这种情况，中国科学院组织了一批在科学前沿工作，同时又具有相当教学经验的科学家撰写研究生教材，并以专项资金资助优秀的研究生教材的出版。希望通过数年努力，出版一套面向21世纪科技发展、体现中国科学院特色的高水平的研究生教学丛书。本丛书内容力求具有科学性、系统性和基础性，同时也兼顾前沿性，使阅读者不仅能获得相关学科的比较系统的科学基础知识，也能被引导进入当代科学研究的前沿。这套研究生教学丛书，不仅适合于在校研究生学习使用，也可以作为高校教师和专业研究人员工作和学习的参考书。

“桃李不言，下自成蹊。”我相信，通过中国科学院一批科学家的辛勤耕耘，《中国科学院研究生教学丛书》将成为我国研究生教育园地的一丛鲜花，也将似润物春雨，滋养莘莘学子的心田，把他们引向科学的殿堂，不仅为科学院，也为全国研究生教育的发展作出重要贡献。

前　言

从 1992 年开始，我在中国科学院研究生院讲胶体化学课。在讲课时，一方面力求将胶体科学中的一些新发展介绍给同学，例如纳米颗粒的制备与排布、溶液中有序分子组合体等，同时又考虑到有些同学在大学时对胶体化学基本原理了解不多，对一些基本原理作了复习性的论述。相信这些内容对于他们今后的研究工作都是有用的。在讲课中，感到胶体科学近年来发展很快，与信息、生物、环境、能源等学科的交叉发展，许多老领域成了今日科学的前沿，增加了不少新内容，有必要整理成书出版。

编写本书时，曾参考沈钟、王果庭的《胶体与表面化学》，周祖康、顾惕人、马季铭的《胶体化学基础》，陈宗淇、戴闽光的《胶体化学》等国内参考书；ЛИПАТОВ СМ，*ФИЭИКО-ХИМИЯ КОЛЛОИДОВ*，Adamson A W，*Physical Chemistry of Surfaces*，Paul. 3rd～6th Ed.，Hiemenz C and Rajagopalan R，*Principles of Colloid and Surface Chemistry*，3rd Ed. 等国外参考书。至于分散体系流变学部分，其基本观点则大部分来源于前苏联 Rehbinder P A 学派的工作。

在本书编写过程中，李津如教授校阅和修改了全部附图，邓永沛硕士为本书的打字和编排付出了大量的劳动，唐季安教授补充了部分内容。本书的出版得到中国科学院研究生教材基金的资助。对此，谨致以最衷心的感谢。

笔者虽然从事胶体与界面工作多年，但对许多领域仍了解甚浅，写作中难免挂一漏万，敬请谅解。对于自己从事过研究工作的部分，会多写一点，但也会带来一些个人观点，不妥与错误之处，望读者指正。

江　龙

2001 年于北京

前 言

[illegible]

目　　录

第一章　绪　　论

1.1　历　　史

胶体科学是研究微观不均相体系的科学，凡是在固、液、气相中含有固、液、气微粒的体系（气-气体系除外）均属胶体科学研究的范围，微粒的大小在 1nm（10^{-9}m）到 100nm 以至 1000nm 之间。由于这些体系具有巨大的界面，离开界面的研究就无法理解胶体的各种现象，因而这门科学又经常被称为界面与胶体科学。界面与胶体科学是一门密切联系生产实际的学科，其研究已成为许多具有重要意义的材料和工程的理论基础，如黏土（土壤、地基）、填料、许多复合材料和功能材料、工业悬液与浮液、颜料与涂料；而新能源开发、土壤改良、海水淡化、人工降雨、污染防治、生物膜和血液的研制等无不与这一学科有密切关系。有人认为，世界上有 50%以上的科学家是在与界面和胶体打交道，有 50%以上的产品属于胶体体系。因此，发展这一科学对我国的经济建设和其他学科领域的发展都有很大作用。

胶体与界面科学是一门古老的科学，早在 1861 年，Graham 就提出了“胶体”这一名词，人们把这一年作为胶体科学诞生的日子。但是长期以来，由于胶体体系的复杂性，许多规律停留在定性或半定量的描述，那些坚持研究胶体的科学家几乎成了炼金术士。然而近十余年，这门学科有了明显的发展与突破。

以美国为例，1965 年召开的美国第 39 届胶体与表面科学会议，共有文章 44 篇，其中 7 篇来自国外；1975 年的第 49 届会议，共有文章 154 篇，其中 70 篇来自国外；1985 年的第 59 届和第 5 届国际表面和界面科学会议，共有 708 篇文章，其中一半来自国外，有 1000 人参加[1]。在日本，胶体化学分会是日本化学会下面最大的一个分会，2000 年度过了她的 25 周岁。2000 年的第 10 届国际表面和界面科学会议有 660 人参加。在我国，1983 年召开了第一届胶体和界面化学会议，到 2009 年已经开到第十二届。从这些数字可以看出，胶体与表面科学在近 30 年来处于一个蓬勃发展的阶段。

我国著名的胶体化学家傅鹰教授说过：“一种科学的历史是那门科学中最宝贵的一部分，科学只能给我们以知识，而历史却能给我们智慧。”从胶体科学的发展史中，我们可以了解到这门科学所研究的内容，它们是怎样发展起来的以及影响其发展的主要因素。下面列出了胶体科学发展中的大事记，从中我们可以看到影响胶体科学发展的一些主要因素。

胶体科学发展大事记

1809 年 Peucc	黏土电渗和电泳
1829 年英国植物学家 Brown	花粉的运动
1838 年法国 Ascherson	油珠吸附溶液中蛋白质现象，形成皮
1843 年意大利化学家 Selmi	制备了氯化银、硫等在水中的“假溶液”，发现了盐的聚沉作用
1859 年英国 Faraday	红色的金溶胶，维持 70 多年。法拉第-丁铎尔效应

1861 年英国 Graham	1. 以扩散速度的快慢将物质分为晶体和胶体两类，提出了“胶体”这个名词，今日看来虽然不正确(因为：A. 不同情况下，晶体与胶体可互相转化；B. 胶体中包括有高分子、蛋白质、明胶等，后来认为不是胶体)，但确立了一门学科 2. 提出了胶体净化的方法——渗析 3. 在胶体制备方面作了大量工作 4. 提出了胶体的概念，如凝胶(gel)，胶溶(solubilization)，离浆现象(syneresis)等
1870 年 Thompson (Kelvin)	颗粒曲率对其蒸气压的影响
1880 年 Gibbs	界面上化学热力学
1883 年德国化学家 Schulze	胶体稳定性，金溶胶加入极少量的 NaCl 由红变蓝，最后变成灰褐色沉淀；研究了不同价电解质对胶体的聚沉能力，提出了 Schulze-Hardy“价数规则”
1906 年俄国化学家 Weiman	研究了 200 多种物质，发现任何晶体物质只要条件适合均可形成胶体，晶体与胶体为一种物质的两种不同状态，提出了结晶形成动力学公式
1902 年德国 Siedentopf 和 Zsigmondy	发明超显微镜，可测颗粒数及其大小，证明了胶粒的存在并使布朗运动的研究提高到定量的水平，巩固了分子运动说
1902 年德国 Zsigmondy	《胶体化学》一书出版
1907 年德国 Ostwald	第一份胶体化学杂志《胶体化学和工业杂志》出版，因而也有人认为这一年胶体化学正式成为独立学科，组织了胶体化学家学会，提出了分散体系的概念：粗分散、胶体分散和分子分散
1909 年德国 Freundlich	《毛细管化学》一书出版，提出 Freundlich 吸附方程式
1915 年美国 Langmuir	第一个单分子定量吸附理论，表面膜天平
1922 年德国 Staudinger	认为高分子是一个化合物而非聚集体，将高分子从胶体中分出去。其区别为： 胶体——弱作用键结合的小分子聚集体(表面现象，电解质吸附，胶团表面及内部溶剂分子起主要作用)； 高分子——化学键结合的大分子(大小、形状、结构)，高分子溶液黏度与其相对分子质量有简单关系
1920 年美国 Loeb 和 Alair	用渗透压法测定蛋白质相对分子质量
1920～1925 年瑞典 Svedberg	超离心机
1930 年美国 Adam	表面的物理与化学
1933 年德国 Ruska 和 Knoll	电子显微镜电镜研究，可看到胶体的真实颗粒形状
1935 年美国 Langmuir 和 Blodgett	LB 膜
1930～1940 年 Deryagin, Landau, Vervey, Overbeek	DLVO 理论，研究胶体稳定性的理论
1930～1934 年 Von Laue	X 射线测颗粒尺寸和结构
Putzeys, Brosteaux	光散射测相对分子质量
Tiselius	电泳分析
Guinie	小角 X 射线衍射
1940 年 La Mer	单分散溶胶和气溶胶
1950 年 Zimm 等	光散射测颗粒形状

1950 年 Truner,Emmett,Teller	BET 多层分子吸附理论
1951 年 Rehbinder	流变学,物理化学力学
1950 年 Terenin	表面红外光谱,表面光谱学
1957 年瑞典 Siegbahn	X 射线、光电子能谱、俄歇能谱
1962 年英国 Turner	UPS
1960 年德国 Kuhn	LB 膜中的能量传递,提出分子工程概念
英国 Roberts	LB 膜的光电器件概念
1962 年日本 Kubo	量子尺寸效应
1965 年美国 Feynman	量子电动力学, 纳米技术
1968 年美国 黎念之	液膜分离技术
1970 年 Matijevic	单分散,单形状纳米颗粒形成
1972 年 Lsraelachvili	表面力的研究
1980 年日本 Kunltake	人工脂质体
1981 年 Bining 和 Rohorer	扫描隧道显微镜
1982 年 Fendler	膜模拟化学
1982 年法国 Lehn	超分子化学
1984 年 Gleiter	纳米固体
1986 年 Bining 等	原子力显微镜
1989 年德国 Henglein	纳米尺度颗粒尺寸量子化效应
1991 年法国 De Gennes	液晶,有序分子组合体

我国的胶体科学的发展基本上是从解放后开始的,在这几十年内,我国在胶体和界面化学方面开展了一些研究,其中傅鹰教授的吸附研究、戴安邦教授的硅酸聚合理论的研究等,都达到了很高的水平。当时北京大学和南京大学所培养的一批学生推动了全国胶体科学的发展。改革开放以来,愈来愈多的单位和个人参加到这一行列中来,队伍愈来愈壮大。目前在各院校和研究机构都有许多以胶体和界面化学命名的实验室。

世界各国的胶体杂志(部分)

荷兰	Advance in Colloid and Interface Science
	Surface Science
	Colloid and Surfaces A. Physicochemical and Engineering Aspects)
	Colloid and Surfaces B. Biointerfaces
	Surface and Interface Analysis
	Journal of Dispersion Science and Technology
前苏联(现俄罗斯)	КОЛЛОИДНЫЙ ЖУРНАЛ
	(Colloid Journal)
美国	Progress in Surface Science
	Journal of Colloid and Interface Science
	Langmuir
	Surface and Coating Technology
日本	表面
	Colloid and Surface Chemistry
德国	Colloid & Polymer Science
	(Kolloid—Zeitschrift und Zeitschrift für Polymere)

1.2 胶体的定义和特点

1.2.1 胶体的定义

在研究胶体科学的开始，必须要弄清楚我们的研究对象。胶体是什么？目前普遍认为，Ostwald 所提出的定义是能最本质地说明胶体特性的。

1. Ostwald 分类[2]，Ostwald 于 1915 年写了一本《被遗忘了尺寸的世界》，介绍了胶体化学及其应用，他提出了胶体是一种尺寸在 1～100nm 以至 1000nm 的分散体。它既不是大块固体，又不是分子分散的液体，而是具有两相的微不均匀分散体系（见图 1.1）。

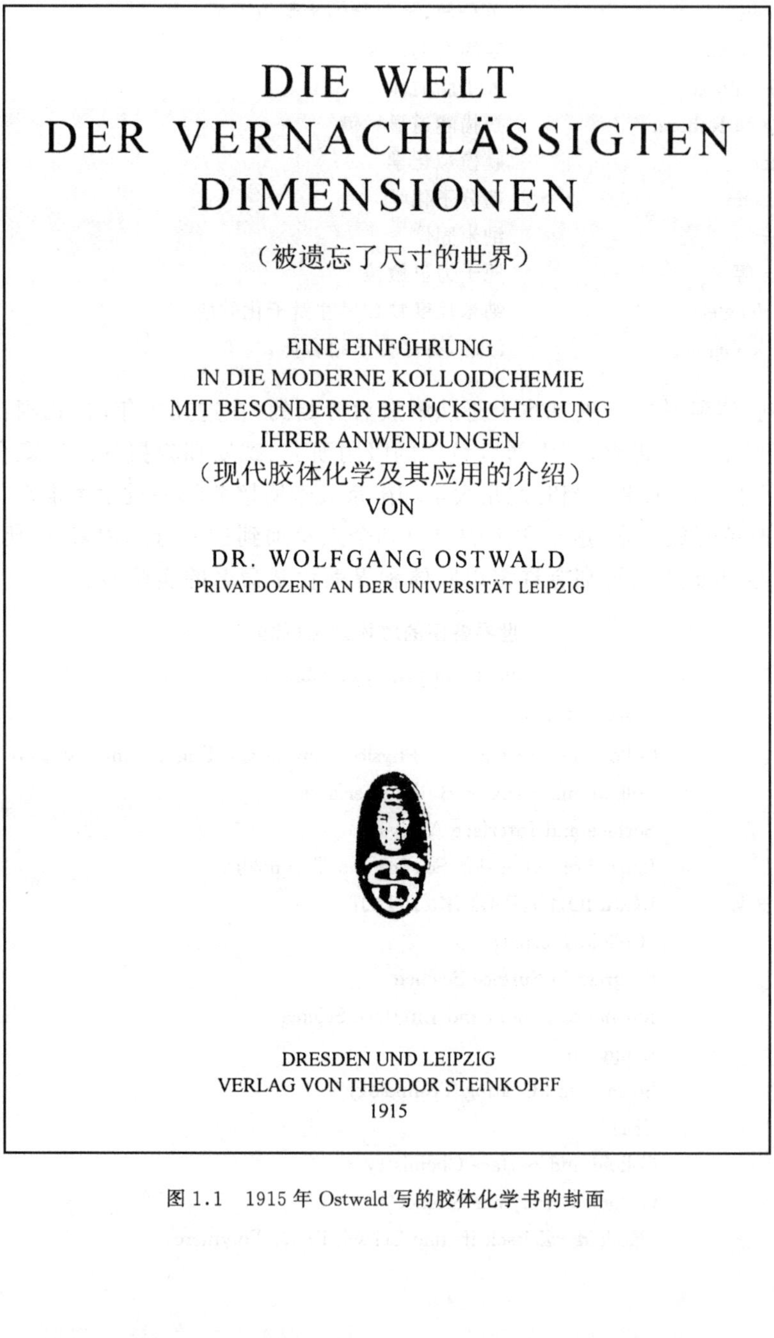

DIE WELT
DER VERNACHLÄSSIGTEN
DIMENSIONEN
（被遗忘了尺寸的世界）

EINE EINFÛHRUNG
IN DIE MODERNE KOLLOIDCHEMIE
MIT BESONDERER BERÛCKSICHTIGUNG
IHRER ANWENDUNGEN
（现代胶体化学及其应用的介绍）
VON

DR. WOLFGANG OSTWALD
PRIVATDOZENT AN DER UNIVERSITÄT LEIPZIG

DRESDEN UND LEIPZIG
VERLAG VON THEODOR STEINKOPFF
1915

图 1.1 1915 年 Ostwald 写的胶体化学书的封面

表 1.1　不同类型的分散体系

类　　型	粒子大小	特　　性
粗分散(悬液,乳液)	>100nm	不能穿过滤纸,无扩散能力,不能穿过渗析膜 在显微镜下可见
胶体分散(溶胶,微乳液)	1～100nm	能穿过滤纸,稍有扩散能力,不能穿过渗析膜 在显微镜下不可见,超显微镜下可分辨
分子分散	<1nm	能穿过滤纸,扩散能力强,能穿过渗析膜 在显微镜及超显微镜下均不可见

表 1.2　胶体体系举例

分散相(分散介质)	气　　态	液　　态	固　　态
气　体		云雾	青烟,高空灰尘
液　体	泡沫	牛乳,雪花膏	墨汁,泥浆
固　体	泡沫塑料,浮石	珍珠,某些宝石	合金,有色玻璃

说明:

(1)粗分散体系(悬液、乳液等)和胶体分散体系(溶胶、微乳液、胶束等)均属胶体体系。

(2)除去分散相和分散介质外,几乎所有的胶体都包括稳定剂,即界面相或第三相。

(3)以显微镜下能否看见作为划分胶体分散体的判据是比较客观的。如果这样,那么胶体分散体的尺寸范围应当是 1～200nm,因为根据光学原理,在显微镜下能看到的最小尺寸应是 200nm 左右。

2.Perin 和 Freundlich 分类法[3],将胶体分为憎液胶体和亲液胶体,来源于 Graham 的定义。而在以后的分类中,将这里所定义的亲液胶体归类为水溶性高分子或聚电解质。

性质	憎液胶体	亲液胶体
电解质的存在	必要的稳定因素	非必要的稳定因素
对电解质的稳定性	低	很高
聚沉的可逆性	不可逆	可逆
电镜下可见性	可见	不可见
黏度	与溶剂差别小	比溶剂大许多
渗透压	小	显著
粒子具有的电荷	固定,不易变	电荷随 pH 而变

3. 胶体研究对象的热力学分类[4],在这里,强调了胶体是聚集体。其中分热力学稳定与不稳定两类。狭义胶体分散体系是热力学不稳定体系,缔合胶体是热力学稳定体系,是一种真正的亲液胶体(见表 1.3)。

表 1.3　胶体体系的热力学分类法

	热力学	聚结过程	典型体系
狭义胶体体系纳米分散体系	不稳定	不可逆	溶胶,泡沫,悬浮液,乳状液,气溶胶
缔合胶体	稳定	可逆	胶束,微乳液,脂质体等
高分子溶液	稳定	可逆	淀粉/水,明胶/水,橡胶/己烷等

1.2.2 胶体的特点

1. 最大比表面,界面现象重要

一般情况下,比表面指单位体积物体所具有的表面积,即 $1cm^3$ 物体分散后所具有的面积 m^2/cm^3。有时,比表面指单位质量物体所具有的表面积,即 m^2/g。边长为 1m 的立方体的比表面为 $6m^2/m^3$。但当边长为 1×10^9m 时,其比表面为 $6\times10^9m^2/m^3$。

当颗粒变细时,表面上原子所占比例变大。表 1.4 列出某种超细粉的原子数与表面上原子所占比例。

表 1.4 某种超细粉的原子数与表面上原子所占比例

粒径/nm	原子数	$n(=\frac{\text{表面上的原子数}}{\text{总的原子数}})/\%$
20	2.5×10^5	10
10	3×10^4	20
5	4×10^3	40
2	250	80
1	30	99

这种巨大的表面和表面能使胶体体系具有很强的吸附能力,可用以制造各种吸附剂和催化剂;同时,使体系具有缩小表面的趋势,具有很强的吸附能力。

2. 最强烈的尺寸效应

这种效应是和胶体的尺寸大小而不是与其表面有关的。如光散射、电磁特性、力学特性等。

Henglein 在一篇文章[5]中,明确地提出了在纳米颗粒中,尺寸在 1～10nm 的那一部分,即 Ostwald 所指的被遗忘了尺寸的下限,具有与物质本体不同的性质,可称之为 Q 颗粒。Q 代表量子力学效应,或称为尺寸量子化效应。他在文章中列出一个硫化镉颗粒的尺寸量子化效应图(见图 1.2a),他认为当尺寸变小时,其能障会增大,其价带逐步移向低能量,而导带则明显地移至高能量。根据他的说法和图 1.2a,我们可画出硫化镉的能级和颗粒尺寸的示意图(见图 1.2b)。

H. Gleiter 提出了纳米材料的概念[6]。他将 6nm 的 Fe 粒子压成纳米材料,发现了一系列特殊性能。

熔点变化:12nm 的 TiO_2 在室温下就已熔合,其他纳米颗粒的烧结温度见表 1.5。

表 1.5 纳米颗粒的烧结温度

类　别	粒径/nm	起始烧结温度/℃
Cu	50	200(1083)
Fe	50	200～300(1536)
Ag	20	60～80(960)
Ni	20	200(1453)

力学性能:500℃时所得硬度相当于粗晶块材在 1100℃烧结所得。

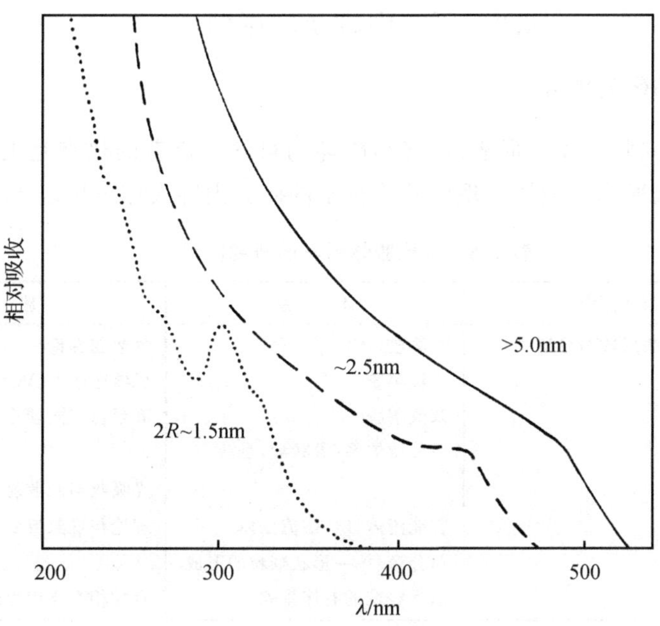

a. CdS 胶体的吸收峰

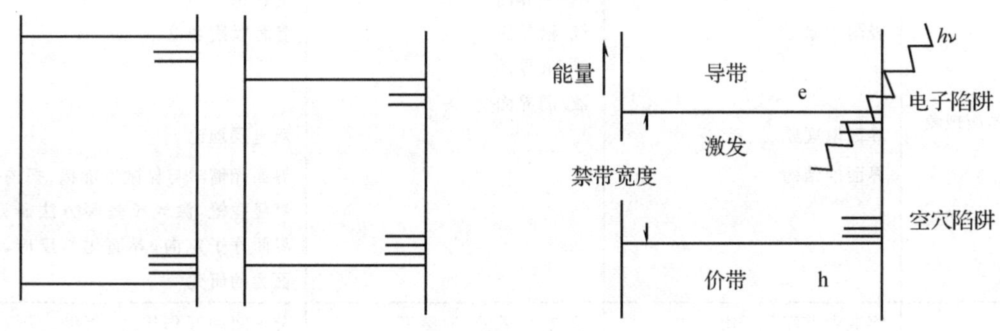

b. CdS 胶体颗粒的能级图

图 1.2 CdS 纳米颗粒的尺寸效应

电学性质：Kubo[7]指出，很难从小于 10nm 的金属粒子中取去或注入电子。这种粒子具有保持电学中性的趋势，对比热容、磁化、超导电性都有重要影响——Kubo 效应。

$$\delta = \frac{1}{2} \times \frac{E_f}{N}$$

式中，δ 为能级间距，E_f 为费米能级，N 为总电子数。

如纳米级铝粉的超导临界温度 T_c 远高于普通铝的。

隧道效应：颗粒间距小于 5nm 时，电子可穿过颗粒间势垒而传递。Kuhn 等[8]利用中间隔有不同链长脂肪酸的两层染料的 LB 膜，证明了染料间电子传递的隧道效应。

在纳米材料的研制中，存在着大量的界面与胶体问题，纳米材料的发展将推动胶体科学的发展。

1.3 研究内容及应用领域

1.3.1 胶体科学的研究内容

胶体科学是研究胶体体系形成、稳定和破坏的科学。最新的热点是纳米颗粒和分子有序组合体的形成、稳定与破坏。现代胶体科学的研究内容大体可用表 1.6 列出。

表 1.6 现代胶体科学的研究内容

	研究内容	体 系	理 论
分散体系	分散体系的形成与稳定	气溶胶 憎液溶胶 亲液溶胶 粗分散体系(乳状液,悬液)	气溶胶理论 成核理论,DLVO 与 HVO 稳定理论 高聚物溶液理论,胶束理论
	光学性能		光吸收与光散射理论
	流变性能	智能流体,电、磁流变体	理论与现象流变学
	纳米材料	单分散、单一形状颗粒的形成 纳米颗粒的有序排列	颗粒相互作用力理论
界面现象	润湿、摩擦、黏附	气/固界面 液/固界面	表面力理论,表面层结构,分子定向理论
	吸附现象	气/液界面 液/液界面 液/固界面	各种吸附理论
	界面电现象		双电层理论
	界面层结构		界面光谱学与显微术能谱,扫描探针显微镜,激光拉曼等方法研究,界面分子定向,界面化学反应,界面力的研究
有序组合体	溶液中有序分子组合体	胶束,微乳液,泡囊等	分子间相互作用力(氢键,范德华力,分子形状,弯曲能,相图)
	生物膜与仿生膜	BLM 膜,LB 膜,脂质体,液晶,分型体等	液晶理论,类脂体与蛋白质的相互作用,分型理论
	有机无机混合膜	夹心结构,sol-gel 膜等	
	有序组合体中的物理化学反应		增溶现象,胶团催化,定向合成

近年来物理和生物科学的新成就,给胶体科学的研究增加了许多新内容。例如,物理学的发展,指出了纳米颗粒的量子尺寸效应。愈来愈多的事实表明,超细颗粒在各种尖端材料中起着十分重要的作用,因此,如何获得超细颗粒,如何使超细颗粒避免聚集,如何使颗粒具有特定的形状与结构,如何使颗粒能最紧密地堆积以及如何运输等,都变成了热门课题。在这些研究中都要求研究固体的表面张力、固体的润湿性与膨胀性能、吸附层厚度对浓分散体系稳定性与流变性能的影响,这些要求大大推动了胶体化学本身向更深入更微观的方向发展。又如生物学的发展,对细胞膜的深入了解和人类基因组的解读计划的成功,使基因诊断和基因治疗从梦想变为事实。在这些研究中都要求研究生物功能分子

是如何组装的，组装结构与组合体功能之间的关系等，使胶体的分子和颗粒的组装规律又找到了十分重要的新应用。

在这些课题中，有两个根本的问题始终是胶体和界面科学工作者研究的中心。一是相互作用力的问题，即分子间力和界面力的性质问题，主要是弱作用力的作用。这是一种可控制、可自动形成、可修复的键。在分散体系中，分散相的相互作用，分散相与分散介质的相互作用，分散相与吸附物的相互作用，分散介质与吸附物的相互作用，以及吸附层中吸附物的相互作用等，都受到这种力的控制。在表面力场中的分子具有许多不同于自由状态下的性质，例如一些分子在有固体微粒存在下其激光拉曼讯号能增强 10^6，即所谓表面增强激光拉曼。又如分散体系的稳定性与流变性能取决于表面双电层或吸附层的厚度，这方面的代表理论有 DLVO 和 HVO 理论等。在实验上，许多光学和能谱学的仪器可以利用，这种表面结合力的性质，即各种性质的表面键的研究已成为当前界面化学研究的一个十分活跃的方面。

另一个问题是研究和控制分子集合体的堆积与排列，用现代化的语言来说，是研究二级结构以至三级结构的科学，或称为超分子结构的科学。传统的化学家们往往注重于研究分子本身的结构，即原子与原子间的排列组合，但却很少注意研究分子与分子间的排列与结构（二级结构），不注意它们形成二聚体、三聚体的规律和性能，不注意这些聚集体之间的相互作用的规律、排列和结构（三级结构）。而这些结构对物质的性能却起着十分重要的作用。众所周知，固体的强度不是由它的化学键而是由固体中的位错和缺陷来决定的。例如磁带是由磁粉组成的，但是如果不是规整排列的话，就不具有记录信息的功能；又如人们惊异地发现，人的脑细胞是以高度规整的方式排列的，因而赋予人脑以极大的信息容量；再如建筑上大量使用的水泥，无需改变其化学成分，只要加以细磨，并使之紧密堆积，就能使其抗压强度增加 100～200kg。所有这些事实告诉我们，对于具有一定性能的材料，颗粒单元间的相互作用力和排列方式在许多场合下比物质本身的化学成分更为重要。正如造房子，只有好的砖瓦而没有好的设计是不能造出好房子的。所以，有组织的分子群的设计与排列，将是人类在探讨自然奥秘中的一个十分重要的方面。目前在制备多层结构、固定形状结构和单分散度的微分散相方面的研究有了很大的进展。

近代科学的一个主要趋势就是用“由小到大”取代“由大到小”的方法来制备各种尖端材料乃至计算机元件。纳米技术、有序分子组合体、超分子化学、分子层次以上的化学等学科应运而生，而胶体科学的理论宝库中有许多这方面的知识。

更重要的是，人们已愈来愈认识到这种结构具有我们前所未知的功能，例如纳米复合材料、药物缓释材料等。单分子膜的有目的的设计与建构，将会产生最新一代的生物电子器件。

从胶体科学发展的历史中，我们可以看到仪器发展的重要性。“工欲善其事，必先利其器”，这些仪器使人们能够在分子和原子分子水平上来研究各种表面现象和表面化学反应，从而对表面化学成分、表面覆盖度、化学键合以及表面上原子与分子的状态等的认识提到一个新的高度，使表面科学的研究得以不断地发展和深入。因此发展和应用这些实验技术本身已经成为界面科学研究中的一个重要组成部分。

大致说来，在 1960 年以前，人们对表面的理解大部分只能用间接的、宏观的方法，在 1970 后，人们才能用实验方法直接测出表面组成以及表面键合性质。目前在气－固方面的表面分析技术是比较成熟的[9]，在界面化学研究中最有用的能谱仪有低能电子衍射谱(LEED)、光电子能谱(PES)(包括 X 光电子谱(XPS)和紫外电子谱(UPS))、振动光谱(包括反射和吸收红外光谱(RALRS))、电子能量损失谱(EEIS)和高分辨力电子显微镜(HREM)等。这些研究能提供表面物体的性质、表面过程机理、化学组分、电子结构和吸附物质的键合特性等信息。

以 CO 在金属表面上的吸附为例。经典的吸附研究是根据吸附前后被吸附物质的浓度差来决定被吸附的物质的量，而对表面上的细节是不知道的。现在利用光电子能谱就能得知 CO 是以碳端而不是氧端与金属表面接触的，还可以知道在不同温度下碳是以何种形式(C 或 CO)存在于金属表面的。

人们通过表面分析工具，还可以了解到微量杂质在固体中的分布。例如利用离子散射能谱可以研究铅杂质在溴化银单晶中的分布。在溴化银晶体中掺杂了 10μg/g 的铅，从离子散射谱中，可以看到绝大部分的铅集中在表面上，只是在 10～20 层分子以后，银才逐步地接近于化学当量的计算值。由于离子散射谱能够一层一层地观察表面，因而能观察到样品化学组成的深度分布。

扫描隧道显微镜(scanning tunneling microscopy)和原子力显微镜(atomic force microscopy)是近年来发展极快的两个测量表面的重要工具[10]。其基本原理是利用量子理论中的隧道原理，可以测出表面上 0.1～0.2nm 的高低差别。其量级为 10^{-12}～10^{-3}N。由此测出表面形态，从而解决了样品必须是导电的难题，扩大了扫描隧道显微镜的应用范围[11]。表 1.7 比较了当前一些显微技术的分辨能力。

表 1.7 高分辨率显微技术比较

	扫描电子显微镜 (SEM)	透射电子显微镜 (TEM)	场发射显微镜 (FEM)	扫描隧道显微镜 (STM)	原子力显微镜 (AFM)
最佳侧向分辨率/Å	40	1	1～2	1～2	2
最佳深度分辨率/Å	1000	100	*	0.01	1
样品制备难易	易	难	难	易	易
最大样品尺寸/cm	20	0.2	0.01	2	2
最大影像尺寸/cm	10 000	100	0.1	10	10
样品是否必须导电	是	是	是	是	非
是否需要真空	是	是	是	非	非

* 场发射显微镜(FEM)和场离子显微镜(FIM)是 Müller 分别在 1936 年和 1951 年发明的。其发射电子的阴极金属尖端就是要观察的样品。

这里必须提一下电子计算机。它的出现大大缩短了数据的处理时间，从而推动了这门学科的发展。例如测定悬浮液的颗粒分布，过去需要花很长时间取样、统计和计算，而利用配有计算机的图像分析仪，很快就能得到所必需的数据。另一个简单的例子就是用椭圆偏振仪测量多分子吸附层的厚度，这种测量过去是一种极长的操作，有时甚至要花费一两个月的时间，而现在通过计算机只需要一两天就够了。

1.3.2 胶体科学的应用

胶体科学是一门实用性很强的科学，它的生存与发展离不开社会的需要，而社会的需要又推动了这门学科的基础研究。胶体科学的应用领域很广，下面我们仅举能源、信息、环境和医药四方面的例子来说明这个问题。

1．能源

我国油少煤多，因而提高油的利用率，发展以煤代油，意义十分重大。近年来这方面的研究有了一些进展。比如柴油、汽油加水，利用微乳状液技术，柴油和汽油可加水至9％以上仍形成透明的稳定体系，燃烧性能良好，这就可以为国家节约大量的汽油和柴油。

又如代油煤浆（油煤浆和水煤浆）。它是一种高度分散在油或水中的煤粉，流动性能很好，可以经喷嘴射入炉内燃烧，并能用管道运输，是一种极有前途的新型代用能源，在国内外均已进入工业中试阶段。如果能成功地替代燃烧用的渣油与重油，每年将能为国家节约上千万吨的油，创造十余亿元的财富。一般的煤粉，在含水量为40％～50％时即已不能流动，而要做成能代油燃烧的煤浆，必须使其含水量降到30％以下，而且要具有很好的流动性，这就涉及到高浓度悬浮液的制备与流变性能的研究，涉及到颗粒的堆积与排列以及相互之间的作用。

再如三次采油。直接采油和注水采油（即二次采油）只能采收30％～40％的石油储量，也就是说近2/3的石油埋在地下拿不出来，原因是岩石缝隙中的油不易被水所驱出。三次采油是进行化学驱油，利用聚合物、表面活性剂和碱水使石油乳化。我国许多油田在注水采油中，出油的含水量愈来愈大，目前采出的液体，平均含水量为60％，个别的甚至达到90％，提高采油率已成为迫在眉睫的问题，因此，三次采油的研究已被列为我国许多部门的重要攻关项目。

以上这几个与能源有关的问题，就涉及到微乳液和悬浊液的形成与稳定性研究，涉及到分散体系流变性质的研究。

2．信息材料

提起信息，人们首先就会想到计算机。然而随着计算机的发展，原有芯片的信息容量已经不能满足使用的要求。下面的图表列出了科学家对未来计算机芯片的一些设想。

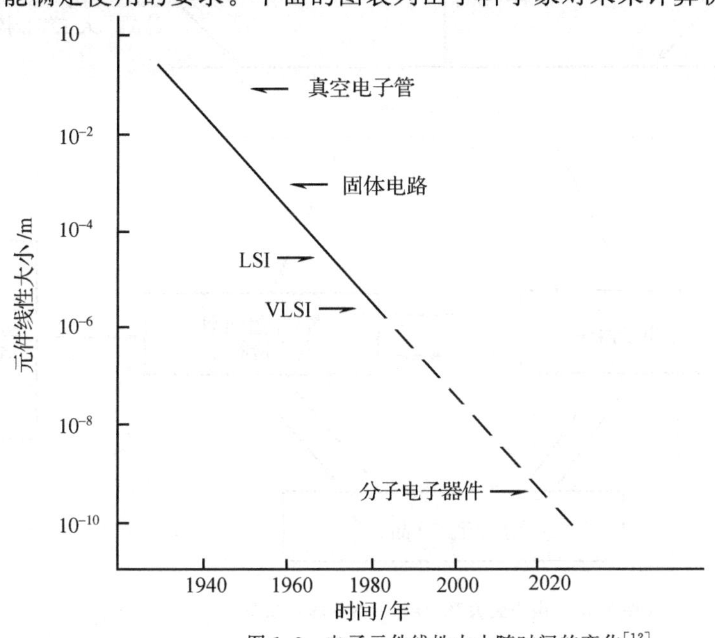

图1.3 电子元件线性大小随时间的变化[12]

（注：摘自G. G. Roberts（FRS. Mol. Ele. 主编）Advances in Physics，1985，Vol. 34(4)475[12]）

F. L. Carter[13]是分子电子学的创始人之一。在他的著作中，讲述了传统电子元件制造工艺中所遇到的困难，如下表所示。

平板印刷系统	分辨率/μm		1940 年真空电子二极管
	现在	1990 年	1947 年晶体管
可见光	1.5	0.75	光学法 1000 线/mm(即 1μm 分辨率)
紫外光	0.5	0.25	电子，离子 2000～10 000 线/mm(即 0.1μm 分辨率)
X 射线	0.1	0.01	再细很困难
电子束扫描	0.1	0.005	相应 40 000K/mm

传统电子元件制造工艺中所遇到的困难主要是：

(1) 导线细，热量大，元件之间的绝缘度大，成品率低等。

(2) 高温操作，无法制备生物电路。

(3) 不能做成仿视觉级并行数据处理系统。

因此，人们必须要完全抛弃现有的光刻工艺，另创新路。以分子或纳米尺寸单元组装的方法来取代传统的“切割”工艺。在这些思想的推动下，诞生了分子电子学和纳米电子学。其核心思想就是用“由小到大”来取代“由大到小”的方法来制备计算机元件。这就要研究如何去制备纳米颗粒，如何去组装分子。而胶体科学中的 LB 膜技术、吸附理论、溶液中有序分子组合体学说都是十分有用的。图 1.4 表示了这种“由小到大”来制备各种器件的思想。

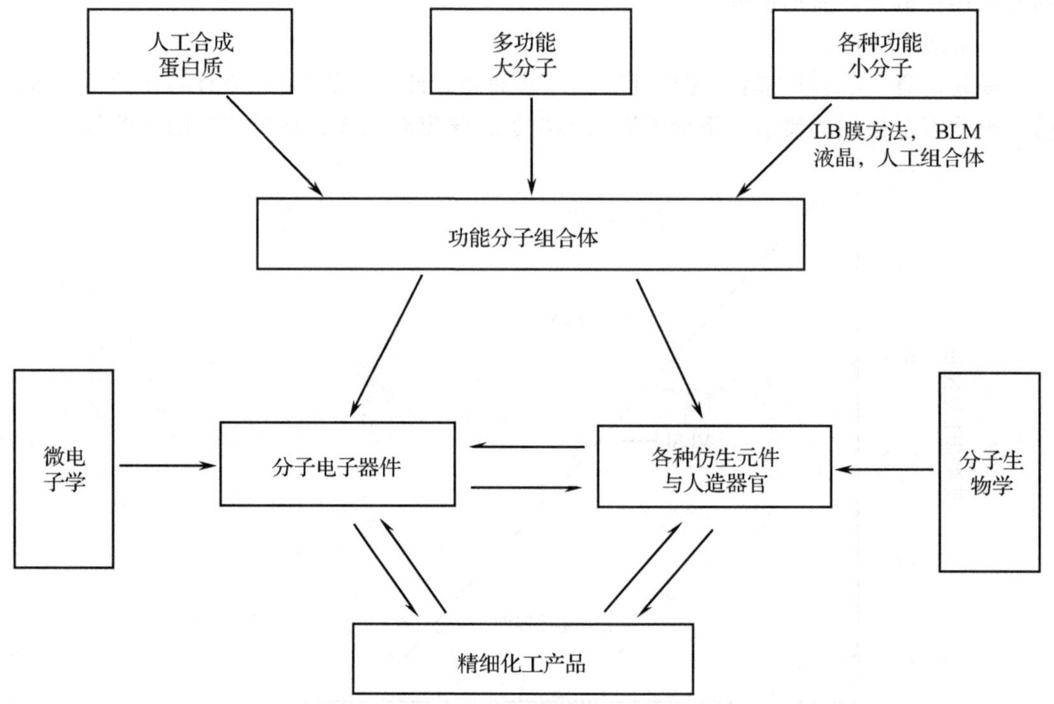

图 1.4 “由小到大”组装各种器件的示意图

DNA 传感器和计算机是建立在 DNA 双螺旋的识别性能上的。如何将单链 DNA 可靠地固定在基底上，然后去识别与之互补的另一条 DNA 单链，需要开展表面改性和分子组装的工作。我们举一例加以说明。图 1.5 是一种 DNA 检测器的示意图[14]。a 图表示在金属基底上生成一层聚吡咯，使之憎水化，b 图表示利用烷基胺使表面氨基化，c 图表示在氨基化的表面上固定单链的 DNA，即 DNA 探针，d 图表示与 DNA 探针配对的 DNA 单链被固定，即被识别，利用被识别时所产生的光、电性质和重量等变化，可以形成 DNA 检测器。

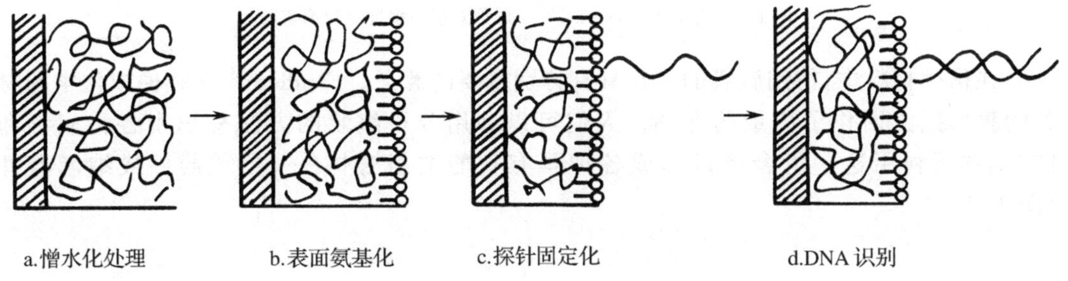

图 1.5　DNA 检测器的示意图

3. 医药与仿生

在医药上应用高分散物质来治疗疾病的事例愈来愈多[15]，例如，近年来迅速发展起来的用胶态磁流体来治癌；将磁性物质制成 10～20nm 的胶体，成为药物的载体，那么就可以在磁场作用下将药送到病灶；1979 年，Widder 用含有超微磁性粒子的药物进行注射，同时体外应用磁场，可使靶区的药物浓度提高 100 倍；1975 年 Turner 等报道了含铁磁性物质的硅酮微球，局部注射后，在体外强大超导电磁铁吸引下可以选择地阻塞肿瘤的血管，使肿瘤坏死，目前已应用于人体，尚未发现毒性。时隔 20 年，该工作仍在不断发展。

在用药物治疗疾病时，往往有缓慢释放和使药物集中于病灶（即定向）的要求。近 20 年来发展了一种微型胶囊技术，即将药物包在单分子或多分子膜中，控制膜的组成与结构即可达到缓解和定向的目的。例如，用脂质体组成的微囊能够制成抗疡药物新剂型，这种剂型能降低药物对健康细胞的毒性，并且容易为病灶吸收。如果将锑剂 Glucantine 包成脂质体，对受某种原虫感染的田鼠进行疗效实验，在两组老鼠感染 3d 之后给药，在 10d 后观察原虫消失率为 99.8%时所用的剂量。结果脂质体组为 4mg/kg，而不含脂质体组为 416mg/kg，包制成脂质体的锑剂用量为不包者的 1/100。脂质体膜的渗透能力受膜的制备、膜的控制等各种因素的影响，因而要了解脂质体膜的渗透能力，就需要对膜的结构和其他各种物理化学性质进行研究（图 1.6）。

许多无机离子具有生理作用，如钙、碘等，缺少它们会引起疾病；另一些离子有治疗作用，如对一些肿瘤有抑制作用。但是如果浓度很大，就会使人的机体中毒、受害。因此要使离子在溶液中的浓度极小而又能不断地得到补充。胶体颗粒正是由一种溶解度极小的颗粒所形成，符合了上述要求。因此一些无机物胶体颗粒成为一种新型的缓慢释放型药物。

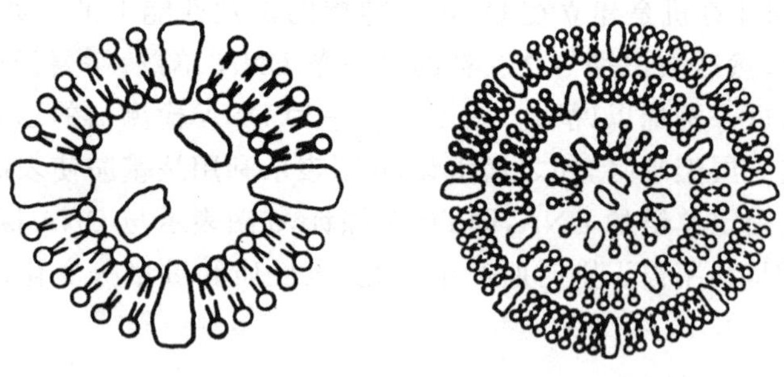

图 1.6　脂质体(liposome)——球形双层与多层膜的示意图

在仿生材料中,仿细胞膜的工作具有特别重要的意义。Fendler[16]在膜模拟化学和材料的膜模拟方面作了详细的介绍。人们可以利用分子组装的方法来识别各种病毒和DNA,并可利用这一组合体以形成各种具有智能的组合体——分子器件或纳米器件(图 1.7)。

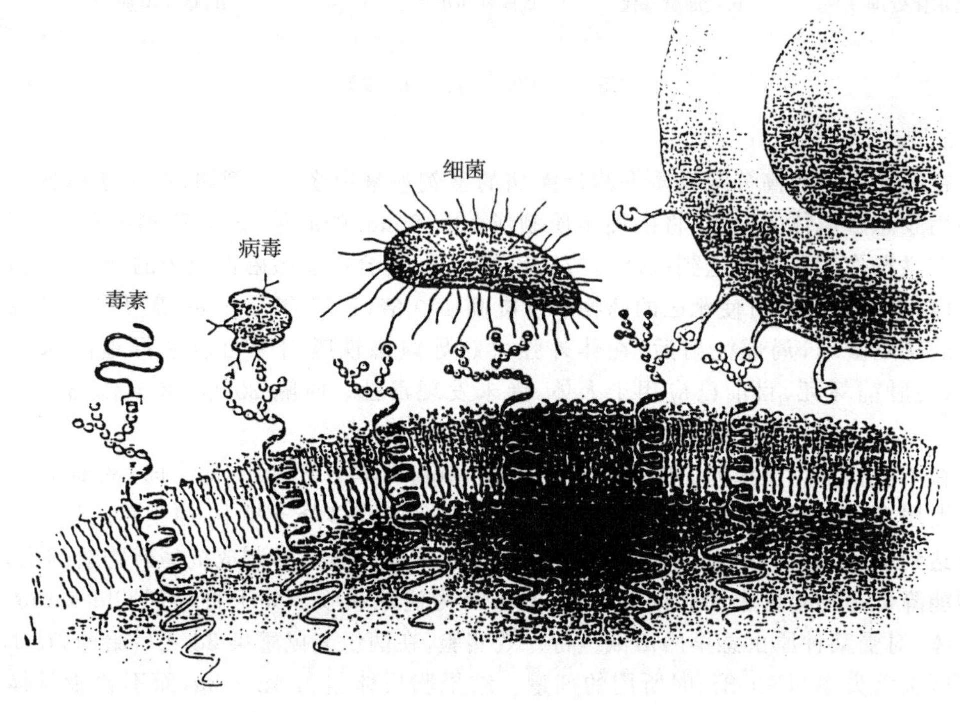

图 1.7　细胞膜的表面层结构及识别机制

4. 环境科学

人类现在所面临的一个重要挑战就是要设法解决一系列以胶体形式存在的污染。用胶体科学的语言来说,治理的实质是使这些胶体体系失去稳定性,如去泡、破乳和凝聚等。表 1.8 列出环境污染与胶体分散体的关系。

表 1.8 污染的形式与分类

污染形式	分散体系
雾、雨	气溶胶
烟、地面灰尘(Pb、S含量高),汽车尾气	气溶胶
河流与海滨的泡沫,河滩污沫	泡　沫
河流和油罐中的废油液	乳状液
工业废水,浑浊河流	悬浊液
废泡沫塑料	固溶液
废复合塑料	固溶液

利用胶体科学的知识可以找出新的提取微量元素或排除污染的方法,例如可利用泡沫的表面来富集大量溶液中的各种微量杂质,然后将泡沫去除。这种方法与传统的浮选方法相反,它所浮选的是少量有害杂质而不是大量的有用物质,而且吸附剂是大量而又价廉的气体,取之不尽,用之不竭,特别适用于低浓度离子的富集。对于某些金属离子,如铜、金、铀、锌等,最高提取率可达90%以上,尤其是在水的净化方面,该方法显示出极大的优越性。由于不同的杂质需采用不同的起泡剂和消泡剂,这就需要对泡沫膜的结构进行大量而又深入的研究,同样道理,采用液膜富集离子或消除污染的方法,近年来有了很大的发展,因而就形成了界面浮选这一新的学科。

从以上所举的各种例子可以看出,各种将物质分散到几个微米甚至更小尺寸的技术,以及薄到几个到几十个纳米的单分子层和多分子层的组装技术,已经由实验室规模转化为工业规模。反过来,工业上的广泛应用推动着分散体系和界面现象的研究。

综合参考书

1. Hiemeng PC and Rajagopalan, Principles of Colloid and Surface Chemistry, 3rd Ed., Revised and Expanded, Marcel Dekker, Inc. New York, 1997
2. Kruyt HR, Ed. Colloid Science, Vol 1 and 2, Elsevier, Amsterdam, Netherland, 1952
3. 沈钟,王果庭,胶体与表面化学,第二版,北京:化学工业出版社,1997
4. 周祖康,顾惕人,马季铭,胶体化学基础,北京:北京大学出版社,1984
5. 陈宗淇,戴闽光,胶体化学,北京:高等教育出版社,1984
6. ЩУКИН ЕД, ПЕРЦОВ АВ, АМЕЛИНА ЕА, КОЛЛОИДНАЯХИМИЯ, Изд. Московского Университета, 1982
7. Adamson AW, Physical Chemistry of Surfaces, Paul. 3rd-6th Ed. John-Wiley, 1976;中译本:顾惕人译,表面的物理化学,北京:科学出版社,1984
8. Ребиндер ПА, Поверхностные явления в дисперсных системах коллоидная химия Избранных труды, М "Наука", 1978; Ребиндер ПА, Поверхностные явления в дисперсных системах физико－химическая механика, Избранных труды, М "Наука", 1978

参考文献

[1] Matijevic E, Kratohvil JP, Abstracts of 5th International Conference on Surface and Colloid Science Symposium, Clarkson University, Potsdam, New York, 1985

[2] Ostwald W. Die Welt der Vernachlässigten Dimensionen. 1 Aufl Th Steinkopff, Dresden. 1915

[3] Freundlich H, Kapillarchemie, 1st ed., Leipzig, 1909

[4] Ребиндер ПА, Современные проблемы коллоидной-химии, Коллоидный журнал, 20, No. 5, 527, 1958

[5] Henglein A, Progr. Colloid & Polymer Sci, 1987, 73: 1～4

[6] Birringer R, Gleiter H, Klein HP, Marquardt, Physics Letters, 1984, 102A(8), 365
[7] Kubo R, J. Phys. Soc. Jpn., 1962, 17, 975
[8] Kuhn H, Moebius D, Angew. Chem. International Edn., 1971, 10, 620
[9] 潘承璜，赵良仲，电子能谱基础，北京：科学出版社，1981
[10] 白春礼，扫描隧道显微术及其应用，上海：上海科技出版社，1992
[11] Bonnell DA, Scanning Tunneling Microscopy and Spectroscopy: Theory, Techniques and Applications, VCH public, New York, 1993
[12] Roberts GG, Advances in Physics, 1985, Vol. 34, No. 4, 475～512
[13] Carter FL, Molecular Electronic Devices, New York: Dekker, 1982
[14] Lin Lin, Jinru Li, Long Jiang, Fixation of Single-Stranded DNA Nucleotide by Self Assembly Technology Colloid and Interface A Vol. 175, No. 1～22 000
[15] 顾学裘，药物制剂新剂型选编，北京：人民卫生出版社，1984
[16] Fendler JH, Membrane Mimetic Chemistry, Wiley, New York, 1982;
中译本：程虎民，高月英等译，膜模拟化学，北京：科学出版社，1991
Fendler JH, Membrane-Mimetic Approach to Advanced Materials Springer-Verlac Berlin Heidelberg, 1994;
中译本：江龙等译，尖端材料的膜模拟，北京：科学出版社，1999

习　题

1. 胶体科学定义，胶体体系有哪些最重要的特点？
2. 试举出一两种胶体在未来高科技中的可能应用领域。
3. 比表面定义。1g 汞分散至直径为 50nm 的汞溶胶，试求其表面积及比表面。汞的相对密度为 13.6g/cm^3。
4. 指出工农业生产中常用的 5 种胶体体系，并说明它们为什么是胶体。
5. 什么是亲液胶体，什么是憎液胶体，其主要判据是什么？
6. 举出几种新的表面和颗粒的测量技术，举出这些技术的优缺点。

第二章　单组分体系中的表面现象与表面能

2.1　单组分体系的表面能与表面张力

如图 2.1 所示，在液/气两相体系中，分子在体相内部和表面所受的力是不一样的。在液体内部的分子，因各方面作用的力相等，所受的合力为零。在液/气界面上，则因气相中吸引力小，形成了一种对表面上分子向下的合力，这种力使表面分子有被拉入液体内部而使液体表面缩小的倾向。从几何学的角度，我们知道圆球具有最小的表面积，因此所有液滴都是球形，包括地球、太阳等各种由液体凝固的固体都是圆形的。图 2.2 表示当保持体积不变而增加表面积时，更多分子涌向表面，则要克服内部吸力而作功。所作的功与表面积成正比，其比例常数为 σ。

$$\sigma = \text{所消耗的功} / \text{增加的面积} = -\mathrm{d}W_s/\mathrm{d}A \tag{2.1}$$

环境对体系作功为负功 $-\mathrm{d}W_s$，σ 表示增加表面的难易程度。σ 愈大，愈不易增加表面，是一种缩小表面的能力。

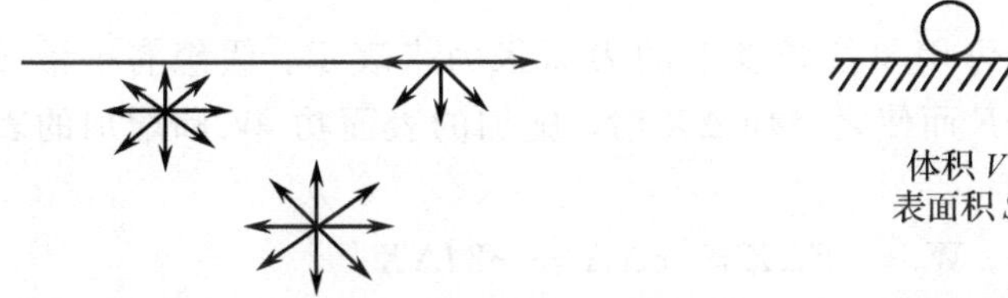

图 2.1　分子在界面上所受的力

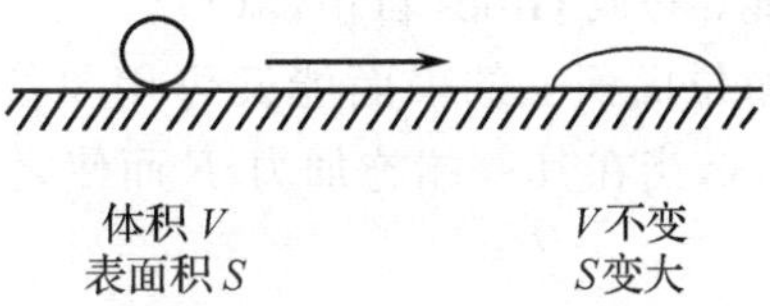

图 2.2　圆球具有最小表面

σ 与其他热力学函数的关系[1]讨论如下。

按热力学第一定律，体系热力学能(E)的变化为

$$\mathrm{d}E = \delta q - \delta W \tag{2.2}$$

式中，δq 为体系所吸的热；δW 为体系对外部环境所作的功。$-\delta W$ 为外部环境对体系所作的功。δW 可分为压强-体积即 pV 项和非 pV 项，可写成

$$\delta W = \delta W_{pV} + \delta W_{\text{非}pV} = p\mathrm{d}V + \delta W_{\text{非}pV} \tag{2.3}$$

$\delta W_{\text{非}pV}$一般指的是化学功，表面功也归于此项。

按热力学第二定律，对可逆过程

$$\delta q_{\text{rev}} = T\mathrm{d}S \tag{2.4}$$

将式(2.3)、(2.4)代入式(2.2)，得

$$\mathrm{d}E_{\text{rev}} = T\mathrm{d}S - p\mathrm{d}V - \delta W_{\text{非}pV} \tag{2.5}$$

而 Gibbs 自由能(或自由焓，恒温恒压自由能)

$$G = H - TS = E + pV - TS \tag{2.6}$$

微分后得

$$dG = dE + pdV + Vdp - TdS - SdT \tag{2.7}$$

将(2.5)式代入(2.7)式，得

$$dG = TdS - pdV - \delta W_{非pV} + pdV + Vdp - TdS - SdT$$
$$= -\delta W_{非pV} + Vdp + SdT \tag{2.8}$$

因为表面功属于非 pV 功，故

$$\delta W_{非pV} = \sigma dA \tag{2.9}$$

体系总自由能 $$dG = -SdT + Vdp + \sigma dA \tag{2.10}$$

在有巨大表面及多组分时 $$dG = -SdT + Vdp + \sum \mu_i dn_i + \sigma dA \tag{2.11}$$

在恒温恒压下，单组分时，上式中前三项均为 0，

$$dG = 0 + 0 + 0 + \sigma dA = \sigma dA$$
$$\sigma = (\partial G/\partial A)_{T,p,\sum n_i} \tag{2.12}$$

σ 为表面自由能，焦/米^2(J/m^2)或尔格/厘米^2(erg/cm^2)。

表面能定义：在指定条件下，液面增加一单位面积时 G 的增量（或 E、H、F 的增量）。

即 $$\sigma = \left(\frac{\partial E}{\partial A}\right)_{S,V} = \left(\frac{\partial H}{\partial A}\right)_{S,p} = \left(\frac{\partial F}{\partial A}\right)_{T,V} = \left(\frac{\partial G}{\partial A}\right)_{T,p}$$

以上结果表示 σ 是在某指定情况下单位面积的热力学能（E）、焓（H）、Helmhotz 自由能（F）或 Gibbs 自由能（G）。

单位面积上的表面能又可用单位长度上的表面张力来表示：假想有一液膜，其面积为 lx，当在其一端施加力 F 而使之增加 ΔX 时，施加的表面功 W_s 和增加的表面能相等。

$$-W_s = F\Delta X = \sigma\Delta A = \sigma 2l\Delta X \tag{2.13}$$
$$\sigma = F/2l \tag{2.14}$$

式中，$-W_s$ 为环境对体系作的表面功，F 为施加的力，ΔX 为在力 F 下发生的位移，l 为 F 所作用的膜的长度。因此 σ 又代表了单位长度上的表面张力，有时也用 γ 来表示表面张力，单位为毫牛/米(mN/m)或达因/厘米(dyn/cm)。由图 2.3 可以看出，表面张力的方向和液体表面相切，和净吸力垂直。由净吸力所产生的表面张力有缩小表面的倾向。

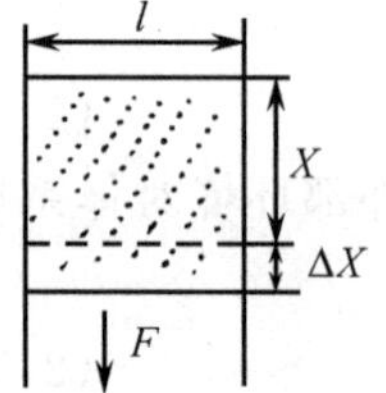

图 2.3 表面张力示意图

	SI 单位	CGS 单位
表面能	$1J/m^2 = 1\times10^7 erg/10^4 cm^2$	$= 1\times10^3 erg/cm^2$
表面张力	$1N/m = 1\times10^5 dyn/10^2 cm$	$= 1\times10^3 dyn/cm$
常用单位	$1mN/m = 1dyn/cm$	

2.2 影响表面能的几种因素

2.2.1 分子间吸引力

液体分子间吸引力愈大，表面张力愈大。

物质名称	水	正己烷	Hg	Cu(1100℃)
表面张力/mN·m^{-1}	72.75	18.4	485	879

2.2.2 相界面性质

Antonow 规则[2]:Antonow 提出,当两个液体接触时,其界面张力 $\sigma_{1,2}$可从下式算出

$$\sigma_{1,2} = \sigma_1{}' - \sigma_2{}' \tag{2.15}$$

式中,$\sigma_1{}'$,$\sigma_2{}'$分别为液体 1 和液体 2 在相互饱和时的表面张力;$\sigma_{1,2}$为界面张力。水的表面张力 σ 是 72.75mN/m。

表 2.1 Antonow 规则的验证

液体组分	σ_2,$\sigma_1{}'$,$\sigma_2{}'$的表面张力/mN·m^{-1}			$\sigma_{1,2}$的界面张力/mN·m^{-1}		温度/℃
	水层 $\sigma_1{}'$	有机液层 $\sigma_2{}'$	有机液体 σ_2	计算值	实验值	
苯/水	63.2	28.8	28.4	34.4	34.4	19
乙醚/水	28.1	17.5	17.7	10.6	10.6	18
CCl_3/水	59.8	26.2	27.2	33.4	33.3	18
CCl_4/水	70.9	43.2	43.4	24.7	24.7	18
戊醇/水	26.3	21.5	24.4	4.8	4.8	18
5%戊醇+95%苯/水	41.4	28.0	26.0	13.4	16.1	17

上表还说明了一个事实,界面张力比表面张力要小很多。其中最突出的是戊醇/水的界面张力,可以降低到 4.8mN/m。

2.2.3 表面张力与温度关系

当温度升高时,分子之间吸力变小,表面张力下降,有下列公式表示它们的关系

Eötvo

$$r\widetilde{V}^{2/3} = K(T_c - T) \tag{2.16}$$

Ramsay 和 Shields

$$\sigma\widetilde{V}^{2/3} = K(T_c - T - 6.0) \tag{2.17}$$

式中,$\widetilde{V}$ 为液体摩尔体积,T_c 为临界热力学温度;

非极性液体的 K 约为 2.2×10^{-7}J·K^{-1}。

$$\Delta G = \Delta H - T\Delta S \tag{2.18}$$

$$\sigma = (\partial G/\partial A)_{T,p} = (\partial H/\partial A)_{T,p} - T(\partial S/\partial A)_{T,p} \tag{2.19}$$

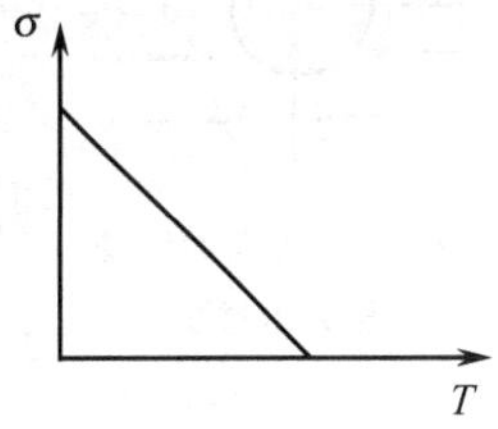

图 2.4 非缔合性液体 CCl_4 的表面张力与温度关系曲线

因为

$$dG = -SdT + Vdp + \sigma dA$$

$$(\partial S/\partial A)_{T,p} = (-\partial\sigma/\partial T)_{A,p} \tag{2.20}$$

所以

$$\sigma = (\partial H/\partial A)_{T,p} + T(\partial\sigma/\partial T)_{A,p}$$

$$(\partial H/\partial A)_{T,p} = \sigma - T(\partial\sigma/\partial T)_{A,p} \tag{2.21}$$

一般来说,增加表面时,吸热,即$\partial H/\partial A$ 为正,所以$\partial\sigma/\partial T$ 必为负值,即只有$-\partial\sigma/\partial T$ 为正值,才能使$\partial H/\partial A$ 为正。

2.2.4 表面张力与压力关系

随压力增大,表面张力减小,其原因很复杂,可能和增加气体的密度以及气体在液体

中的吸附有关，也可能因为在高压下气体分子溶于液体中，但总的说来，在低压下影响不明显，如下列数据[3]。

1atm(0.098MPa)　　$\sigma_{水}^{20}=72.8$　　$\sigma_{CCl_4}^{20}=26.8$

10atm(0.98MPa)　　$\sigma_{水}^{20}=71.8$　　$\sigma_{CCl_4}^{20}=25.8$

从热力学观点：

$$dG=-SdT+Vdp+\sigma dA$$

$$(\partial V/\partial A)_{T,p}=(\partial \sigma/\partial p)_{T,A} \tag{2.22}$$

因$(\partial V/\partial A)_{T,p}$很小，故$(\partial \sigma/\partial p)_{T,A}$很小。如果说温度增加是增加体积因而$\sigma$下降，那么由于液体的体积受压力影响很小，因而压力对σ影响应当不大。

但在高压下，可能会引起比较明显的变化[4]，如下列数据。这里可能有增加气体在液体中的溶解度和改变液面附近分子密度的因素，其原因比较复杂。

1atm(0.098MPa)　$\sigma_{水}^{20}=72.8$　　100atm(9.8MPa)　$\sigma_{水}^{20}=66.43$

2.3　弯曲界面两侧压力差——毛细管力

在一个大的容器中，水面是平的，表(界)面内外两侧的压力是相等的，但在毛细管中的水面是弯曲的，界面内外两侧的压力不一样，有压力差，这一部分正压力差称为弯曲压或毛细管力，如图2.5所示。图中的a为液滴，b为水中的气泡。他们所受的压力分别为：

液滴体相内部所受压力＝外界压力＋收缩压(弯曲压，弯曲能)

气泡体相内部所受压力＝外界压力＋弯曲压

我们可以总结为：

1. 弯曲压力方向总是向着曲率中心；

2. 向着曲率中心方向的体相压力总是比弯曲界面另一侧体相压力大。

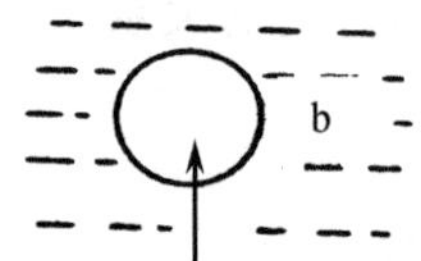

图2.5　弯曲面所受压力示意图

2.3.1　液滴表面曲率对平衡的影响

液滴两侧压力差(毛细管力)与曲率半径的关系可用Laplace公式表示。

当我们在一带有细管的容器中灌水时，水会流走，但当将管子愈变愈细时，管子变成一毛细管，此时就出现了图2.6的情形，即在容器中放很多水也不向外流，原因是毛细管的极细孔径或极小的曲率半径所造成的，其数量级相当于水头压Δp，Δp为由液滴弯曲面所造成的附加压力。

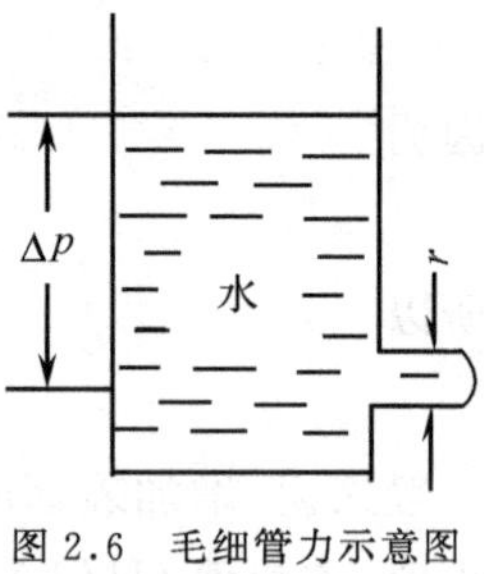

图2.6　毛细管力示意图

当增加一外力以形成液滴时，增加dV和dA。

$$\Delta p dV=\sigma dA \tag{2.23}$$

$$\Delta p=\sigma dA/dV \tag{2.24}$$

因　$A=4\pi r^2$　　$dA=8\pi r dr$　　$V=4/3\pi r^3$　　$dV=4\pi r^2 dr$

代入(2.24)式，可得

$$\Delta p = \sigma 8\pi r \mathrm{d}r / 4\pi r^2 \mathrm{d}r \tag{2.25}$$

$$\Delta p = 2\sigma / r \qquad \text{(Laplace 公式)} \tag{2.26}$$

根据 Laplace 公式，我们可以设想，如果有如图 2.7 那样的一个大槽，下面水是相通的，那么就有可能发生下列的一些情况：

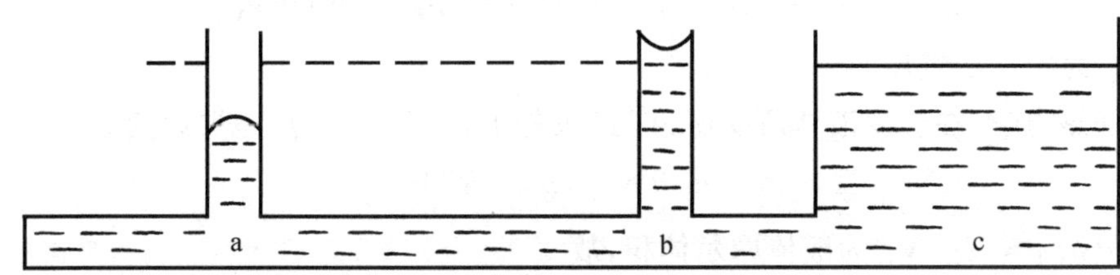

图 2.7　三种不同曲面所造成的不同液面上升

(1) 疏水壁，r 为正时，凸面，$\Delta p>0$，其他条件不变时，r 愈小，Δp 愈大，愈向里压，导致液面后退(下降)，如图 2.7a。

(2)亲水壁，r 为负，凹面，$\Delta p>0$，外力 $p'>p+\Delta p$，向外流导致毛细管液面前进(上升)，如图 2.7b。

(3) $r=\infty$或"不亲不疏"壁时，无毛细管压，液面无上升和下降，如图 2.7c。

对气泡来说，球内所受压力为两个膜面所造成，

$$\Delta p = 2\times 2\sigma / r = 4\sigma / r \tag{2.27}$$

气泡愈小，内部压力愈大，因此像图 2.8 所示的两个气泡在打开开关后，由于小泡内压力大，大泡内压力小，其结果不是变成一样大，而是小泡变得更小，大泡变得更大。

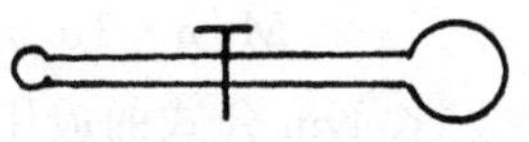

图 2.8　大小不同的两个气泡的连接

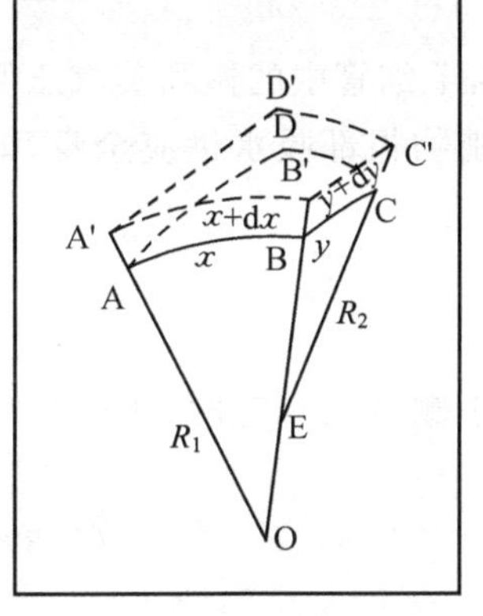

图 2.9　非球形曲面扩大时所做功的分析

当液面为非球形时，R_1 不等于 R_2，如图 2.9 所示。

其毛细管力

$$\Delta p=\sigma\left(\frac{1}{R_1}+\frac{1}{R_2}\right) \tag{2.28}$$

推导如下。

将曲面 ABCD 沿 z 轴扩大到 A′B′C′D′，因移动极小，曲面可算作平面。

面积增量　$\Delta A=(x+\mathrm{d}x)(y+\mathrm{d}y)-xy=x\mathrm{d}y+y\mathrm{d}x$

表面功　$W'=\sigma(x\mathrm{d}y+y\mathrm{d}x)$

体积增量　$\Delta V=xy\mathrm{d}z$

体积功　$W=\Delta p\Delta V=\Delta p xy\mathrm{d}z$

平衡时　$W'=W$

$$\sigma(x\mathrm{d}y+y\mathrm{d}x)=\Delta p xy\mathrm{d}z \tag{2.29}$$

因为△AOB≌△A′OB′，△BEC≌△B′EC′，可得

$$\frac{x+\mathrm{d}x}{R_1+\mathrm{d}z}=\frac{x}{R_1}=\frac{\mathrm{d}x}{\mathrm{d}z} \quad 或 \quad \mathrm{d}x=x\mathrm{d}z/R_1 \tag{2.30}$$

$$\frac{y+\mathrm{d}y}{R_1+\mathrm{d}z}=\frac{y}{R_2}=\frac{\mathrm{d}y}{\mathrm{d}z} \quad 或 \quad \mathrm{d}y=y\mathrm{d}z/R_2 \tag{2.31}$$

将式(2.30)和(2.31)代入式(2.29),可得式(2.28)。

2.3.2 蒸气压力与曲率的关系(Kelvin 公式)

恒温恒压下,液体与蒸气建立平衡,两相平衡的条件为化学位相等。

$$\mu_l(T, p_V) = \mu_g(T, p_V) = \mu_g^{\ominus} + RT\ln p_V \tag{2.32}$$

式中,p_V 为饱和蒸气压。

根据热力学,在改变液体所受压力(p)条件下,其蒸气压 p_V 也要改变,

$$(\partial \mu_l/\partial p)_T \mathrm{d}p = RT\ln p_V \tag{2.33}$$

而$(\partial \mu_l/\partial p)_T = V_L$, V_L 为液体摩尔体积,故

$$V_L \mathrm{d}p = RT\mathrm{d}\ln p_V \quad \text{(饱和蒸气压与液体压力关系)}$$

如将大块液体分为小块液体,液体所受压力从 $p \rightarrow p+\Delta p \rightarrow p+2\sigma/r$ (2.34)

饱和蒸气压由 $p_0 \rightarrow p_r$

假定 V_L 不变

$$\int_p^{\Delta p} V_L \mathrm{d}p = \int_{p_0}^{p_r} RT\mathrm{d}\ln p_V \tag{2.35}$$

$$V_L \mathrm{d}p = RT\ln \frac{p_r}{p_0} \tag{2.36}$$

因为,$\Delta p = 2\sigma/r$, $V_L = M/\rho$,故

$$M/\rho \times 2\sigma/r = RT\ln p_r/p_0 \text{ 或 } \ln p_r = \ln p_0 + 2M\sigma/RT\rho r \text{(Kelvin 公式)}$$

Kelvin 公式的应用:

(1)人工降雨。当大气中已有大量水汽,已形成过饱和的蒸汽,但不下雨,加入 AgI 晶种可以使过饱和的蒸汽迅速凝结,从而降雨。

(2)毛细管凝结和液体上升。由于亲水的毛细管中为凹面,毛细管中的饱和蒸汽压低于大气中的饱和蒸汽压,因此可在较低蒸汽压时就凝结,例如植物根部吸水供应全身,即利用毛细管上升原理。

2.3.3 Ostwald 现象

根据 Kelvin 公式,小颗粒具有更高的溶解度。所以当大小颗粒在一起时,小颗粒会逐渐消失,而大颗粒会逐渐长大。

$$\ln S_r = \ln S_0 + 2M\sigma/RT\rho r \tag{2.37}$$

式中,S 为溶解度。

2.3.4 颗粒大小对氧化还原电位的影响

利用 Gibbs-Kelvin 公式,还可以描述氧化-还原电位和颗粒大小的关系[5]。

$$\Delta E = E_\infty - E_r = \frac{2\sigma V_M}{rF} \tag{2.38}$$

式中,E_∞ 是大块银的电位,E_r 是颗粒半径为 r 的银的电极电位,V_M 是金属的摩尔体积,σ 是比表面能,F 是法拉第常量。Tausah-Treml[6] 等证明了孤立的银原子是很强的还原

剂，它的 $E^{\ominus}_{[Ag^+/Ag]}=-1.8V/NHE$，而大块银的 $E^{\ominus}_{[Ag^+/Ag]}=+0.8V$。

傅鹰在他所写的《化学热力学导论》一书中对 Kelvin 公式的应用范围作了如下叙述，现摘录如下[1]。

Kelvin 公式的定性证据不少，可用之解释很多现象，但定量的证据却不易得。直到近来对于液珠才得到精确的证实。LaMer 和 Gruen 证明液珠半径小到 0.1μm，公式仍然适用。对于在毛细管中的液体，结果则不能令人满意。例如 Thoma(1930)曾用异戊酸证实 Kelvin 公式，但 Shereshefsky(1955)的结果则比预期者大了 10～80 倍。这可能是受了管壁的影响，但真正的原因何在现时尚无定论。导得 Kelvin 式时我们假设 γ 不随半径大小改变，对于大块或粗管中的液体，此假设与实验相符，但是液珠或毛细管半径极小时，例如分子的数量级，表面张力是否仍有物理意义？Tolman 曾导得 $\gamma/\gamma_0=1/(1+2\delta/r)$ 的结果，其中之 γ_0 是普通的表面张力，δ 的数量级是 10^{-8}cm。此式表示颗粒很小时 γ 会降低，但这个效应不足以解释上述的偏差。

从上述论述中，我们可以看到，在尺寸小于 0.1μm 时，也就是当今的纳米世界，有许多问题尚待人们去研究。

2.4 测量表面(界面)张力的方法

2.4.1 滴体积(滴重)法

从毛细管中滴出一液滴，

$$W=2\pi r\gamma \tag{2.39}$$

式中，W 是液滴中重量，r 为毛细管半径，γ 为表面张力。液滴重量(W)与表面张力(γ)有关，表面张力愈大，所能形成的液滴愈重，并遵从式(2.39)。

但实际上液滴形状如图 2.10 所示，液滴将从最窄处断开。因此，需加校正因子 f。

$$W=2\pi rf\gamma \tag{2.40}$$

f 与体积和 r 有关，有表可查[4]。

图 2.10 液滴法测表面张力示意图

实验时，测量体积更为方便

$$W=2\pi r\gamma f=V\rho g \tag{2.41}$$

测量油水界面的界面张力时，

$$V(\rho_2-\rho_1)g=2\pi r\gamma f \tag{2.42}$$

式中，g 为重力加速度，1 克力＝980dyn。

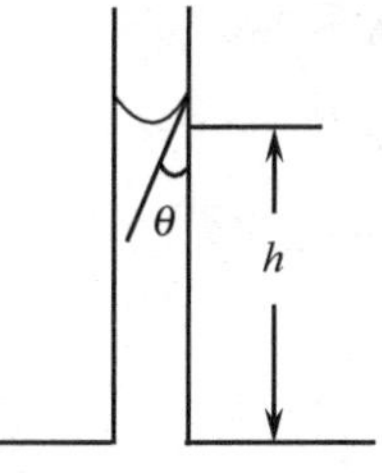

图 2.11 毛细管上升法测表面张力示意图

2.4.2 毛细管上升法

将毛细管插在液体中，由于毛细管力，液体上升。

$$2\pi r\cdot\sigma\cos\theta-\pi r^2h\rho g \tag{2.43}$$

$$\sigma=\pi r^2h\rho g/2\pi r\cdot\sigma\cos\theta=\rho ghr/2\cos\theta \tag{2.44}$$

当液体完全润湿管壁时，$\theta=0$，就可算出 σ。由于角 θ 不易测量，此法适用于润湿管壁好的液体，即可以认为其为 θ 的液体。

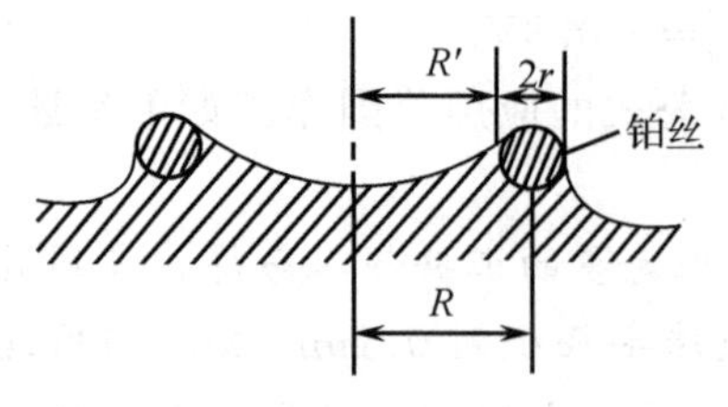

铂环的平均半径 R

图 2.12 吊环法测表面张力示意图

2.4.3 吊环法

又称 Du NouY 法(动态法之一)。

将半径为 R'的空心圆环浸入水中,然后缓慢提出,此时有拉力作用于圆环。在离开水面时,有最大拉力。因为膜有两面,故需乘以 2。

$$F = mg = 2 \times 2\pi R \cdot \sigma = 4\pi R \cdot \sigma \qquad (2.45)$$

$$\sigma = F/4\pi R$$

式中,$R = R'_{内半径} + r_{铂丝}$,$F = F_{总} - F_{环}$,即要扣去环本身的重量。当环脱离液面时,其 F 与表面张力有关,与液柱重量有关。可用下面经验式表示

$$\sigma = \frac{\Delta W}{4\pi R} \cdot f\left(\frac{R^3}{V} \cdot \frac{R}{r}\right) \qquad (2.46)$$

式中,$R = R' + r$,V 是环拉起的体积,自 $F = mg = V\rho g$ 可求出,这种算法不够精细,为相对值,R 已知,查表可知 f。

2.4.4 最大压力气泡法

半径最小时为毛细管半径 r,此时压力为最大。根据 $\Delta p = 2\sigma/r$ 即可求出 σ。

如果能精确地测出 r,此法不用知其他参数,也和接触角无关。该法亦可对两种不同液体进行比较,一种液体的表面张力 σ_1 为已知,

$$\Delta p_1/\Delta p_2 = \sigma_1/\sigma_2$$

而 Δp_1 与 Δp_2 用压力计中水柱高度 h 表示,即

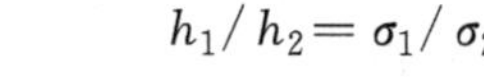

$$h_1/h_2 = \sigma_1/\sigma_2$$

由该公式可测出另一种液体的表面张力 σ_2。

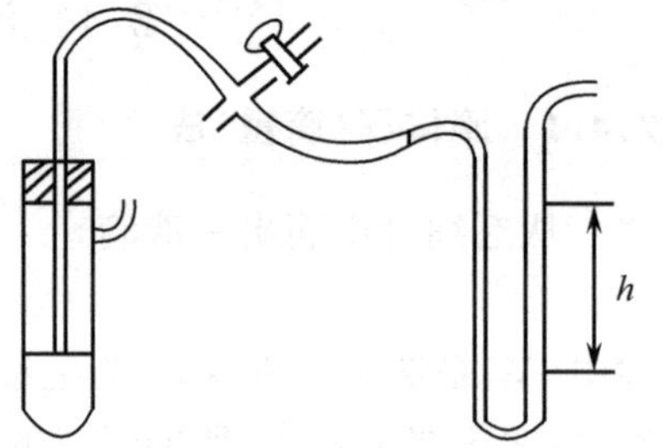

图 2.13 最大压力气泡法测表面张力示意图

2.4.5 旋滴法(rotating drop method)

可测$<10^{-2}$mN/m 的界面张力,最小可达 10^{-5},10^{-6}mN/m,是目前测量超低界面张力的最方便而有效的方法。

$$\gamma = \omega^2 \Delta\rho r_0^3/4 \qquad (2.47)$$

式中,γ 为表面张力,ω 为转速,r_0 为圆柱半径,$\Delta\rho$ 为液体密度差,$\rho_A < \rho_B$。

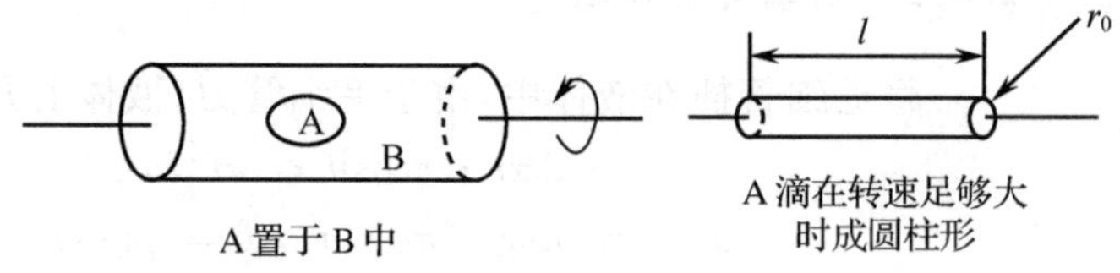

图 2.14 旋滴法测量两液体之间的界面张力

2.4.6 吊片法

将一薄片浸于水中，使充分浸润，在薄片上用一扭力天平或弹簧来测量表面张力对薄片所施加的力。利用的原理和吊环法相同，薄片可以是云母、显微镜盖玻片或铂片。有动法和静法。

动法是测定薄片与液面拉脱时的最大拉力。

$$\Delta F = 2l\sigma \tag{2.48}$$

薄片片宽为 l，片厚为 d，$l \gg d$，$2(l+d) \approx 2l$。

在测量时和吊环法一样，必须考虑吊片本身的重量。

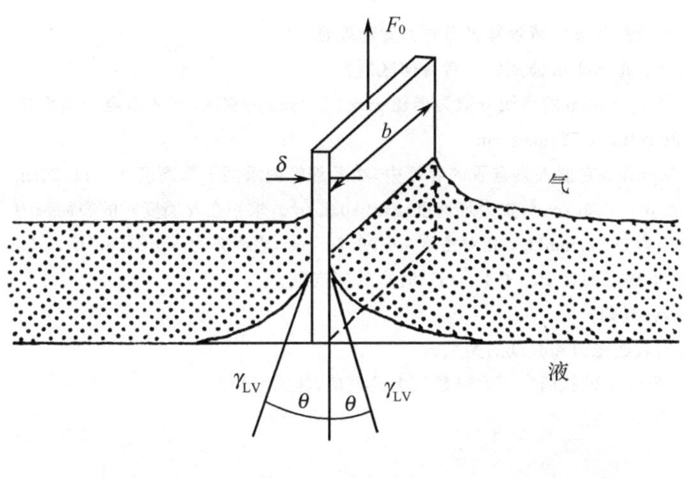

图 2.15　吊片法测表面张力示意图

静法是将薄片与液体接触，所增加的重量即作用于吊片接触周界的力，按(2.45)式可算出表面张力，我们也可以已知液体为标准物质，以其在测定温度时的表面张力来校正仪器。$\Delta F_1/\Delta F_2 = \sigma_1/\sigma_2$。由于此法简单，只需测定浸片的重量，因此被广泛用来测定表面张力，尤其作为表面张力变化过程的监测，例如在 Langmuir 法形成单分子膜的过程中。

以上两种测法都必须在吊片能充分润湿的前提下来进行，否则(2.45)式就要改写为

$$\Delta W = 2l\sigma\cos\theta \tag{2.49}$$

很多人用优质定量滤纸作为薄片来满足充分浸润的要求，可以得到很好的结果。因为滤纸表面粗糙不平，在表面上固定了一层水，这样就很容易使接触角为零。如果要测定液-液界面张力，所用薄片必须能被下层液体所润湿。如要测定油的表面或界面张力，须将薄片表面憎水化，例如将玻璃片浸在三甲基氯硅烷中或将云母片在煤气灯焰上熏上一层灯黑等，这种粗糙的表面具有固定油的作用，使其接触角变小，其效果要比平滑的表面好。

综 合 参 考 书

1. 沈钟，王果庭，胶体与表面化学，第二版，北京：化学工业出版社，1997

2. 陈宗淇，戴闻光，胶体化学，北京：高等教育出版社，1984

3. 赵国玺,表面活性剂物理化学,北京:北京大学出版社,1984

参 考 文 献

[1] 傅鹰,化学热力学导论,北京:科学出版社,1963
[2] Antonow G, J. Chim. Phys. ,5,372,1907
[3] 周祖康,顾惕人,马季铭,胶体化学基础,北京:北京大学出版社,1991
[4] 严继民,胡日恒,化学学报,1964
[5] Konstantinov Ⅰ,Malinowski J, J. Photogr. Sci. ,23,1～6,1975
[6] Tausch-Treml R,Henglein A,Lilie J,Ber. Bunsenges. ,Phys. Chem. , 82:1335,1978

习 题

1. 什么是表面张力? 其单位是什么? 请解释表面张力的物理意义?
2. 什么是 Laplace 公式,什么是 Kelvin 公式? 二者有何区别?
3. 20℃及 1atm 下,把半径 $r_1=1$mm 的水滴分散为半径 $r_2=10^{-3}$mm 的水滴,问环境至少需作功多少焦耳? 20℃时,水的表面张力为 72.8mN/m 或 72.8erg/cm。
4. 已知毛细管半径 $r=50\mu$m,将它插入盛有汞的容器中,在毛细管内汞面下降高度 $h=11.20$cm,汞与毛细管表面接触角为 140°,汞的密度 $\rho=13.6$g/cm^3,重力加速度 $g=980$cm/s^2。求汞在此温度时的表面张力。
5. 27℃时水的饱和蒸汽压为 26.47mmHg, 相对密度 $\rho=99.7$g/cm^3,表面张力 $\gamma=71.8$dyn/cm(mN/m)。若水滴为圆球形,试计算在此温度下比表面为 10^5 和 10^7cm^{-1}时水的蒸汽压。
6. 何为安东诺夫(Antonow)规则?
7. 试用热力学方法推导出表面张力和温度的关系。
8. 当大小颗粒混合时,会发生小颗粒消失而大颗粒长大的现象,其原因为何?

第三章　凝聚相界面

3.1　二组分体系凝聚相间界面(液/液界面)

当将一液滴放至固体表面上时，有两种可能性，如图 3.1 所示。

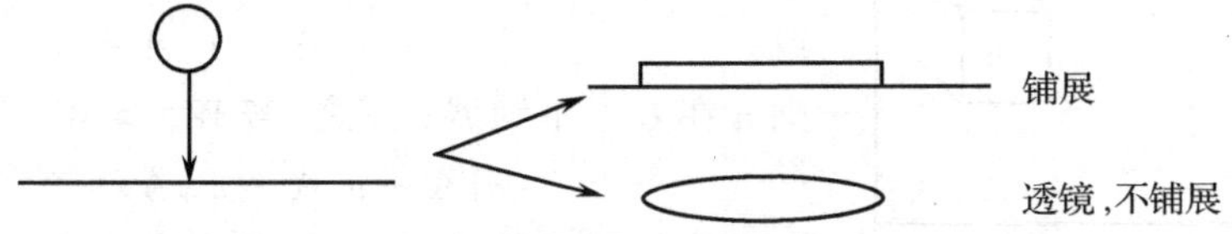

图 3.1　两相之间的铺展

令油为 a，水为 b，在恒温恒压下，当油面积扩大 dA_a 时，体系自由能变化为

$$dG = \left(\frac{\partial G}{\partial A_a}\right) dA_a + \left(\frac{\partial G}{\partial A_b}\right) dA_b + \left(\frac{\partial G}{\partial A_{ab}}\right) dA_{ab} \tag{3.1}$$

式中，A_b 为水的表面积，A_{ab} 为油水界面表面积，当油滴在水面上铺开时，

$$dA_a = - dA_b = dA_{ab} \tag{3.2}$$

又

$$\frac{\partial G}{\partial A_a} = \sigma_a \qquad \frac{\partial G}{\partial A_b} = \sigma_b \qquad \frac{\partial G}{\partial A_{ab}} = \sigma_{ab}$$

$$dG = \sigma_a dA_a - \sigma_b dA_b + \sigma_{ab} dA_a \tag{3.3}$$

$$\frac{dG}{aA_a} = \sigma_a - \sigma_b + \sigma_{ab} \tag{3.4}$$

当 $\frac{dG}{aA_a}$ 为负值时，表面能随面积增大而变小，那么我们可将 a 在 b 上的铺展系数 $-dG/dA$ 以 S 来表示：

$$S = -dG/dA_a = \sigma_b - \sigma_a - \sigma_{ab} \tag{3.5}$$

当 $S > 0$ 时，铺展；$S < 0$ 时成透镜，不铺展。

一般说来，低表面张力的液体可以在高表面张力的液体上展开。 这对制备多层复合材料有指导意义。 如果考虑到界面张力一般小于表面张力，当 σ_{ab} 小到可忽略不计的时候，那么当 $\sigma_b > \sigma_a$ 时，S 就为正值，即 a 易于在 b 上铺展。 因此在铺展多层材料时，应当使最底层的物质具有最大的表面张力，然后依次降低 $\sigma_b > \sigma_a$，易使 $S > 0$。

1. 内聚功和黏附功

分割一液体，产生两个面。

$$-W = 2\sigma A \tag{3.6}$$

对体系作功增加面积，是非自发过程，即 ΔG 为正，这种功与液体间的内聚力平衡叫内聚功 W_c(work of cohesion)。

$$W_c = 2\sigma_a A$$

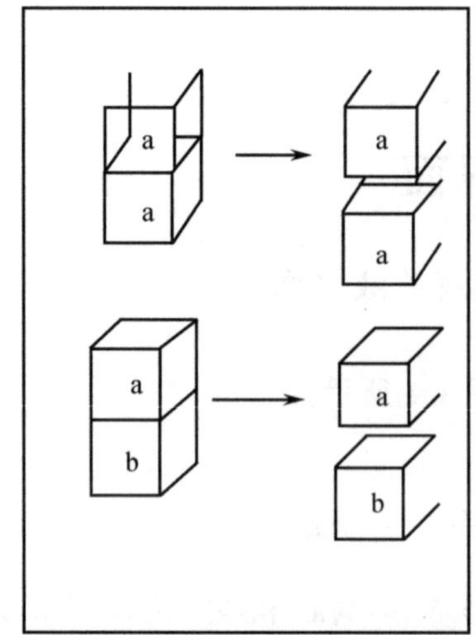

图 3.2 内聚功和黏附功的示意图

内聚功为自发功，ΔG 为负，即自由能减少。

反之，将一个界面分开，产生两个面，消灭一个面，产生两个面所作的功用以抵消两个液体间的黏附力，叫黏附功 W_a(work of adhesion)。

$$W_a = (\sigma_a + \sigma_b)A - \sigma_{ab}A \tag{3.7}$$

当内聚力大于黏附力时，或内聚功大于黏附功时，则 a 不在 b 上铺展，反之则铺展。

即若 $W_c > W_a$

$$2\sigma_a A > \sigma_a A + \sigma_b A - \sigma_b A \tag{3.8}$$

或
$$\sigma_b A - \sigma_a A - \sigma_{ab} A < 0$$

则 a 在 b 上不铺展；反之，若 $W_a > W_c$

$$\sigma_b A - \sigma_a A - \sigma_{ab} A > 0 \tag{3.9}$$

此即为铺展系数公式。如果 a 为液体，b 为固体，则为在固体上的铺展。

表 3.1 列举了若干种液体在水面上的铺展系数(20℃)。

表 3.1 若干种液体在水面上的铺展系数(20℃)

液 体	异戊醇	正辛醇	庚 醇	油 酸	苯	硝基苯	己 烷	邻 甲苯	二硫化碳	二碘甲烷
$S_{o/w}$	44.0	35.7	32.2	24.6	8.8	3.8	3.4	−3.3	−8.2	−26.5

如两液体有互溶性，则 σ 是平衡后的表面张力。例如苯在水面上先铺展，后收缩成透镜。这是因为：

开始　$S = 72.8 - (28.9 + 35.0) = 8.9 > 0$　铺展

平衡　$S_1 = 62.2 - (28.8 + 35.0) = -1.6 < 0$　不铺展

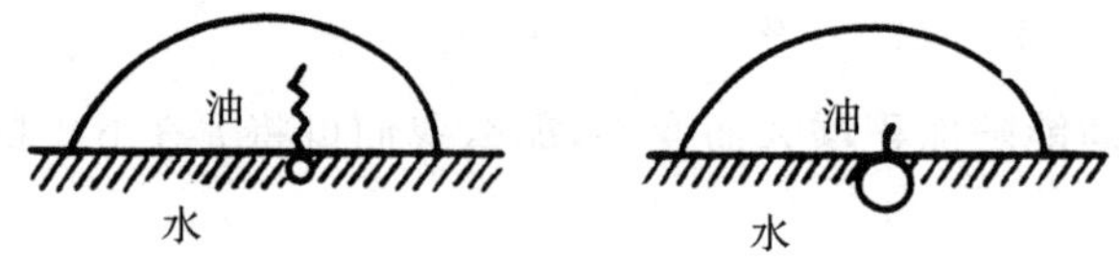

图 3.3 不同表面活性剂在界面上的状态

2. 表面活性剂对 σ_{ab} 的影响

(1) 油溶性的表面活性剂可促进油在水面上铺展。例如油酸能降低油水界面、油气表面张力，使 $\sigma_{油}$ 和 $\sigma_{水}$ 都变得更小，

$$S = \sigma_{水} - \sigma_{油} - \sigma_{油水} > 0 \tag{3.10}$$

S 变得更大，因此可加在油漆中，涂在亲水表面上，制备亲油表面。

(2) 水溶性的表面活性剂则相反，因为它降低了 σ_b(水的表面能力)。可用于灭火。如洗涤剂、杀虫剂等，能使水在油或叶面上铺展。它要求

$$S = \sigma_{油} - \sigma_{水} - \sigma_{油水} > 0 \tag{3.11}$$

才可使水在油和液面上铺展，需要亲水或水溶性的表面活性剂。加入含氟、含硅表面活性剂，可使 $\sigma_{水}$，$\sigma_{油水}$ 变小，从而使 S 变大。

3.2　凝聚相界面之间的作用力——色散力

界面张力是由分子间吸引力引起的，深入了解其本质，有助于了解分子间相互作用的性质。

相互作用力
$$f = \frac{A}{\gamma^{\alpha}} - \frac{B}{\gamma^{\beta}} \tag{3.12}$$

式中，$\alpha \approx 9 \sim 15$，$\beta \approx 4 \sim 7$。

A 为分子间斥力，电子云，原子核；

B 为分子间吸力，—— 永久偶极作用(Keesom 力)$\beta \approx 7$

—— 诱导偶极作用 (Debye 力) $\beta \approx 7$

—— 瞬间偶极作用 (London 力)$\beta \approx 7$，色散力

以上为范德华力

—— 氢键，离子，金属键

色散力：最先(1930 年) 为 London 在研究气体中的光散射时测出。Lifschitz(1950 年)证明这是在凝聚态中十分重要的吸引力。这种力具有下列特性：

(1) 总是相吸引，瞬间偶极作用是所有分子都具有的吸引力。

(2) 作用距离较远，这从图 3.4 可以看出。

(3) 作用可越过相间，这与特性(1) 有关，因为即使是不同质的分子，都有瞬间偶极作用。

图 3.4　分子间相互作用势能与距离的关系

计算界面张力的经验公式：

$$\sigma_{AB} = \sigma_A - \sigma_B \text{(Antonow 法则)} \tag{3.13}$$

$$\sigma_{AB} = (\sqrt{\sigma_A} - \sqrt{\sigma_B})^2 = \sigma_A + \sigma_B - 2\sqrt{(\phi_A\sigma_A)(\phi_B\sigma_B)} \text{ (Girifalco-Good 规则)} \tag{3.14}$$

此处的 $\phi_i\sigma_i$ 是指表面张力中色散力所占的那一部分，Fowkes 把它写成

$$\sigma_{AB} = (\sqrt{\sigma_A} - \sqrt{\sigma_B})^2 = \sigma_A + \sigma_B - 2\sqrt{\sigma_A^d\sigma_B^d} \text{ (Fowkes 公式)} \tag{3.15}$$

Fowkes 表示法：

$$\sigma = \sigma^d_{色散} + \sigma^h_{氢键} + \sigma^m_{金属} + \sigma^{\pi}_{电子} + \sigma^i_{离子} \tag{3.16}$$

σ 取决于两相间作用力(色散力) 之差，体相分子相吸使分子不易走向表面。如图 3.5 所示。如果两个凝聚相均为烃类化合物，那么可以认为其相互作用力只是色散力。式(3.14) 和式(3.15) 为

$$\sigma_{AB} = \sigma_A + \sigma_B - 2\sqrt{\sigma_A\sigma_B}$$

图 3.5 中，A-A 相吸，防止分子走向表面；A-B 相吸，帮助分子走向表面。

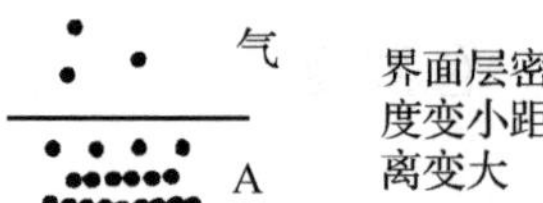

图 3.5　液气界面示意图

Fowkes 假设色散力为$\sqrt{\sigma_A^d \sigma_B^d}$　(3.17)

$$-\Delta G^S = \sqrt{\sigma_A^d \sigma_B^d} \qquad (3.18)$$

两个凝聚相 A 和 B，将 A 分子由体相移至 AB 界面，作功，

$$W_A = \sigma_A - \Delta G^S = \sigma_A - \sqrt{\sigma_A^d \sigma_B^d} \qquad (3.19)$$

将 B 分子由体相移至 AB 界面，作功，

$$W_B = \sigma_B - \Delta G^S = \sigma_B - \sqrt{\sigma_A^d \sigma_B^d} \qquad (3.20)$$

两相接触时，总功

$$W_{AB} = \sigma_{AB} = \sigma_A + \sigma_B - 2\sqrt{\sigma_A^d \sigma_B^d} \qquad (3.21)$$

利用这种关系可以算出一些不易测出的界面色散力。如汞的界面色散力成分等均可由已知数据算出。表 3.2 列出了一些常用液体的 γ_L^d 值。

表 3.2　某些常用液体 γ_L 和 γ_L^d 的值(20℃)

液体	$\gamma_L/mN\cdot m^{-1}$	$\gamma_L^d/mN\cdot m^{-1}$	液体	$\gamma_L/mN\cdot m^{-1}$	$\gamma_L^d/mN\cdot m^{-1}$
己烷	18.4	18.4	甲基萘	36.4	36.4
二甲基硅酮	19.0	16.9±0.5	磷酸三甲苯酯	40.9	39.2±4
氟碳润滑剂	20.2	14.0±0.2	甲酰胺	58.2	39.5±7
FCD-380			甘油	63.4	37.0±4
正十六烷	27.6	27.6	水	72.8	21.8±0.7

Fowkes 认为：　$\sigma_H = \sigma_H^d \quad \sigma_W = \sigma_W^d + \sigma_W^h \quad \sigma_{Hg} = \sigma_{Hg}^d + \sigma_{Hg}^m$

对于汞 / 碳氢化合物界面：

$$\gamma_{Hg/H} = \gamma_{Hg} + \gamma_H - 2\sqrt{\sigma_{Hg}^d \sigma_H^d} \qquad (3.22)$$

对于水 / 碳氢化合物界面：

$$\gamma_{W/H} = \gamma_W + \gamma_H - 2\sqrt{\sigma_W^d \sigma_H^d} \qquad (3.23)$$

由此可求得 σ_{Hg}^d，σ_W^d，并由此可算出 $\gamma_{Hg/W}$，计算结果列于表 3.3。

表 3.3　一些碳氢化合物的 γ_H，$\gamma_{W/H}$，$\gamma_{Hg/H}$ 实验值及 σ_W^d 和 σ_{Hg}^d 计算值(mJ/cm^2，20℃)

碳氢化合物		汞		水		碳氢化合物		汞		水	
	γ_H	$\gamma_{Hg/H}$	σ_{Hg}^d	$\gamma_{W/H}$	σ_W^d		γ_H	$\gamma_{Hg/H}$	σ_{Hg}^d	$\gamma_{W/H}$	σ_W^d
正己烷	18.4	378	210	51.1	21.8	甲苯	28.5	363	194	—	—
正庚烷	18.4	—	—	50.2	22.6	邻二甲苯	30.1				
正辛烷	21.8	375	199	50.8	22.0	间二甲苯	28.9	359	208		
正壬烷	22.8			—	—	对二甲苯	28.4	359	200		
正癸烷	23.9	372	199	51.2	21.6	正丙苯	29.0	357	211		
正十四烷	25.6	—	—	52.2	20.8	正丁苯	29.2	361	203		
环己烷	25.5	—	—	50.2	22.7			363	194		
十氢化萘	29.9	—	—	51.4	22.0			363	193		
苯	28.85	—						平均 200±7		平均 21.8±0.7	

$\gamma_{Hg} = 484mJ/m^2 \quad \gamma_W = 72.8mJ/m^2$

由此得出的 $\sigma_{Hg/W}$ 为 $426mJ/m^2$，与实验测出值一致。

3.3　液/固界面的润湿与铺展

3.3.1　润湿角与杨氏(T. Young)公式

以上我们介绍了液/液界面和液/气界面张力的测定方法，但是我们无法直接测出液/固和气/固的界面张力。根据将一固体劈为两半的思想，所需的力等于产生两个表面所需的表面能。但在实际测量时却有许多困难。杨氏(T. Young)公式利用力学原理，巧妙地绕过了固体表面张力和界面张力不可测的困难。如图3.6所示，液、气、固界面在点O处平衡。沿气液界面作切线，该切线与固体之间的角为润湿角。
杨氏公式反映三种界面张力间的关系。

$$\sigma_{gs}=\sigma_{ls}+\sigma_{gl}\cos\theta \tag{3.24}$$

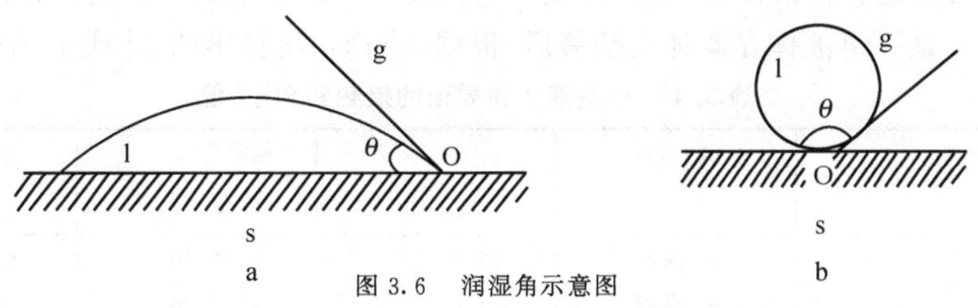

图3.6　润湿角示意图

a. 水在玻璃上($\theta<90°$)；b. 汞在玻璃上($\theta>90°$)

在黏附功W_a和铺展系数S的公式中，σ_{gs}，σ_{sl}的直接测量有困难，但可利用杨氏公式算出W_a和S，通过接触角巧妙地绕过了σ_{gs}，σ_{sl}不可测的困难。

$$W_a=\sigma_{sg}-\sigma_{sl}+\sigma_{lg}=\sigma_{lg}\cos\theta+\sigma_{lg}=\sigma_{lg}(\cos\theta+1) \tag{3.25}$$

$$S=\sigma_{sg}-\sigma_{sl}-\sigma_{lg}=\sigma_{lg}(\cos\theta-1) \tag{3.26}$$

Bartell(1930年)将固体的润湿分为沾湿或黏附性湿润(adhesional wetting)，即固体接触液体表面；铺展或散布性湿润(spreading wetting)，即液滴铺展在固体上；浸湿或浸渍性润湿(immersional wetting)，即固体放于液体中，如图3.7所示。
对于沾湿而言

$$W_a=\sigma_{gl}(1+\cos\theta)\geqslant 0\quad \theta\leqslant 180° \tag{3.27}$$

对于铺展而言

$$S=\sigma_{gl}(\cos\theta-1)\geqslant 0\quad \theta\leqslant 0° \tag{3.28}$$

对于浸湿而言
热力学判据

$$A=\sigma_{gl}\cos\theta\geqslant 0$$

接触角判据　　$\theta\leqslant 90°$　　(3.29)

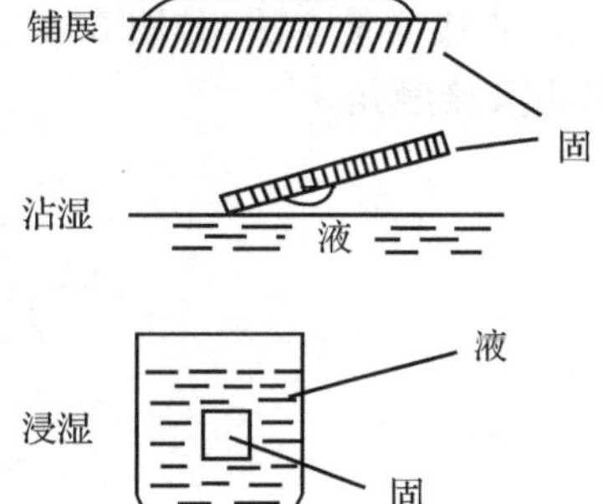

图3.7　不同类型润湿示意图

在这些论述中，可以看出，由于$\cos\theta$值只能在+1与−1之间，因此S总是负。这与我们前面说过的液/液铺展的判据不一，那里的S必须为正，而W_a为正意味着任何固液接触时均为液体润湿，只是程度不一而已，这也容易引起混乱。这也许是固/液与液/液界面不同之处。对固/液界面，一

般以 θ 为润湿标准，即 $\theta < 90°$ 为润湿，$\theta > 90°$ 为不润湿。

我们也可将杨氏公式和 Fowkes 公式相联系。

Fowkes 认为：超越界面起作用的是界面色散力。

如 A 为固体(s)，B 为液体(l)，

$$\sigma_{sl} = \sigma_s + \sigma_l - 2\sqrt{\sigma_s^d \sigma_l^d} \tag{3.30}$$

即

$$\sigma_s - \sigma_{sl} = -\sigma_l + 2\sqrt{\sigma_s^d \sigma_l^d} \tag{3.31}$$

从杨氏公式知：$\sigma_s - \sigma_{sl} = \sigma_l \cos\theta$ (3.32)

故

$$\sigma_l \cos\theta = -\sigma_l + 2\sqrt{\sigma_s^d \sigma_l^d} \tag{3.33}$$

$$\cos\theta = -1 + 2\sqrt{\sigma_s^d \sigma_l^d}/\sigma_l \tag{3.34}$$

根据上式，如以 $\cos\theta$ 对 $\sqrt{\sigma_l^d}/\sigma_l$ 或 $\sqrt{\gamma_s^d}/\sigma_l$ 作图，可得斜率 $2\sqrt{\sigma_s^d}$ 或 $2\sqrt{\sigma_l^d}$，对于 γ_l 和 γ_l^d 或 γ_s^d 为已知的各种液体和固体，测量了它们在某个固体上的接触角 θ 后，可求出 γ_s^d 或 γ_l^d 值，表 3.4 是一组液体在固体上铺展后，根据 θ 和 γ_{lv} 所算出的 γ_s^d 或 γ_l^d 值。

表 3.4　一些液 / 固界面的接触角和 γ^d 值

固体(s)	液体(l)	γ_{lv} /erg·cm^{-2}	γ^d /erg·cm^{-2}	液体的 θ / 度
在 Pt 上涂以十二酸	α-溴萘	44.6	γ_s^d 为 10.4	92
Kelf	α-溴萘	44.6	γ_s^d 为 30.8	48
石蜡	甘油	63.4	γ_l^d 为 36	97
石蜡	氟碳润滑剂	20.2	γ_l^d 为 13.5	31

对于极性表面，还可能有其他力，如氢键力、离子力等。Good 利用式(3.27) 加一校正因子 ϕ，得 Good 公式。

$$\sigma_{sl} = \sigma_s + \sigma_l - 2\phi\sqrt{\sigma_s^d \sigma_l^d} \tag{3.35}$$

$$\cos\theta = -1 + 2\phi\sqrt{\sigma_s^d \sigma_l^d}/\sigma_l \tag{3.36}$$

作图，得斜率 $2\phi\sqrt{\sigma_l^d}$ 或 $2\phi\sqrt{\sigma_s^d}$，如假设非极性表面的 $\sigma_l = \sigma_l^d$，可求出

$$\sigma_s^d = \sigma_l(1 + \cos\theta)^2/(4\phi^2) \tag{3.37}$$

3.3.2　接触角的测定

1. 液滴法

a. 直接测量 θ 法(如图 3.8)。将液滴滴在平台上，通过光照并投射于屏幕上，直接测量出其接触角。

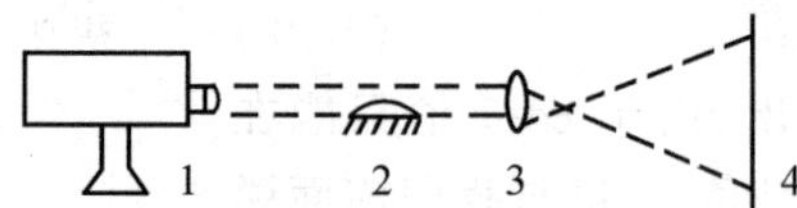

图 3.8　直接测量接触角法

1. 光源；2. 液滴；3. 放大镜；4. 屏幕

b. 计算 θ。 由于不宜测量 θ，可用测量液滴高度来计算出 θ，如图 3.9 所示。

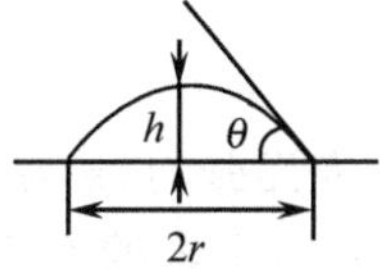

图 3.9 通过测量液滴高度来计算接触角

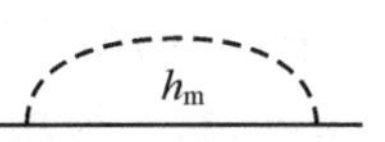

图 3.10 用读数显微镜测定接触角

① $\sin\theta = 2hr/(h^2 + r^2)$ 或 $\mathrm{tg}(\theta/2) = h/r$ (3.38)

只有当液滴很小（$< 10^{-4}$mL），重力作用可忽略不计时测量结果才准确。

② 不断加液体，直至 h 不再增加而只增加面积时，得 h_m。

$$1 - \cos\theta = (\rho g h_m^2)/2\sigma_{lg}$$

$$\cos\theta = 1 - (\rho g h_m^2 / 2\sigma_{lg}) \tag{3.39}$$

此方法的前提是 $r \gg h_m$。

2. 吊片法

Neumann 法如图 3.11 所示。

$$\sin\theta = 1 - \rho g h^2/2\sigma_{lg} = 1 - (h/a)^2 \tag{3.40}$$

其中，$a^2 = 2\sigma/\rho g = rh$ 为毛细常数，r 为毛细管半径，h 可用读数显微镜测定。

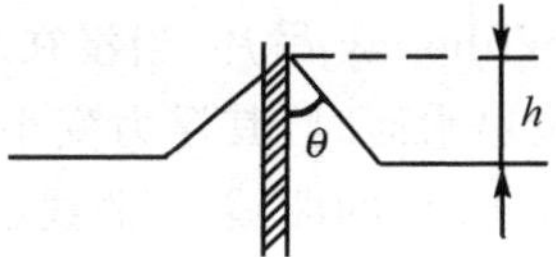

图 3.11 利用插片法求出接触角

3. 气泡法

将固体浸入液面，在液体中放一气泡，使之与固体表面接触，如图 3.12 所示。 然后投影至屏幕，直接测量出其角度。

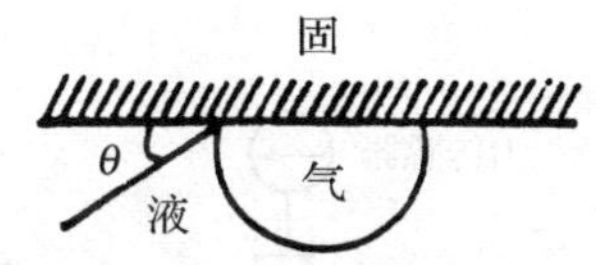

图 3.12 气泡法测定液体在固体表面上的接触角

4. 粉末法

在各种测量接触角的方法中，粉末法具有方法简单和重复性好等优点。 将待测物粉末置于玻璃管中，玻璃管底部可放砂芯漏斗片或玻璃毛等易通过液体的多孔物质。 将玻璃管放入液体中，如图 3.13 所示。 如果液体与粉末亲和性好，即 θ 小，则液面上升，反之则不浸润，液面不上升。 量出在时间 t 时的上升高度，即可按 Washbuern 公式算出其 θ 角。

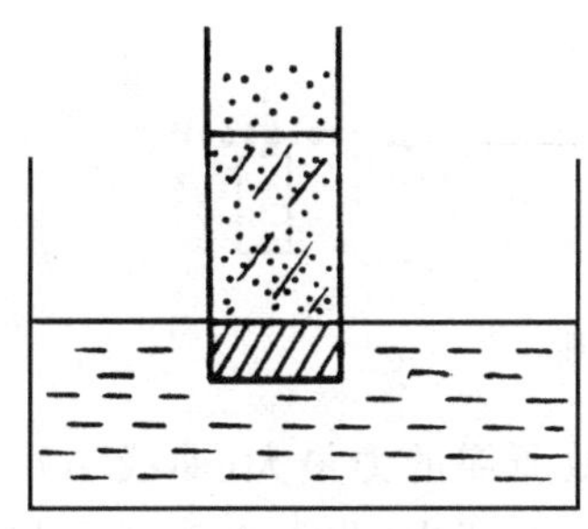

图 3.13 粉末法测定液体在固体表面上的接触角

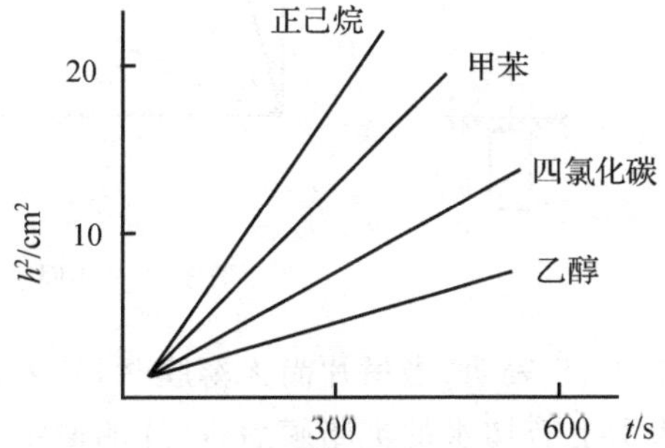

图 3.14 利用 Washbuern 公式比较液体在固体表面上的接触角

Washbuern 公式

$$h^2 = C\overline{\gamma}\sigma\cos\theta t/(2\eta) \tag{3.41}$$

以 h^2-t 作图,斜率为常数。

(3.38) 式中,$\overline{\gamma}$ 为粉末间孔隙的毛细管平均半径,γ 为表面张力,η 为黏度,已知 η 和 γ 可求出 $C\overline{\gamma}\cos\theta$ 值。采用一系列液体,人为地确定其最大斜率者的 θ 为 0°,如图 3.14 中,令正己烷的 θ 为 0°,则甲苯、四氢化碳、乙醇在硅胶-[H] 上的 θ 分别为 11°,18°,39°。

要使这种方法重复性好,有两点十分重要。第一是颗粒必须均一,可用标准筛解决此问题,如颗粒均取 80 ～ 100 目之间;第二是捣实的程度应一致,可用一振动台来解决,这种方法得出的 θ 的绝对值不一定很准确,但在一系列物质比较时,能很准确地分出各种物质憎水(亲水)程度。

5. 动态测量法

利用 Wilhelmy 吊片插入与拉出液面的方法,可以测量出接触角 θ。这个方法的原理与细节见文献[1,2]。下面我们举一例加以说明。图 3.15 的左侧下方是一个浸在水中的 Wilhelmy 吊片,当浸在水中时,其阿基米德浮力为最大,而且无表面张力的作用,当逐步拉出水面时,其浮力变小,而表面张力则因 θ 变小而增大,以力对拉出的距离作图,可得图 3.15 中的曲线。曲线的前半部是由表面力决定的,后半部是由浮力决定的。

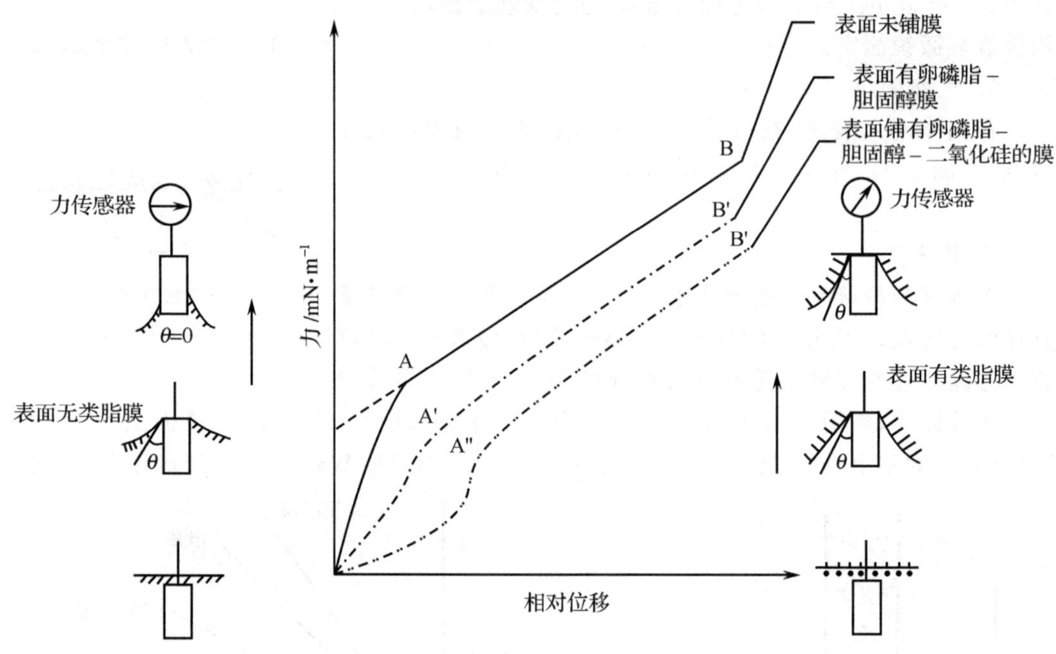

图 3.15　不同表面吊片的力-距离图

图 3.15 表明,当吊片尚无薄膜时,其表面张力最大,故所需的力最大(曲线 A);而当吊片表面上有憎水的类脂膜后,吊片的憎水性增大,θ 变大,力变小(曲线 A′);进一步加入憎水 SiO_2 使吊片表面更加憎水化时,θ 变得更大,而力更小(曲线 A″)。这三根曲线的 AB 段具有同样的斜率,是浮力的贡献,而 OA 段具有不同的斜率,即 θ 的影响。曲线上斜率愈大,表面憎水程度愈大。

3.3.3 影响接触角测定的各种因素

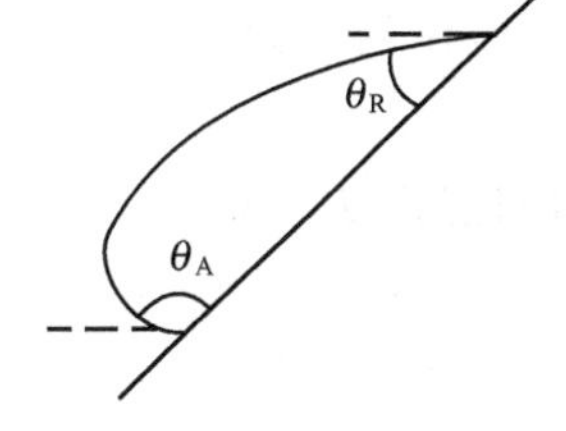

图 3.16 接触角滞后示意图

1. 接触角 θ 滞后

原因有三：① 表面不洁；② 表面粗糙；③ 润湿度。

前进角 θ_A：在增加表面时测得的接触角；后退角 θ_R：在缩小表面时测得的接触角；$\theta_A - \theta_R$ 值叫接触角滞后。

Harkins(美 1873 ～ 1951) 精心、严格测量的结果为

$$\theta_A = \theta_R$$

表 3.5 水在各种固体上的接触角 θ

物质	石墨	滑石	硫化锑	石蜡
θ	85.7°	87.8°	84.2°	108° ～ 111°

2. 表面清洁度的影响

实验中很难找到干净、平整的表面，也很难避免气体吸附。 因此要测准很难，所以只能在十分严格的条件下，取大量数据求平均值。

表 3.6 在各种气体中水在金上的接触角测得值

气　体	θ_A	θ_R	气　体	θ_A	θ_R
水蒸气	7° ± 1°	0°	水蒸气＋净空气＋苯蒸气	86° ± 1°	83° ± 1°
水蒸气＋干净空气	6° ± 1°	0°	水蒸气＋实验室空气	65°	30°
水蒸气＋苯蒸气	84° ± 2°	82°	水蒸气＋室外空气	13°	0°

3.3.4 润湿热

这是测量表面憎疏水性质的一种方法。 润湿的必要条件是

$$\sigma_{gs} - \sigma_{gl} - \sigma_{ls} > 0 \tag{3.42}$$

而在固体表面上发生的变化是

$$\sigma_{gs} - \sigma_{ls} > 0, \quad \Delta G < 0, W > 0$$

由于相互作用放出热量，从表 3.7 可以看出极性-极性、非极性-非极性作用强。

表 3.7 几种固体的润湿热

固　体	润湿热 /cal · cm^{-2}				
	H_2O	C_2H_5OH	正丁胺	CCl_4	C_6H_{14}
TiO_2 金红石	550	400	330	240	135
Al_2O_3	400 ～ 600				100
SiO_2	400 ～ 600			270	100
$BaSO_4$	490			220	
Graphon *	32	110	106		103
聚四氟乙烯	6				47

* Graphon—— 一种经高温加热过的炭。

3.3.5 润湿的毛细管现象

润湿会产生毛细管凝结，毛细管力使润湿尘土不扬，凹面造成蒸气压低，使其中液体

不易挥发。润湿织物，保湿；毛笔浸入水时润湿表面，全部散开，离开水时毛细管力使之收束，作用力为

$$\Delta p = 2\sigma\cos\theta/r \tag{3.43}$$

如润湿角 $\theta \neq 0$

$$\Delta p = 2\sigma\cos\theta/r = 2(\sigma_{sv} - \sigma_{sl})/r \tag{3.44}$$

如 $\theta = 0$

$$\Delta p = 2\sigma_{lv}/r \tag{3.45}$$

式中，σ_{sv} 和 σ_{lv} 分别代表固 / 气和液 / 气表面张力。

Washbuern 给出液体进入毛细管的公式，以代替原有的公式。

用液体 L_1 去代替 L_2 的情况

$$v = r\sigma_{L1,L2}\cos\theta/4(\eta_1 l_1 + \eta_2 l_2) \tag{3.46}$$

l_1, l_2 为液柱长度，η_1, η_2 为黏度。

当只有一种液体时，

$$v = r\sigma\cos\theta/4\eta_1 \tag{3.47}$$

三次采油是利用改变接触角使水能在液 / 固表面把油顶走进行的。

3.4 固体的表面改性

固体的表面改性在润湿、填料、浮选、沉淀等方面有重要作用。

3.4.1 利用两亲分子表面活性剂

通过吸附表面活性剂改变表面性能，主要是改变分子之间的范德华力(极性、静电等)。如防雨布$(C_{17}H_{35}CCONHCH_2NC_6H_4)^+Cl^-$ 处理，可使布的表面由亲水变为憎水。

3.4.2 表面化学反应

1. 先形成氢键，后脱水成醚

例如硅醇处理玻璃纤维

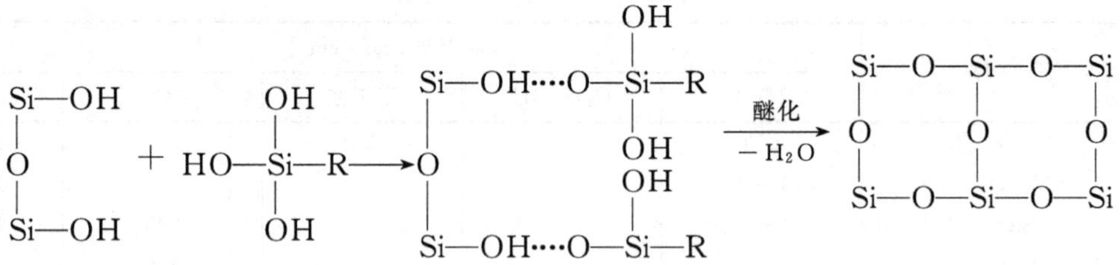

Si—OH | O | Si—OH + HO—Si(OH)(OH)—R ⟶ [Si—OH⋯O—Si(OH)(OH)—R | O | Si—OH⋯O—Si(OH)—R] $\xrightarrow[-H_2O]{\text{醚化}}$ [Si—O—Si—O—Si | O O O | Si—O—Si—O—Si]

2. 直接表面化学反应

$$—Si—O—H + Cl—Si(CH_3)_2—CH_3 \longrightarrow —Si—O—Si(CH_3)_2—CH_3 + HCl\uparrow$$

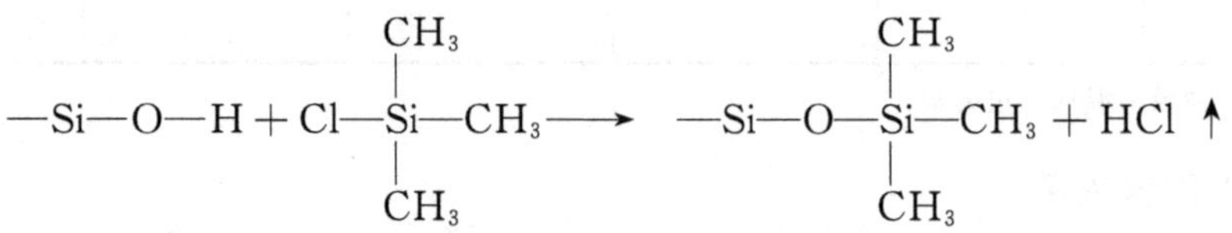

$$M + RSH \longrightarrow MSR \quad M\text{代表金属}$$

从而可形成各种核壳颗粒,如 SiO_2 面上覆有 TiO_2 等。

3.4.3 物理方法

高分子的表面氧化,等离子体表面轰击,CVD(化学气相沉积)等方法。例如等离子体轰击塑料表面,可使表面由憎水变为亲水。

3.5 浮选与洗涤 —— 接触角的应用

3.5.1 浮选

金属矿:由于大部分金属均能与硫离子形成难溶性化合物,因此用含硫离子的表面活性剂(例如黄原酸盐),可以通过化学吸附使金属矿粉(例如 $Pb(OH)_2$)成为憎水表面。然后这种憎水的细粉容易进入泡沫或油中与其他不含金属的矿物分离。

非金属矿:石英,氧化铁,KCl,黏土。

阳离子表活剂:十二烷基盐,十六烷基盐。

一般非金属矿的表面带有电荷,可加入离子型表面活性剂使之憎水化或沉淀,或通过泡沫浮选使之与其他杂质分离。由于非金属矿的表面电荷受 pH 影响很大,因此在浮选时要严格控制 pH 值。

3.5.2 浮选与接触角

浮选、泡沫浮选,是使矿物细粒集中于油相、气泡上。

$$\gamma_{sa} - \gamma_{sb} = [1 - (h/r)]\gamma_{ab} = \cos\theta\gamma_{ab} \qquad (3.48)$$

适用于图 3.17,即为杨氏公式。

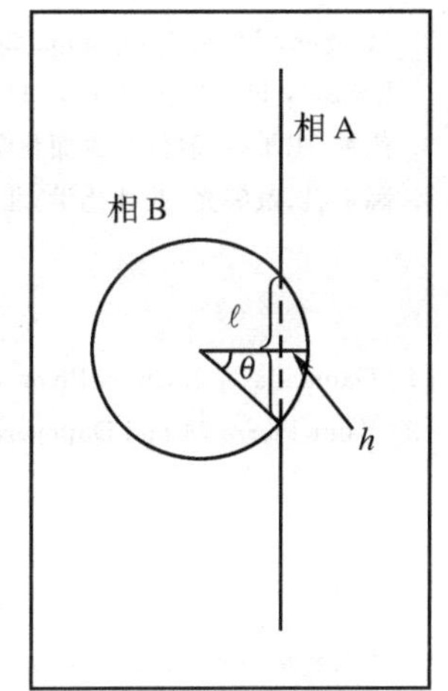

图 3.17 浮选的原理示意图

在界面上维持平衡,需要有作用力。假设 $\theta = 90°$,即处于正中,$\gamma_{sa} = \gamma_{sb}$,其半球面积为 $4\pi r^2/2$,如果将半球从表面上排出,需作功 $2\pi r^2\gamma_{ab}$。如颗粒的半径为 1mm,即 0.1cm,$\gamma_{ab} = 40$dyn/cm,则表面自由能的变化是

$$2\pi r^2\gamma_{ab} = 2 \times 3.14 \times 0.01 \times 40 = 24 \text{ dyn/cm}$$

即将颗粒移开相当于其半径距离远所需的功。如果是下沉,则重力为 F,$F = mg$,假设 ρ 为 3 g/cm^3

$$F = 4/3\pi r^3\rho g = 24$$

$$r = \sqrt[3]{24/[4 \times (3-1) \times 980]} = 0.145\text{cm}$$

即当 $r < 0.1$cm 时,颗粒才不下沉。如果颗粒密度小,那么颗粒可以在较粗的情况下进行浮选,省去很多用在研磨颗粒上的能耗。

另外,θ 愈大,则愈易浮起,可利用表面改性以调整 θ 来提高浮选效率。

3.5.3 洗涤中的润湿现象

若要使污垢脱离,第一步是润湿。即消灭一个油/固界面,产生两个界面:油/水界面和固/水界面。

在去污过程中,能量的变化过程为

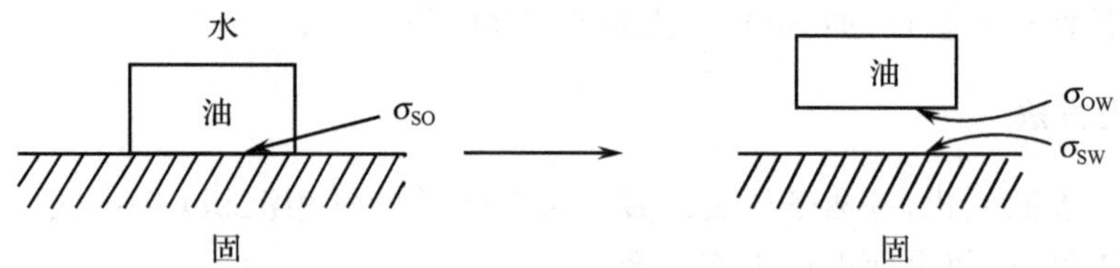

图 3.18　洗涤过程示意图

$$-\sigma_{SO}\mathrm{d}A+\sigma_{OW}\mathrm{d}A+\sigma_{SW}\mathrm{d}A=\Delta G \tag{3.49}$$

即黏附功。

过程要自动进行，ΔG 应为负或 $\Delta G\leqslant 0$

$$\sigma_{SO}\mathrm{d}A\geqslant\sigma_{WO}\mathrm{d}A+\sigma_{SW}\mathrm{d}A \tag{3.50}$$

$$\sigma_{SO}\geqslant\sigma_{WO}+\sigma_{SW} \tag{3.51}$$

因此应降低 σ_{WO} 和 σ_{SW}，而 σ_{SO} 保持不变，根据该原则寻找合适的表面活性剂。能满足这一要求的表面活性剂是亲水性强或 HLB 值高的表面活性剂。

综合参考书

1. Adamson A W, Physical Chemistry of Surfaces 3rd ed., John & Wiley, 1976；中译本：顾惕人译，表面的物理化学，北京：科学出版社，1984
2. Hiemeng PC and Rajagopalan, Principles of Colloid and Surface Chemistry 3rd Ed., Revised and Expanded, Marcel Dekker, Inc. New York, 1997
3. 沈钟，王果庭，胶体与表面化学，第二版，北京：化学工业出版社，1997
4. 陈宗淇，戴闽光，胶体化学，北京：高等教育出版社，1984

参　考　文　献

[1] Gaustalla J, J. Chim. Phys., 49, 250～261(1952)
[2] Saint Pierre M and Dupeyart M, Thin Solid Films, 99, 205～213(1983)

习　　题

1. 什么是接触角，什么是杨氏公式？其优点何在？
2. 试利用下述数据计算铺展系数 S(起始) 和 S'(平衡)。

	水/空气	IAA/空气	水/IAA	水/空气	CS_2/空气	水/CS_2
$\gamma/\mathrm{erg\cdot cm^{-2}}$(起始)	72.8	23.7	5.0	72.8	32.4	48.4
$\gamma'/\mathrm{erg\cdot cm^{-2}}$(平衡)	25.9	23.6	5.0	70.3	31.8	48.4

将一滴纯异戊醇(IAA) 滴在纯水表面上时，出现什么现象？随着时间推移会发生什么情况？改用 CS_2 滴在水上，又会发生什么情况？试描述之。

3. a. 20℃ 时，乙醚-水、汞-乙醚、汞-水的界面张力分别为 10.7，379，375 mN/m，在乙醚与汞的界面上滴一滴水，试求其接触角。

b. 20℃ 时，水-辛醇的界面张力 $\gamma=9\mathrm{mN/m}$，水-汞的界面张力为 375mN/m，汞-辛醇的界面张力为 348mN/m。问：

(1) 辛醇能否在水-汞界面上铺开？

(2) 辛醇界面张力为 27mN/m，水的界面张力为 72.8mN/m，试用 Girifako-Good 式计算水-辛醇界面张力。

4. 20℃ 时，水的表面张力为 72.8mN/m，汞的表面张力为 483mN/m，而汞和水的界面张力为 375mN/m，请判断：

   (a) 水能否在汞的表面上铺开？(b) 汞能否在水表面上铺开？

5. 试举出几种求界面张力的公式，并说明其主要区别何在。

6. 试举一例，以求 γ_w^d。

第四章　吸　　附

4.1　气/液表面吸附的一般规律及其热力学基础

吸附是一种现象，即在气/液、液/液或液/固界面上物质浓集的一种现象。不论其吸附力的本性是什么，只要界面上的物质浓度比体相中的大，就是吸附。如果物质在界面上的浓度与体相浓度一样，则无吸附，如果物质在体相中比在界面相中更稳定，那么它在界面上的浓度比在体相中的小，是负吸附。

4.1.1　溶液表面张力与溶质浓度关系

当在溶液中加入表面活性剂和盐分时，其表面张力会有明显变化，原因是加入物在表面上的吸附状态不一，表面活性剂浓集在表面，使表面张力 γ 下降，而盐分水化增加对表面水分子的吸力，因而 γ 升高。

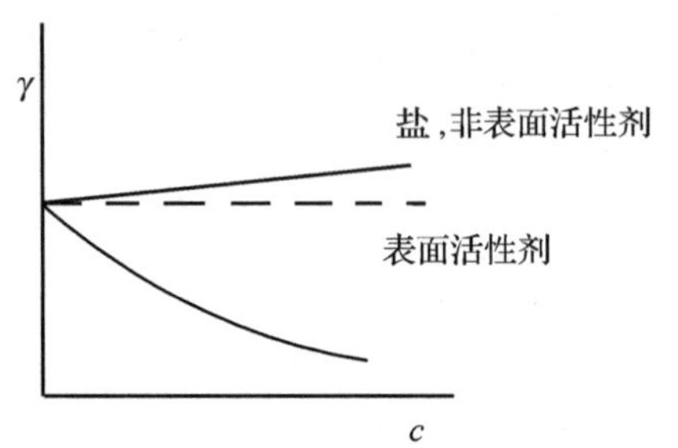

图 4.1　溶液表面张力与溶质浓度关系

对于表面活性剂降低表面张力的现象有一些经验公式可以表述，其中最著名的有两个。

(1) Traube 规则[1]

每增加一个 CH_2，其表面张力效应可增加 3～3.5 倍，即 $-(d\sigma/dc)$ 要增加 3～3.5 倍。

(2) Szyszkowski 公式[2]

该公式给出了更多的定量化参数以描述γ-c 曲线，

$$\gamma = \gamma_0 - b\gamma_0 \ln(1 + \frac{c}{K'})$$

$$\gamma_0 - \gamma = b\gamma_0 \ln(1 + \frac{c}{K'}) \qquad (4.1)$$

式中，b 为物质常数，对脂肪酸为 0.178，K'随含碳数增加而下降。

$$K'_{(n)} / K'_{(n+1)} \approx 3 \sim 3.5$$

当浓度大时，

$$1 + c/K' \approx c/K'$$

(4.1)式可写成

$$\frac{\gamma_0 - \gamma}{\gamma_0} = b \ln \frac{c}{K'} \qquad (4.2)$$

即 $(\gamma_0 - \gamma)/\gamma_0$ 与 c 成对数(指数)关系；

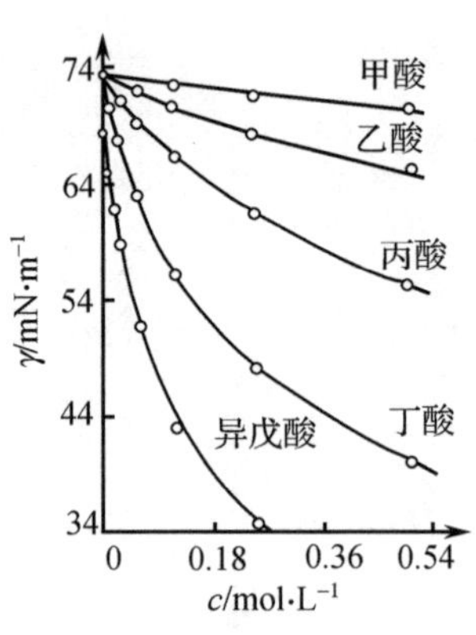

图 4.2　不同链长羧酸的 γ-c 图

当浓度小时，

$$\ln(1+\frac{c}{K}) \approx \frac{c}{K'}$$

$$\frac{\gamma_0-\gamma}{\gamma_0}=\frac{b}{K'}c=K''c \tag{4.3}$$

$(\gamma_0-\gamma)/\gamma_0$ 与 c 成直线关系，其斜率为 K'' 或 $\frac{b}{k'}$

当 $c = K'$ 时，

$$(\gamma_0-\gamma)/\gamma_0=0.178\times\ln 2=0.178\times 2.303\times 0.3010=0.12$$

因此，当以 $\frac{\gamma_0-\gamma}{\gamma_0}$ 对 c 作图，并在 $\frac{\gamma_0-\gamma}{\gamma_0}$ 等于0.12处的曲线点作一垂线垂直于 c 轴，该点的 c 值即为 K' 值，在以后的论述中我们可以知道，K' 值是与物质在表面上的浓集倾向（能力）有关的，K' 值愈小，则在表面上的浓集能力愈大。如果将 K' 值代入(4.1)式，并以 γ 对 $\ln(1+c/K')$ 作图，则可求出 b。

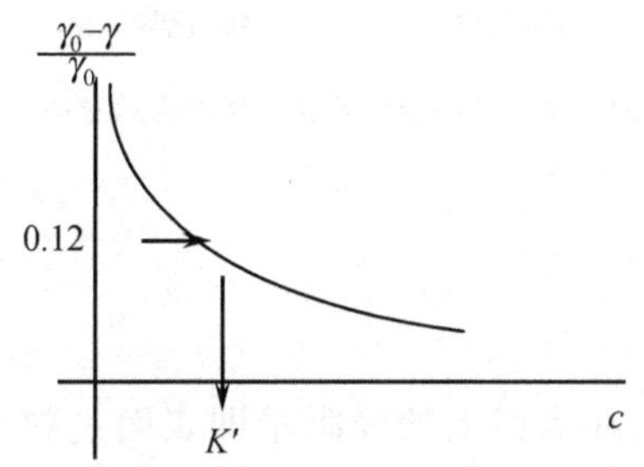

图 4.3　利用作图法求出 Szyszkowski 式中的 K'

4.1.2　吸附量与表面能之间的关系[3]

在第二章中，我们已经推出在恒温恒压下，表面自由能可写为

$$dG=\sum\mu_i\, dn_i+\sigma dA$$

或

$$dG^\sigma=\sum\mu_i dn_i{}^\sigma+\sigma dA \tag{4.4}$$

积分后

$$G^\sigma=\sum\mu_i\, n_i{}^\sigma+\sigma A$$

单位面积上的表面自由能

$$G^\sigma/A=\sum\mu_i\, n_i{}^\sigma/A+\sigma$$

令 $\frac{n_i^\sigma}{A}=\Gamma_i$

$$G^\sigma/A=\sum\mu_i\Gamma_I+\sigma$$

其中，

$$\Gamma_i=n_i^\sigma/A=(n_i^{\rm S}-n_i^{\rm l}-n_i^{\rm g})/A$$

即 Γ_i 表面过剩量等于 $n_i^{\rm S}$ 表面总数减去 $n_i^{\rm l}$ 液相本体数和 $n_i^{\rm g}$ 气相本体数。以二组分体系为例：

c_1 水，是溶剂；c_2 己醇，是溶质。$c_1^{\rm g}$，$c_2^{\rm g}$ 为水和己醇在气相中的浓度；$c_1^{\rm l}$，$c_2^{\rm l}$ 为水和己醇在液相中的浓度。

对己醇（溶质）而言，它在一个厚度从 $-\delta$ 到 $+\delta$ 的界面层中的过剩量 Γ_2 为

$$\Gamma_2=\int_{-\delta}^{0}[c_2(Z)-c_2^{\rm l}]dZ+\int_{0}^{+\delta}[c_2(Z)-c_2^{\rm g}]dZ \tag{4.5}$$

即图 4.4 右边曲线中的阴影区。

对水（溶剂）而言，Γ_1 可写成

$$\Gamma_1=\int_{0}^{+\delta}[c_1(Z)-c_1^{\rm g}]dZ+\int_{-\delta}^{0}[c_1(Z)-c_1^{\rm l}]dZ \tag{4.6}$$

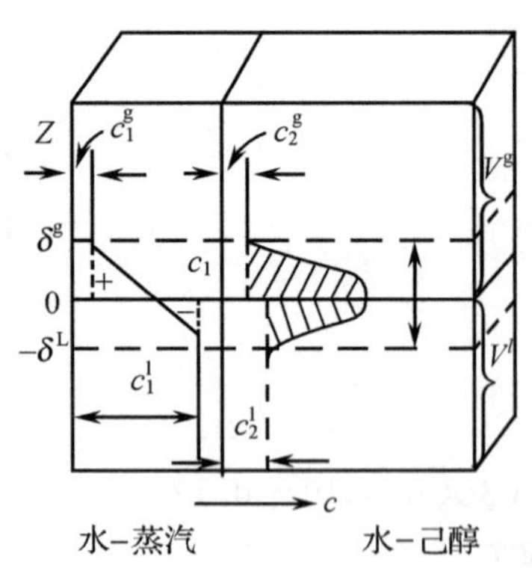

图 4.4　二组分体系界面层结构示意图

其中有两个部分：

第一部分$\int_0^{\delta}[c_1(Z)-c_1^g]dZ>0$，因为在气相中的本体水分子浓度 c_1^g 小于其界面层平均总浓度 $c_1(Z)$；

第二部分$\int_{-\delta}^{0}[c_1(Z)-c_1^l]dZ<0$，因为在液相中的本体水分子浓度 c_1^l 大于其界面层平均总浓度。

选择两个面 $-\delta$ 和 $+\delta$，使溶剂过剩相消，此时 $\Gamma_1=0$，即可求出溶质在表面上的过剩量 Γ_2，并导出 Gibbs 公式。

如前所述：

$$\begin{aligned} n_i^\sigma &= n_i^s - n_i^l - n_i^g \\ &= n_2^s - n_2^l - n_2^g \end{aligned} \tag{4.7}$$

溶质在表面上的吸附量即表面过剩量。

当$\sum\mu_i\Gamma_i$只有两个组分，且 $\Gamma_1=0$ 时，我们就可按一组分体系来处理，即

$$\mu_2=\mu,\quad \Gamma_2=\Gamma$$

根据(4.5)式，可得

$$G^\sigma/A=\sigma+\mu\Gamma \tag{4.8}$$

令 $\Psi=G^\sigma/A$

即

$$\Psi=\sigma+\mu\Gamma \tag{4.9}$$

$$\frac{d\Psi}{d\mu}=\frac{d\sigma}{d\mu}+\frac{\mu\,d\Gamma}{d\mu}+\Gamma \tag{4.10}$$

因是全微分，左边可写成

$$\frac{d\Psi}{d\Gamma}\times\frac{d\Gamma}{d\mu}$$

而 $d\Psi/d\Gamma$ 表示随吸附量变化而引起的表面自由能变化，按热力学定义为化学势 μ。故(4.10)式可写成

$$\frac{\mu\,d\Gamma}{d\mu}=\frac{d\sigma}{d\mu}+\frac{\mu\,d\Gamma}{d\mu}+\Gamma$$

$$\Gamma=-\frac{d\sigma}{d\mu} \tag{4.11}$$

(4.11)式即为 Gibbs 方程式，表示吸附量和表面张力之间的关系，这是吸附的热力学基础。

又因

$$\mu=\mu_0+RT\ln a \qquad (a\ 为活度)$$

$$d\mu=RT\,d\ln a$$

按(4.11)式，

$$\Gamma = -\frac{1}{RT} \times \frac{\mathrm{d}\sigma}{\mathrm{dln}a}$$

或

$$\Gamma = -\frac{\mathrm{d}\sigma}{\mathrm{d}a} \times \frac{a}{RT}$$

对稀溶液，$a = c$

$$\Gamma = -\frac{\mathrm{d}\sigma}{\mathrm{d}c} \times \frac{c}{RT} \tag{4.12}$$

对于不挥发性溶质，c_2 在气体中的浓度接近于 0，$c_2^g \approx 0$，则

$$\Gamma_2 = \int_{-\delta}^{0} [c_2(Z) - c_2^1]\mathrm{d}Z \tag{4.13}$$

$$\Gamma_2 = [c_2^s - c_2^1]\delta$$

如图 4.5 所示，δ 为附层厚度，其中舌形为真实情况，而矩形则为便于计算的假定相近值，这里引进吸附层厚度的概念。

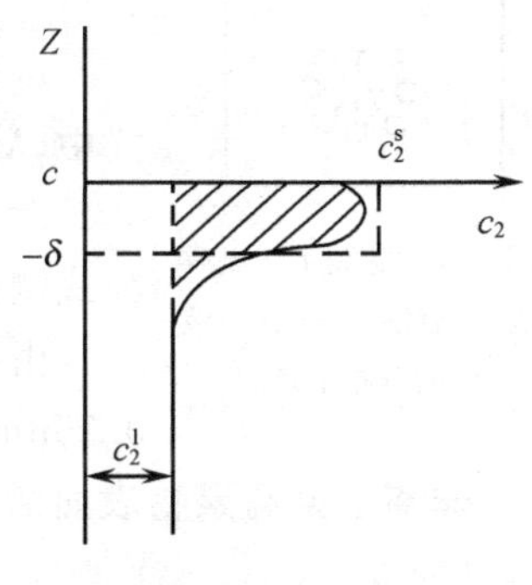

图 4.5　不挥发性表面活性剂在气液界面的浓度分布图

Gibbs 公式的物理意义：

(1) $-\mathrm{d}\sigma/\mathrm{d}c$ 为表面活性，应是表面活性剂的定义：例如金属汞，虽不是两亲分子，但汞能降低铜的表面张力，就是铜的表面活性剂。

(2) 利用表面张力数据，可算出表面吸附量。

例： 25℃ 下乙醇溶液表面张力与浓度(mol/L)关系为：

$$\gamma = 72 - 0.5c + 0.2c^2$$

问 0.5mol/L 时乙醇的表面过剩量。

解： 应用 $\Gamma = -\frac{\mathrm{d}\gamma}{\mathrm{d}c} \cdot \frac{c}{RT}$ 公式

其中，

$$\frac{\mathrm{d}\gamma}{\mathrm{d}c} = -0.5 + 2 \times 0.2c$$

$$= -0.5 + 2 \times 0.2 \times 0.5 = -0.3$$

$$\Gamma = -\frac{\mathrm{d}\gamma}{\mathrm{d}c} \cdot \frac{c}{RT}$$

$$= 0.3 \times 0.5/(8.31 \times 10^7 \times 298)$$

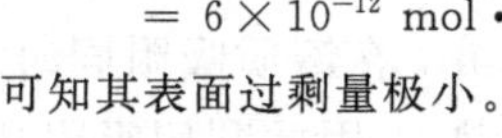

$$= 6 \times 10^{-12}\ \mathrm{mol \cdot cm^{-2}}$$

可知其表面过剩量极小。

从此例可看出，只要有该溶液的 γ-c 曲线，就可以算出任一浓度时溶质的表面过剩量。

4.1.3　利用 Gibbs 公式研究水/气界面吸附层的结构性质

在水中放入长烃链的醇、胺、酸等表面活性剂，在低浓度时，分子在表面上自由活动；在高浓度时，其整齐排列如下图：

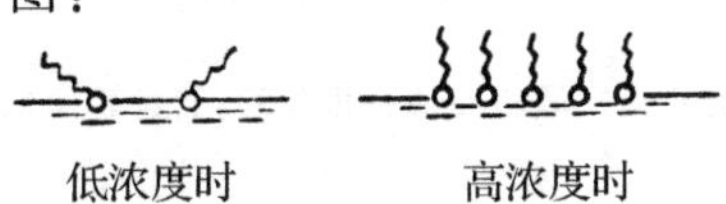

从σ-c曲线可算出吸附量Γ，以Γ对c作图，可得Γ-c曲线，当浓度高时，Γ为常数，即表示溶液表面上的吸附已达饱和，饱和吸附量通常以Γ_∞表示，知道Γ_∞和阿伏伽德罗常量N_A，即可知液面上单分子所占面积S。

$$S=\frac{1}{\Gamma_\infty N_A} \tag{4.14}$$

① 根据每个分子占有的面积，发现在同系列醇、酸中，分子数相同时，面积不变，因而可推断为直立（指c大时），并可比较基团面积$S(nm^2)$。ROH＝0.274nm^2；RCOOH＝0.302 nm^2；RNH_2＝0.270 nm^2*。

② 当c增加时，σ不再下降，Γ_∞不再增加，可推断除表面层吸附已饱和外，多余的表面活性剂以形成胶束的形式来降低其自由能，如图4.6所示。

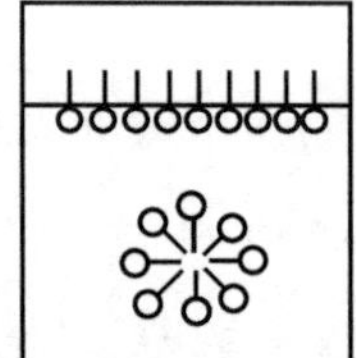
图4.6 达到Γ_∞以后表面活性剂分子在溶液中的分布示意图

③ 可求出吸附层厚度δ，如知道该物质的Γ_∞，根据其摩尔质量M和密度ρ，可算出δ。

$$\delta=\Gamma_\infty \cdot \frac{M}{\rho} \tag{4.15}$$

式中，M为摩尔质量；ρ为密度；Γ_∞的单位mol/cm^2。

对不溶性分子，Γ_∞即加入量；对可溶性分子，则需要利用Gibbs公式测出表面张力来求出Γ_∞。

由吸附层厚度知每增加1个CH_2基时，其长度δ约增加0.13～0.15nm，与X射线结构分析相符，也说明了直立假说的正确性。

非离子型高聚物表面活性剂不规则，其面积随构型而变，不能采用此法求吸附层厚度。

4.2 研究气/固吸附的实验方法

4.2.1 吸附力与吸附热

吸附原因：表面力（液），表面剩余价（固）；

吸附力： 范德华力，氢键，化学键；

吸附热： 吸附自动进行，必须$\Delta G<0$

$$\Delta G=\Delta H-T\Delta S \tag{4.16}$$

吸附时，气体由三维至二维，走向有序，ΔS变小，故$-T\Delta S$为正，而ΔG要为负，只有ΔH为负（$\Delta H<0$），即体系应当放热，故吸附时必然放热。对溶液，在溶质吸附同时，溶剂脱附，因此ΔS不一定变小，ΔH不一定为负，吸附时不一定放热。因此利用吸附热可判断吸附键的强弱与性质。

由于吸附过程比较复杂，而且所基于的反应也很复杂，人们把吸附分为化学吸附和物理吸附两类，如表4.1所示。

---

* 后来的实验数据证明密集分子是以30°倾斜而整齐排列的，而且其面积在C_{10}以上也会进一步下降，但不影响这种直立假说和计算方法的正确性。

表 4.1　物理吸附和化学吸附的区别

主要特征	物理吸附	化学吸附
吸附力	van der Waals 力	化学键力
选择性	无	有
吸附热	近于液化热($0 \sim 20kJ \cdot mol^{-1}$)	近于反应热($80 \sim 400kJ \cdot mol^{-1}$)
吸附速度	快,易平衡,不需要活化能	较慢,难平衡,需要活化能
吸附层	单或多分子层	单分子层
可逆性	可逆	不可逆(解吸物性质常不同于吸附)

4.2.2　气/固吸附的实验方法

1. 体积法

求不同 p 下的 V,在 Hiemeng 所著的《胶体与表面化学原理》一书中详细描述了试验方法,有兴趣的读者可参阅此书[4]。

2. 石英弹簧秤法

见图 4.7,以石英弹簧测量吸附量。吸附前,先打开 a,b 开关,抽真空,加热样品管,加冷阱于吸附质贮器外。吸附时,关真空,去冷阱,用不同温度调节吸附质蒸气压,测出吸附量。

3. 流动法

先饱和吸附,后脱附,令一股饱和了某种吸附质(例如苯蒸气)的惰性气体(例如室温下的氮气)流过吸附管。当样品重量不变时,即饱和吸附,此即为吸附质苯蒸气的相对压力 p/p_0 为 1 时的吸附量,因为 p_0 是吸附质在该试验温度下的饱和蒸气压。如在中间加另一股氮气流来稀释,即可得不同的 p/p_0 值,而这又是从两股氮气的流速 ml/min 来决定的。其关系如下:

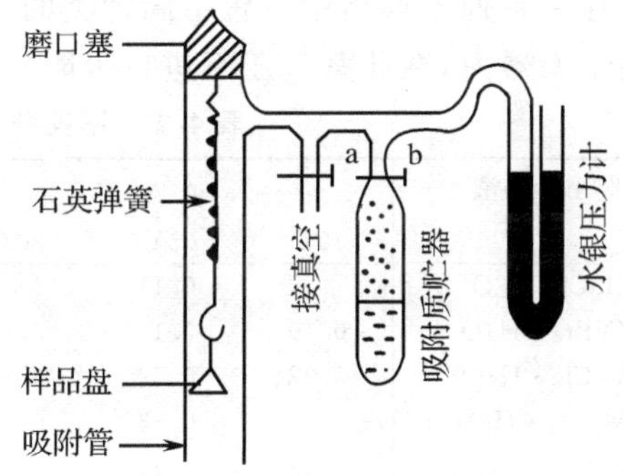

图 4.7　利用石英弹簧测量气体在固体表面上的吸附量

$$p/p_0 = V_1/[V_1 + V_2(1 - p_0/p_A)]$$

式中,p_0 为吸附质的饱和蒸气压,p_A 为大气压,V_1 为通过苯(吸附质)的 N_2 流速,V_2 为通过混合器的纯 N_2 流速(图 4.8),调节 V_1,V_2 并进行吸附剂的重量测定,即可获得不同的 p/p_0 及其相应的吸附等温线。

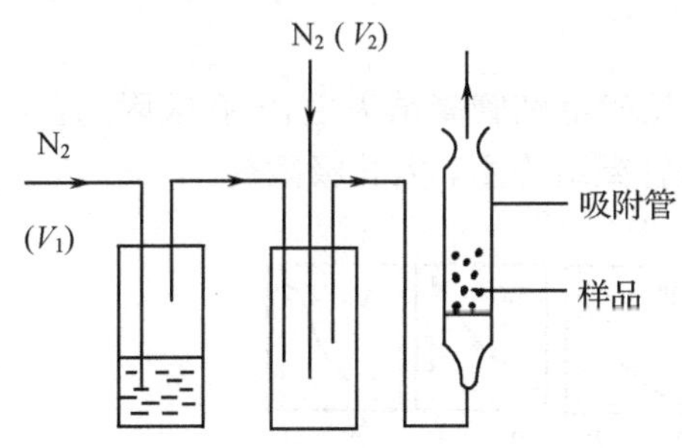

图 4.8　流动法测量气体在固体表面上的吸附装置示意图

4. 连续流动色谱法(低温氮吸附色谱法)

令被吸附气体在通过吸附剂前后经过热导池的两臂,见图 4.9,如果未被吸附,则热导池的测量臂和参考臂的成分相同,热导池无信号输出;如果气体被吸附,那么两臂成分不一,便有信号输出。例如氮气在低温下被吸附而在室温下不被吸附。当样品管外套以盛液氮的杜瓦瓶时，吸附剂吸附了氮气，便有一个吸附峰的信号出现，如图 4.10。当将杜瓦瓶移去后，氮气脱附，混合气中氮气浓度升高，两臂成分又不一，便有一个与吸附峰方向相反的峰出现。输入已知体积的纯氮，可得标准峰。从而可知在不同氮气浓度下的吸附量，作出等温线。

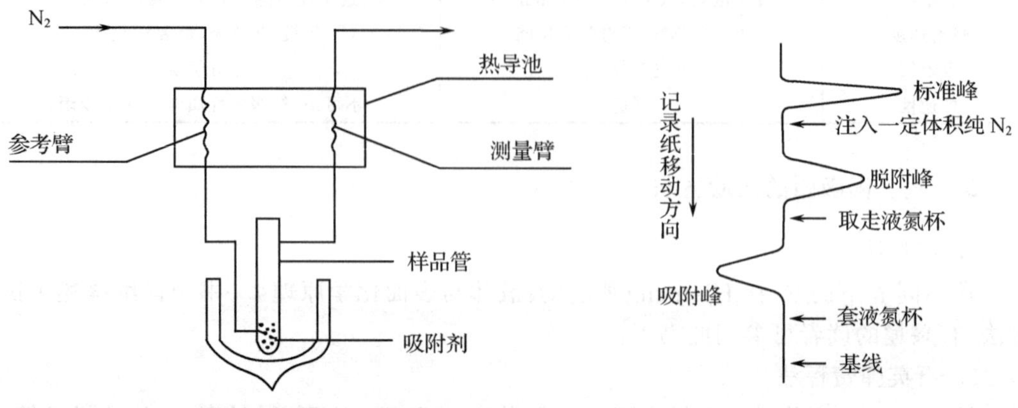

图 4.9　连续流动色谱法测定吸附量的装置示意图　　图 4.10　记录纸上 N_2 的吸附、脱附峰

5. 干燥器法

在一系列干燥器中放置不同种类的饱和盐溶液，以保持一定蒸气压，将吸附剂放在密闭的干燥器内，在此蒸气压下进行吸附。

表 4.2　不同种类的饱和盐溶液的蒸气压

饱和盐溶液	p/p_0			饱和盐溶液	p/p_0		
	20℃	25℃	30℃		20℃	25℃	30℃
$LiCl \cdot H_2O$		0.11		$Mg(NO_3)_2 \cdot H_2O$		0.53	
$CaBr_2 \cdot H_2O$	0.19	0.17	0.15	NH_4NO_3	0.63	0.6	0.57
$CaCl_2 \cdot H_2O$	0.32	0.29	0.26	NaCl	0.75	0.75	0.75
$MgCl_2 \cdot H_2O$		0.33		KCl	0.86	0.85	0.85
$K_2CO_3 \cdot H_2O$	0.44	0.45		KNO_3	0.95	0.94	0.92

4.3　吸附等温线与等温式

一般认为，吸附等温线有五种类型。

第 Ⅰ 型：Langmuir 型，单分子型。

第 Ⅱ 型：反 S 或 S 型，低压下单分子吸附，高压时毛细管凝结为主，大孔吸附剂。

第 Ⅲ 型：吸附物与吸附剂相互作用弱，以毛细管凝结为主，大孔吸附剂。

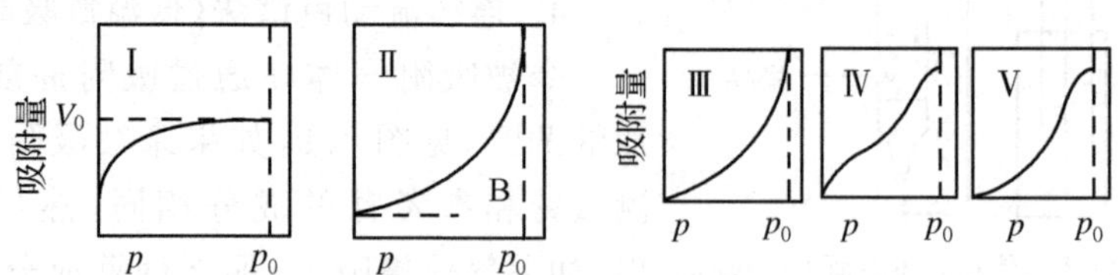

图 4.11　五种类型的吸附等温线

第 Ⅳ 型：与第 Ⅱ 型相似，在 p_0 时(吸附质的饱和蒸气压)，孔已饱和，孔较小。

第 Ⅴ 型：与第 Ⅲ 型相似，在 p_0 时孔已饱和，孔较小。

4.3.1 Freundlich 吸附等温式

气体中，
$$V = Kp^{1/n} \tag{4.17}$$
溶液中，
$$X/M = Kc^{1/n} \tag{4.18}$$

式中，V 为气体吸附体积，X 为吸附质重量，p 为体相压力，c 为体相浓度，M 为吸附剂重量，K，n 为常数，$n > 1$，c 为任意浓度。

从(4.17)和(4.18)式中可以看出，该式是一个指数方程式，没有饱和吸附值。如果要验证吸附数据是否符合 F 氏公式，可将上式取对数以形成直线式

$$\lg V = \lg K + \frac{1}{n}\lg p \tag{4.19}$$

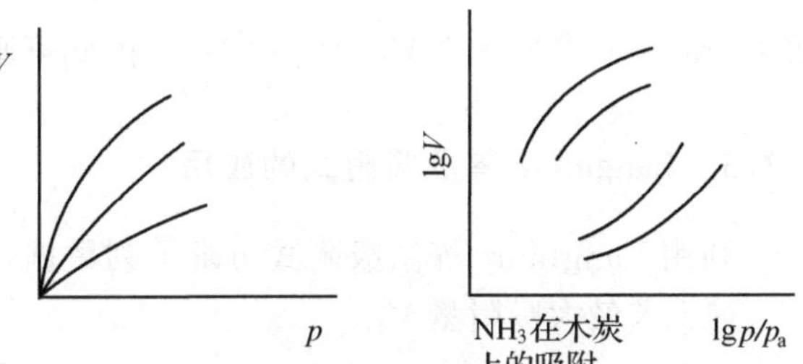

图 4.12 Freundlich 吸附等温线

以 $\lg V$ 对 $\lg p$ 作图，截距为 $\lg K$，斜率为 $1/n$，发现只在一定范围内为直线，由此得出在一定范围内可用的 Freundlich 吸附等温式。

4.3.2 Langmuir 吸附等温式

假设：

(1) 吸附活性点 S 量一定，已被吸附点为 S_1，未被吸附点为 S_0，

$$S = S_1 + S_0$$

$\theta = S_1/S$，θ 为覆盖度 (degree of coverage)

吸满时，$S_1 = S$，$\theta = 1$

未满时，$S_0/S = (S - S_1)/S = 1 - S_1/S = 1 - \theta$，是空白表面分数。

(2) 理想气体：分子之间无相互作用力。

(3) 理想表面：表面处处一致，能量与平整度一致。

(4) 吸附是一个动态平衡，在一定时间内“逗留”的就是“吸附”。

平衡时，吸附速度＝脱附速度

$$a\mu(1-\theta) = \gamma\theta$$

a 为吸附比例常数(概率)

$$\theta = \frac{\frac{a}{\gamma}\mu}{1 + \frac{a}{\gamma}\mu} \tag{4.20}$$

式中，μ 为撞击表面分子数，γ 为脱附比例常数(量纲不同于 a)。

从分子运动论知 $\mu = p/(2\pi mKT)^{1/2}$

$$\theta=\frac{\frac{a}{\gamma}\times\frac{p}{(2\pi mkT)^{1/2}}}{1+\frac{a}{\gamma}\times\frac{p}{(2\pi mkT)^{1/2}}}\tag{4.21}$$

令
$$\frac{a}{\gamma}\times\frac{p}{(2\pi mkT)^{1/2}}=b$$

则
$$\theta=\frac{bp}{1+bp}=\frac{V}{V_m}\tag{4.22}$$

式中,V 为在 p 时的吸附量,V_m 为在 $\theta=1$ 时的吸附量,即最大(饱和)吸附量。

故 Langmuir 式可写成 $V=V_m\frac{bp}{1+bp}$,由此可画出典型等温吸附线。

4.3.3 Langmuir 等温吸附式的应用

利用 Langmuir 等温吸附式可求下列数据:

(1) 求最大吸附量 V_m

$$V=V_m\frac{bp}{1+bp}\tag{4.23}$$

可写成
$$\frac{p}{V}=\frac{1}{V_m b}+\frac{1}{V_m p}\tag{4.24}$$

以 p/V 对 p 或是 $1/V$ 对 $1/p$ 作图,截距和斜率可得,V_m 和 b 可知。

(2) 求被饱和吸附的总分子数,在已知分子面积时,可计算总面积。

求吸附剂的比表面 A。

$$n=V_m/22400\ N_A f\qquad A=n\times\sigma_0$$

N_A 为 Avogadro 常量,σ_0 为吸附质分子的截面积。

(3) 在知吸附剂的面积时,可求出吸附分子的表面密度(表面分子总数 / 总面积)与占有的表面积,表 4.3 表示出常用吸附质的 σ_0 值。

$$D=n/A\qquad \sigma_0=1/D$$

表 4.3 常用吸附质的 σ_0 值

吸附物	N_2	Ar	Kr	Xe	O_2	C_2H_6	n-C_4H_{10}	C_6H_6	CH_3OH	CO_2
吸附温度 /℃	5	−183	−195	−195	−183	−195	0	20	20	−78
σ^0/Å^2	16.2	14.4	19.5	25.0	24.1	20.5	32.1	40	25	17

4.3.4 Langmuir, Gibbs, Szyszkowski 三种吸附方程式之间的关系以及经验式中参数的物理意义

上述这三种吸附方程式虽然形式各异,但在本质上却是相同的。我们先列出这三种方程式的常用形式。

Gibbs: $\Gamma=-\frac{c}{RT}\times\frac{d\sigma}{dc}$

Szyszkowski: $\sigma_0-\sigma=\sigma_0 b\ln(1+c/K')$

Langmuir: $\frac{V}{V_m}=\frac{bp}{1+bp}$ 或 $\frac{\Gamma}{\Gamma_m}=\frac{bc}{1+bc}$

根据 Langmuir 和 Gibbs 从理论上推出的公式：

$$\Gamma = \Gamma_{\mathrm{m}} \frac{bc}{1+bc} \qquad \text{Langmuir 公式}$$

$$= \Gamma_{\mathrm{m}} \frac{c}{\frac{1}{b}+c} = \Gamma_{\mathrm{m}} \frac{c}{K'+c} = -\frac{\mathrm{d}\sigma}{\mathrm{d}c}\frac{c}{RT} \qquad \text{Gibbs 公式}$$

即可得 $\Gamma_{\mathrm{m}} \frac{c}{K'+c} = -\frac{\mathrm{d}\sigma}{\mathrm{d}c}\frac{c}{RT}$ (4.25)

将(4.25) 式重写，可得

$$-\mathrm{d}\sigma = RT\Gamma_{\mathrm{m}} \frac{\mathrm{d}c}{c+K'} = RT\Gamma_{\mathrm{m}} \mathrm{d}\ln(c+K') \tag{4.26}$$

将(4.26) 式积分

$$\int_0^c -\mathrm{d}\sigma = RT\Gamma_{\mathrm{m}} \int_0^c \mathrm{d}\ln(c+K') \tag{4.27}$$

可得

$$\sigma_0 - \sigma = RT\Gamma_{\mathrm{m}} \ln \frac{c+K'}{K'} \tag{4.28}$$

将(4.28) 式与 Szyszkowski 公式 $\sigma_0 - \sigma = \sigma_0 b \ln\left(1+\frac{c}{K'}\right)$ 相对照，那么 Szyszkowski 公式中的 $b\sigma_0 = RT\Gamma_{\mathrm{m}}$，即 b 由饱和吸附量决定，但 b 不随链长而增加。 而在 Szyszkowski 公式中的 K' 等于 Langmuir 公式中的 $1/b$，因而可写成

$$K' = 1/b = \frac{1}{\frac{\alpha}{\gamma}\frac{p}{(2\pi mkT)^{1/2}}}$$

其中，γ 与脱附能力有关，α 与吸附能力有关，即 K' 与脱附能力、吸附能力有关。 K' 与表面活性剂分子中的链长有关，K' 愈大，愈容易脱附，K' 愈小，则在表面上吸附愈强。

4.3.5 BET 吸附等温方程式

虽然 Langmuir 的理论很完善，但只能解决单分子层或化学吸附的情况，但对于其他类型的吸附则无法解决。 1938 年，Brunauer、Emmett 和 Teller 三人在 JACS 60，309 发表文章，提出多分子理论，以解决其他几种类型的吸附状况，其主要假设有：

(1) 多分子层，不必吸附满了一层分子再吸附第二层分子。

(2) 平衡时，被占据和未占据的面积不变，各种高度分子层覆盖的面积不变，例如图 4.13 有 10 个位置，无覆盖的位置 S_0 有 4 个，有一个分子覆盖的位置 S_1 有三个等等。

分子在表面上活动，只能使 S_0 与 S_1，S_1 与 S_2… 交换，其结果是保持 S_i 的数目不变。

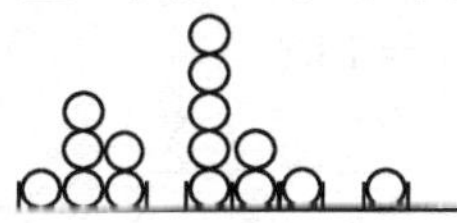

S_0=4 S_1=3
S_2=2 S_3=1
S_4=0 S_5=1

图 4.13 BET 公式假定的多分子层吸附示意图

(3) 第一层吸附力与二，三 … 层间的吸附力的性质不同，第一层分子与固体之间的作用一般是化学力。 第二层以上为同种分子之间的作用力。

$$V/V_{\mathrm{m}} = CX/(1-X)(1-X+CX) \tag{4.29}$$

$X = p/p_0$ 为相对压力；C 为常数(注意！ 此处 C 不是浓

度)。

或 $V/V_m = Cp/(p_0 - p)[1+(C-1)p/p_0]$ (4.30)

V 为压力 p 时吸附物的体积。

公式(4.29)、(4.30)通常称为BET二常数公式,其中 V_m(ml/g)为饱和单分子层气体的饱和吸附量,C 为与吸附热(与Langmuir式中 V_m 相同)有关的常数,等于 $\exp[(Q_1 - Q_2)/RT]$,其中,Q_1 为第一层的吸附热,Q_2 为第二层以上吸附热,即吸附物的液化热。在测量时,可将上式写成

$$\frac{p}{V(p_0 - p)} = \frac{1}{V_m C} + \frac{C-1}{V_m C(p/p_0)}$$

以 $\frac{p}{V(p_0 - p)}$ 对 $\left(\frac{p}{p_0}\right)$ 作图,可求出 V_m 和 C。

$V_m = 1/$ 斜率 + 截距,再根据截距 $= \frac{1}{V_m C}$ 求出 C。

根据该公式可测许多吸附剂的比表面,

$$S_{比} = \frac{V_m N}{22400} \times \frac{\delta}{W}$$

式中,W 为吸附剂重(g),一般用 N_2 作为被吸附气体,N_2 截面积 $\delta_{N_2} = 16.2\ \text{Å}^2$。

BET公式可解释图4.11中第Ⅰ,Ⅱ,Ⅲ类曲线。

a. 当 $Q_1 \gg Q_2 = Q_L$,C 很大,X 很小时($X = p/p_0$)

$$C = \exp\left(\frac{Q_1 - Q_2}{RT}\right) \text{ 变成 } C = \exp\frac{Q_1}{RT}$$

$$\frac{V}{V_m} = \frac{CX}{1-X}(1 - X + CX) \longrightarrow \frac{V}{V_m} = \frac{CX}{1+CX}$$

此即化学吸附为主时的情况,第一层吸附热 Q_1 比第二层吸附热 Q_2 大得多,BET式变成Langmuir式。

b. 当 $Q_1 > Q_2$,而 C 在 $2 \sim 10^{-2}$ 时,以 V_m 对 p/p_0 作图,可得Ⅱ型曲线。即单层与多层吸附并重,或化学与物理吸附并重。

c. 当 $Q_1 \leqslant Q_2$,$C \leqslant 2$ 时,可得Ⅲ型曲线,此时以多层吸附或物理吸附为主。

BET公式适用范围:X 在 $0.05 \sim 0.35$ 内为直线。

当吸附发生在多孔物质上时,吸附层受到限制,例如只能吸附 n 层。考虑到这一因数,加入 n 常数,可得BET三常数方程式。

$$\frac{V}{V_m} = \frac{CX}{1-X} \times \frac{1-(n+1)X^n + nX^{n+1}}{1+(C-1)X - CX^{n+1}} \tag{4.31}$$

当 $n=1$ 时

$$\frac{V}{V_m} = \frac{CX}{1-X} \times \frac{1 - 2X + 2X^2}{1 - X + CX - CX^2} = \frac{CX \cdot (1-X)^2}{(1-X)\cdot(1-X)(1+CX)} = \frac{CX}{1+CX}$$

当 $n = \infty$,$X_\infty = 0$ 时

$$\frac{V}{V_m} = \frac{CX}{(1-X)(1-X+CX)}$$

(4.31)式又变成二常数式,即BET式可适用于层数不变的开放孔的多孔物质,因未考虑

细小毛细管的凝结，因此在Ⅳ，Ⅴ两类吸附等温线上无法适用。BET公式解决了多层吸附的问题，其中包括了吸附-液化等过程。该公式存在的问题是没有考虑表面不均一性和相邻分子间的相互作用力。

4.4 溶液吸附

固体在溶液中的吸附较为复杂，吸附剂除了吸附溶质之外还可以吸附溶剂，因此迄今尚无完满的理论。但是由于溶液中的吸附具有重要的实际意义，实践中也总结出了一些规律。

1. 温度的影响。大多数是放热过程，通常吸附量随温度升高而降低。

2. 极性吸附剂易于吸附极性物质。

3. 溶质的溶解度愈小，愈易于被吸附。

4. 吸附剂的表面性能影响极大。

图4.14是一组典型的溶液吸附等温线[5]。这样算得的吸附量通常称为表观相对吸附量，其数值低于溶质的实际吸附量，因为在计算中没有考虑到溶剂的吸附。开始时吸附量随浓度增加而上升，达到最高点后逐渐下降，经零点而变为负值。吸附量为负值是由于溶剂的被吸附，反而使溶液浓度增加所致。

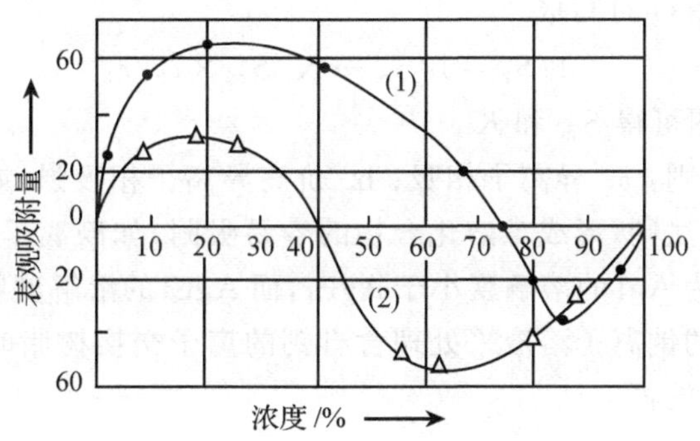

图4.14　硅胶上的一些吸附等温线

(1) 丙酮水溶液；(2) 乙醇水溶液

因具体体系不同，所得到的等温线有多种形式。有些体系可以使用某些气-固吸附的等温式。其中，Freundlich公式在溶液中吸附的应用通常比在气相中吸附的应用更为广泛。此时该式可表示为：

$$a = Kc^{\frac{1}{n}}$$

4.4.1 利用质量作用定律求Langmuir式[5]

在吸附中，以X代表吸附剂上的活性点，吸附了M分子以后，形成了表面复(化)合物MX，如下所示：

X	XM	|	M
吸附剂未被吸附活性点	界面吸附物		体相吸附物

或者可写成下列化学平衡方程式，其总的表面活性点的浓度为 Γ_∞，θ 是覆盖度。

$$\begin{array}{ccc} X & + \quad M & = XM \\ \Gamma_\infty[1-\theta] & c & \Gamma_\infty\theta \end{array}$$

$$\Gamma_\infty - \Gamma_{XM} = \Gamma_{X(空位)}$$

$$K = [X][M]/[XM] = c(\Gamma_\infty - \Gamma_{XM})/\Gamma_\infty\theta \tag{4.32}$$

Γ_∞ 即 Γ_{XM}，Γ_{XM} 即吸附量 Γ

$$K = c(\Gamma_\infty - \Gamma)/\Gamma \quad 或 \quad \Gamma = \Gamma_\infty c/(K + c)$$

同理可用以研究离子交换吸附，下式是离子交换吸附的一般公式，在溶液中的离子可以将已吸附在固体表面上的离子顶走，从而完成离子交换。

$$XM_1 + M_2 \longrightarrow XM_2 + M_1$$

在溶液中固体表面吸附物 XM_1，XM_2 的浓度分别为 S_1，S_2；而在体相中离子 M_1，M_2 浓度分别为 c_1，c_2。S_m 为最大吸附量，或离子交换容量，$S_m = S_1 + S_2$

在平衡时，
$$K = \frac{[XM_1][M_2]}{[XM_2][M_1]} = \frac{S_1 \cdot c_2}{S_2 \cdot c_1} \tag{4.33}$$

因此
$$\frac{S_1}{S_2} = K\frac{c_1}{c_2} \tag{4.34}$$

(4.34) 式说明，在表面上的离子浓度比是和它们在溶液中的浓度成正比的。如将 S_1 换成 $S_m - S_2$，则式(4.33) 可写成

$$1/S_2 = 1/S_m + K/S_m \times c_1/c_2$$

以 $1/S_2$ 和 c_1/c_2 作图可得 S_m 和 K。

离子交换经验法则：a. 异离子相吸；b. 价高异离子相吸强，如钙离子的吸附能力比钠离子强；c. 溶解度法则，形成难溶化合物的容易吸附，如碘离子易于吸附在溴化银上，而氯离子则不易，因为 AgI 的溶解度小于 AgBr，而 AgCl 的溶解度则大于 AgBr；d. 质量作用定律，如用高浓度的钠离子溶液来处理含有钙的离子交换树脂时，钙离子也会脱附，此法用于离子交换树脂的再生。

4.4.2 表面活性剂在固体上的吸附

许多人已经证明了 Traube 公式在溶液体系中的实用性，长链的表面活性剂易于吸附在水中的炭黑憎水表面上，傅鹰与 Bartell 等证明了极性吸附剂硅胶在非极性溶剂四氯化碳中吸附时，碳氢链愈短者愈易被吸附[6]，见图 4.15。

1955 年，Gaudein 和 Fuerstenau[7] 提出了表面活性剂在固-液界面上的吸附形成半胶团(heminicelle) 的概念，以后，朱玻瑶和顾惕人[8] 提出了表面活性剂固-液界面吸附等温式，这一公式除考虑分子与吸附点的作用外，还考虑到分子间长链之间侧面的相互吸引力，这一点为表面活性剂的吸附所特有，应称为表面胶团缔合常数，该公式的形式为

$$\Gamma = \frac{\Gamma_\infty K_1 c\left(\frac{1}{n} + K_2 c^{n-1}\right)}{1 + K_1 c(1 + K_2 c^{n-1})} \tag{4.35}$$

式中，Γ 与 Γ_∞ 为吸附量与极限吸附量，K_1 为吸附点与被吸附分子之间的吸附平衡常数，K_2 为表面上已有单体数与被吸附分子之间的缔合平衡常数，c 为表面活性剂浓度，n 是表

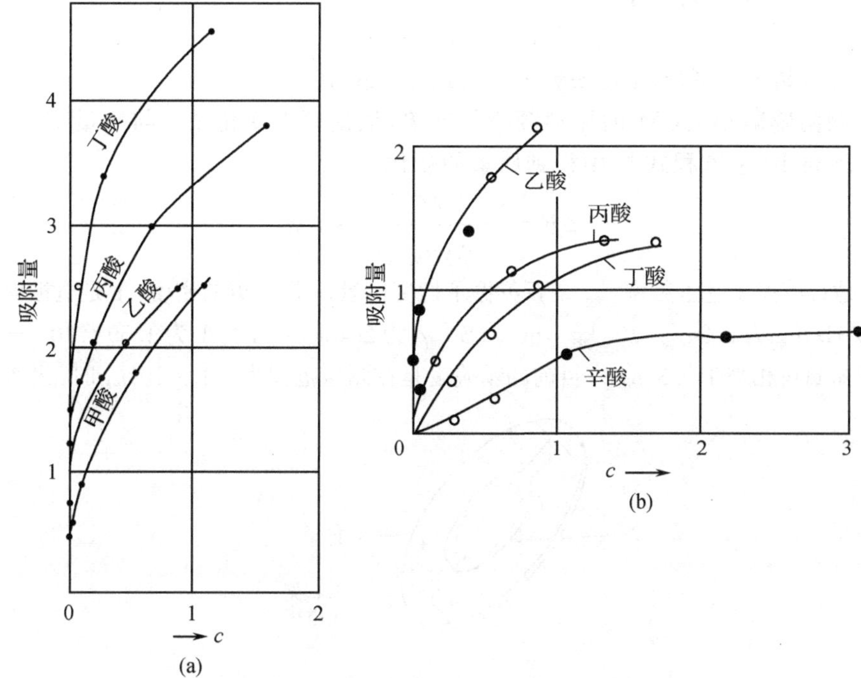

图 4.15 溶液中表面活性剂在固体中的吸附

(a) 炭自水溶液中吸附脂肪酸；(b) 硅胶自甲苯中吸附脂肪酸

面胶团的聚集数。

当 $K_2 \to 0, n \to 1$ 时，即无缔合作用时，(4.35) 式还原为 Langmuir 式；

即
$$\Gamma = \frac{\Gamma_\infty K_1 c}{1 + K_1 c}$$

当 $n > 1$ 且 $K_1 c^{n-1} \ll \frac{1}{n}$ 时，即分子极限吸附量不是 Γ_∞，而是 $\frac{\Gamma_\infty}{n}$；

$$\Gamma = \frac{\frac{\Gamma_\infty}{n} K_1 c}{1 + K_1 c} \tag{4.36}$$

当 $n > 1$ 且 $K_2 c^{n-1} \gg 1$ 时，即缔合作用为主时，

$$\Gamma = \frac{\Gamma_\infty K c^n}{1 + K c^n} \tag{4.37}$$

其中 $K = K_1 K_2$，当浓度愈来愈大时，

$$\Gamma = \Gamma_\infty$$

这一公式能较好地说明表面活性剂在表面上吸附或半胶团形成的过程，是一个很有用的公式。

4.4.3 液 / 固吸附的实验方法

(1) 利用吸附前后溶液浓度的变化可求出吸附量。 c_o 为吸附前溶液浓度，c_t 为吸附后溶液浓度。

$$(c_o - c_t) V = 吸附量$$

x/m 为每克吸附剂吸附的摩尔数。

$$x/m = [(c_o - c_t)V]/m \tag{4.38}$$

(2) 石英晶体天平(quartz crystal balance ,QCM)

利用吸附物减小 QCM 的振动频率的现象,根据频率变化 ΔF 与质量变化 Δm 的关系,可自 Sauerbrey 方程式[9] 中得到质量的变化。

$$\Delta F = -\frac{2F_0{}^2}{A(\mu_q \rho_q)^{\frac{1}{2}}} \cdot \Delta m \tag{4.39}$$

式中,F_0 是石英振子基本频率,μ_q 是石英振子切变模量,ρ 是石英的密度,A 是电极面积,当 F_0 为 9×10^6 Hz,μ_q 为 2.947×10^{10} kg·m^{-1}·S^{-2},ρ 为 2648kg·m^{-3},A 为 1.59×10^{-5} m^2 时,由式(4.39)可知1Hz相当于0.87ng。目前的精确度是在测量范围为0.1～100μg时,达到0.05ng。

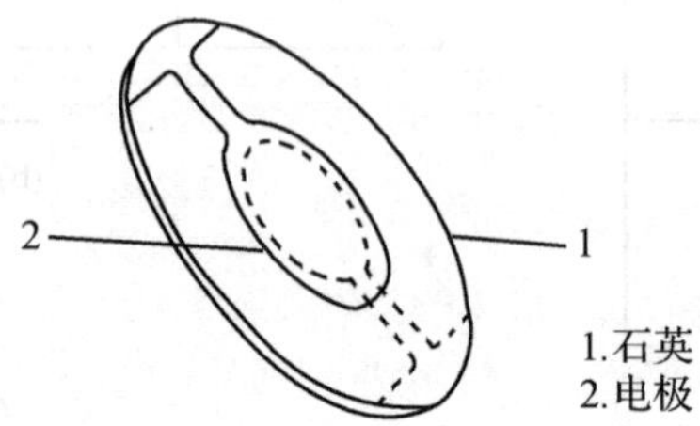

图 4.16　石英晶体天平

4.4.4　利用吸附的液相色谱法 —— 固液吸附色谱

混合物在固体上吸附能力不同,因而其溶液从吸附剂的柱子中经过时,将分成许多层。以后可用原来溶剂或其他溶剂冲洗。1903 年,俄国学者茨维特(Цвет)把植物新鲜组织的石油醚提取物通过吸附柱($CaCO_3$,蔗糖,葡萄糖),然后用苯使色层显色。

带	颜色	色素名称
Ⅰ	无色	胶态物质
Ⅱ	黄	叶绿素
Ⅲ	黄绿	叶绿素
Ⅳ	绿蓝	叶绿素
Ⅴ	黄	叶黄素
Ⅵ	黄	叶黄素
Ⅶ	黄	叶黄素
Ⅷ	灰	叶绿酸

图 4.17　叶绿素的色谱

图 4.17 表示黄色胡萝卜素(在石油醚中)通过吸附剂时未被吸附,茨维特首先证明了绿色素中含四种主要成分:叶绿素 a,叶绿素 b,叶黄素,胡萝卜素。目前色谱学已发展成一个十分重要的学科。

综 合 参 考 书

1. Липатов CM,胶体物理化学,南京大学译,北京:高等教育出版社,1955
2. Kruyt HR, Ed. Colloid Science, Vol.1 and 2, Elsevier, Amsterdam, Netherland, 1952
3. Adamson AW, Physical Chemistry of Surfaces, Paul. 3rd-6th Ed. John-Wiley, 1976;中译文:顾惕人译,表面的物理化学
4. 沈钟,王果庭,胶体与表面化学,第二版,北京:化学工业出版社,1997

参 考 文 献

[1] Traube I, Ann. ,265,27
[2] Szyszkowski Z, Phys. Chem. ,64,385(1908)
[3] ЩУКИН ЕД, ПЕРЦОВ АВ, АМЕЛИНА ЕА, КОЛЛОИДНАЯХИМИЯ, Изд. Московского Университета, 1982
[4] Hiemeng PC and Rajagopalan, Principles of Colloid and Surface Chemistry, 3rd Ed. , Revised and Expanded, Marcel Dekker, Inc. New York, 1997
[5] 傅献彩,陈瑞华,物理化学,1979 年修订本(下册),北京:人民教育出版社
[6] Fu Y, Hansen RS and Bartell FE, J. Phys. Chem. ,52,374(1948);
Bartell FE, Fu Y, J. Phys. Chem. ,33,676(1929)
[7] Gaudin AM and Fuersterau DW, Trans AIME, 202, 958(1955);
Fuerstenau DW, J. Phys. Chem. ,60,981(1956)
[8] 朱珖瑶,顾惕人,J. Chem. Soc. , Faraday Trans I,85,3813(1989)
[9] Sauerbrey G Z, Phys. ,155,206(1959)

习 题

1. 如何从表面张力算出表面活性剂的表面浓度? 如何从表面活性剂的体相浓度算出表面活性剂的表面浓度?
2. 在 25℃ 时,用一机械小铲刮去稀肥皂水液的很薄表面层 300cm^2,得到 2cm^3 溶液。测出其肥皂量为 4.013×10^{-5}mol,容器中同体积的本体浓度 c(体相)是 4.000×10^{-5}mol·L,计算溶液的表面张力。已知 25℃ 时纯水的表面张力 $\gamma_0=72$mN/m,假设 c 小时,$\gamma_0-\gamma=bc$。
3. MgO 粒子能吸附水中的硅酸盐,可用以减少锅炉中沉积的硅酸盐垢,试由下列数据计算:

MgO(mg/kgH_2O)	0	75	100	126	160	200
水中的硅酸盐含量(mg/kgH_2O)	26.2	9.2	6.2	3.6	2.0	1.0
除去的硅酸盐含量(mg/kgH_2O)	0	17	20	22.2	24.2	25.2

(a) 应用 Freundlich 式作图,求出公式中的 K 和 $1/n$。
(b) 欲将硅酸盐减少至 2.9×10^{-3}g/kg H_2O,需用多少毫克 MgO/kg H_2O?

4. CO 在 90K 被云母吸附的数据如下:

$p\times10^3$/cm Hg	0.566	1.05	4.53	5.45	7.91	10.59
$V\times10^2$/cm^3	10.5	13.0	16.3	16.8	17.8	18.3

(a) 试由 Langmuir 等温式以图解法求 V_m 和 b。
(b) 计算被吸附的总分子数。
(c) 假定云母总表面积为 6.24×10^3 cm^3,试计算每个被吸附分子占多少表面积?

5. 77.2K 时,N_2 吸附于硅酸铝催化剂上,每克催化剂吸附量与 N_2 平衡压力关系为

p/mmHg	65.25	102.3	165.85	224.45	291.85
$V/cm^3 \cdot g^{-1}$	115.58	126.3	150.69	166.38	184.42

试用 BET 公式计算其比表面。已知 77.2K 时，N_2的饱和蒸气压为 743.5 mmHg。N_2 分子的截面积 $S = 16.2 Å^2$。

6. 自溶液中吸附染料的方法可用来估计粉末固体的表面积，若 1 g 骨炭与起始浓度为 10^{-4} mol・L^{-1} 的 100cm^3 次甲基蓝溶液平衡，最后染料的浓度为 0.6×10^{-4} mol・L^{-1}. 若以 2 g 骨炭作此实验，最后染料浓度为 0.4×10^{-4} mol・L^{-1}。假使染料吸附服从 Langmuir 方程式，试计算骨炭的比表面(m^2/g)。在单分子层中次甲基蓝的分子面积可取为 $65Å^2$。

第五章　分散体系的形成

5.1　引　　言

胶体分散体可由两种方法生成，即如图 5.1 所示，可从离子和分子凝聚而成，或者是将粗颗粒分散而得。

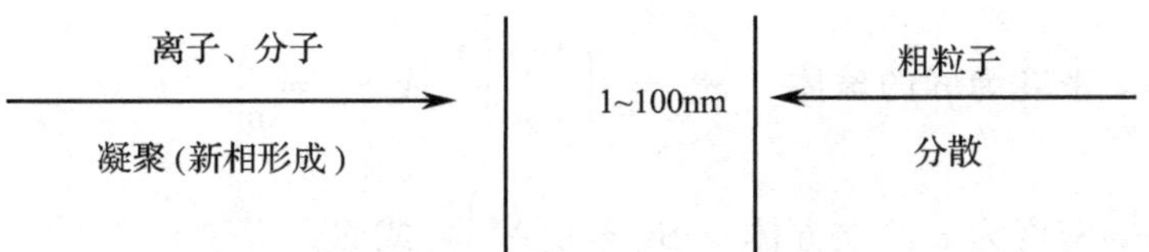

图 5.1　胶体分散系的获得

5.1.1　比表面

胶体体系的第一个特点是具有巨大的比表面和表面能。单位体积或单位重量物体所具有的总表面积为该物质的比表面。如立方体的分割，从 1cm^3 开始。我们可得下列参数[1]：

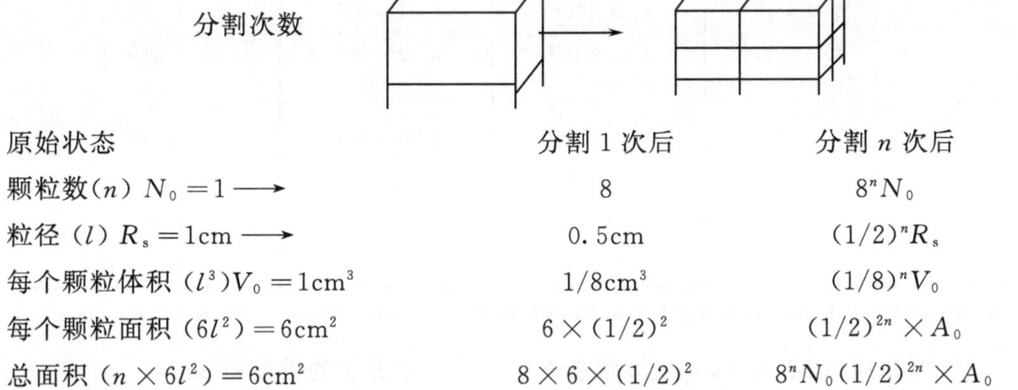

原始状态	分割 1 次后	分割 n 次后
颗粒数(n) $N_0=1$ ⟶	8	$8^n N_0$
粒径 (l) $R_s=1\text{cm}$ ⟶	0.5cm	$(1/2)^n R_s$
每个颗粒体积 (l^3)$V_0=1\text{cm}^3$	$1/8\text{cm}^3$	$(1/8)^n V_0$
每个颗粒面积 ($6l^2$) $=6\text{cm}^2$	$6\times(1/2)^2$	$(1/2)^{2n}\times A_0$
总面积 ($n\times 6l^2$) $=6\text{cm}^2$	$8\times 6\times(1/2)^2$	$8^n N_0(1/2)^{2n}\times A_0$

其中，N_0 是原始颗粒数，R_s 为原始粒径，V_0 是原始颗粒体积，A_0 是原始立方形颗粒面积。但此处的 N_0，R_0，V_0 均为 1，$A_0=6$。

对于球体，单位体积具有的表面积 S_V 是

$$S_V=\frac{n4\pi r^2}{\frac{4}{3}\pi R_s{}^3}\qquad \text{而}\ n=\frac{V}{\frac{4}{3}\pi r^3}=\frac{\frac{4}{3}\pi R_s{}^3}{\frac{4}{3}\pi r^3}=\frac{R_s{}^3}{r^3}$$

式中，R_s 为分割前圆球的粒径，r 为分割后圆球的粒径。

故 $$S_V=\frac{3}{r} \tag{5.1}$$

对于立方体 $S_V=\frac{n6l^2}{L_s^3}$

$$n=\frac{L_s{}^3}{l^3},$$

$$S=\frac{L_s{}^3 6l^2}{L_s{}^3 l^3}=\frac{6}{l} \tag{5.2}$$

式中,L_s 为分割前立方体的边长,l 为分割后微立方体的边长。

单位重量具有的表面积 S_m:

质量为 m,密度为 ρ 的球体 $S_m=3\left(\frac{4\pi\rho}{3m}\right)^{\frac{1}{3}}$ 或 $S_m=\frac{3}{\rho r}$

质量为 m,密度为 ρ 的立方体 $S_m=6\left(\frac{\rho}{m}\right)^{\frac{1}{3}}$ 或 $S_m=\frac{6}{\rho l}$ (5.3)

由上面公式可见,比表面与其尺寸成反比,尺寸愈小,比表面愈大。

表 5.1 n 次分割后每个球中水分子数及这群球表面上的水分子总数*

切割次数	半径 /cm	每个球中的水分子数	表面上水分子总数	表面分子占的分数
0	1	1.40×10^{23}	1.26×10^{16}	
1	5×10^{-1}	1.75×10^{22}	2.51×10^{16}	1.79×10^{-7}
2	2.5×10^{-1}	2.19×10^{21}	5.03×10^{16}	3.60×10^{-7}
3	1.25×10^{-1}	2.73×10^{20}	1.01×10^{17}	7.20×10^{-7}
4	6.25×10^{-2}	3.42×10^{19}	2.01×10^{17}	1.44×10^{-6}
5	3.13×10^{-2}	4.27×10^{18}	4.02×10^{17}	2.88×10^{-6}
⋮				
	10^{-4}	1.40×10^{11}	1.26×10^{20}	9.00×10^{-4}
	10^{-5}	1.40×10^{8}	1.26×10^{21}	9.00×10^{-3}
	10^{-6}	1.40×10^{5}	1.26×10^{22}	9.00×10^{-2}
	10^{-7}	1.40×10^{2}	1.26×10^{23}	9.00×10^{-1}

* 本表取自文献[1],但只取其部分数据,以示这种计算方法。该书作者假设水分子的截面积是 0.10nm²。

已知摩尔质量 M 和 Avogadro 常量 N_A,可求一个分子的质量 m,$m=\frac{M}{N_A}$

已知密度 ρ,可求一个分子体积 V,$V=\frac{M}{\rho}\frac{1}{N_A}=\frac{4}{3}\pi r^3$(圆球)或 L^3(立方体)

已知分子体积,就可知分子截面积 A,$A=\pi r^2$(球体)或 L^2(立方体)

已知液滴体积后,就可知液滴中有多少分子(n),$n=\frac{液滴体积}{分子体积}=\frac{4}{3}\pi R^3/\frac{M}{\rho N_A}$

假设分子为立方形或圆形,可知分子截面积。在计算时,我们还可以假定在体内原子是立方堆积,所占体积包括了圆形颗粒的空隙,因此圆形与立方体所占面积均可用粒径 R^2 来表示。

例：半径为 1nm 的水滴，每个水滴中含有分子：

$$n=\frac{4\pi r^3}{3V_m}N_A=\frac{\frac{4}{3}\pi r^3}{\frac{M}{\rho}}\cdot N_A \tag{5.4}$$

$$=\frac{4}{3}\pi\times(10^{-7})^3\times\frac{1}{18}\times 6.023\times 10^{23}=1.40\times 10^2$$

反过来，如果我们知道了粒径和表面分子所占的比例，可以算出该种细粉是何物质。表 5.2 列出了一种细粉的数据，我们可以据此算出这是何物。

表 5.2　金属超细粉的原子数与表面上原子所占比例

粒径 /nm	原子数	n(= 表面上原子数 / 总原子数)/%
20	2.5×10^5	10
10	3×10^4	20
5	4×10^3	40
2	250	80
1	30	99

按(5.4)式，

$$n=\frac{\frac{4}{3}\pi r^3}{V_m}N_A=\frac{\frac{4}{3}\pi r^3}{\frac{M}{\rho}}\cdot N_A$$

$$=\frac{\frac{4}{3}\pi\times(0.5\times10^{-7})^3}{30}\times 6.023\times10^{23}=\text{总原子数}$$

$$0.99=\frac{\text{表面原子数}}{\text{总原子数}}=\frac{4\pi R^2/(2r)^2}{\frac{4}{3}\pi R^3/(2r)^3}=\frac{6r}{R}$$

$$r=\frac{0.99\times R}{6}=8.25\text{nm}$$

已知锌的离子半径近似值是 8.3nm，可推断出此物为金属锌。

由于超细颗粒具有极高的表面能，有极强的缩小表面能的趋势，因而其起始烧结温度变低，表 5.3 括号中的温度是体相的熔点。

表 5.3　超细粉的起始烧结温度

类别	粒径 /nm	起始烧结温度 /℃
Cu	50	200(1083)
Fe	50	200 ～ 300(1536)
Ag	20	60 ～ 80(960)
Ni	20	200(1453)

5.1.2　物质性质的尺寸依赖性

胶体体系所具有的另一个特点是尺寸效应，它影响到体系的荧光、吸光性质、氧化还原能力、三阶非线性光学性质。随着尺寸的变化，物质处于不同的聚集状态。

$$\text{分子,原子} \longrightarrow \underset{\text{原子簇}}{\text{非金属}} \longrightarrow \underset{\text{原子簇}}{\text{金属}} \xrightarrow{<2\text{nm}} \underset{\text{微粒}}{\text{纳米尺寸}} \xrightarrow{<100\text{nm}} \text{大块材料}$$

以银为例：随着尺寸的变大，它的光学性质会产生明显的变化。

银原子	$Ag \longleftrightarrow Ag^+ + e$	电子给体
非金属原子簇	$Ag_1 \longrightarrow Ag_3$	电子给体
金属原子簇	$Ag_4 \longrightarrow Ag_{12}$	电子受体，催化活性中心
纳米尺寸金属微粒	10 ～ 100nm	界面现象，光散射，黑色
大块金属		光学反射，银白色

胶体颗粒的这种特性，造成了它们在形成今日的尖端材料方面具有重要作用。我们在第一章绪论中曾提到过的纳米颗粒的量子尺寸效应及其在未来尖端材料中的重要应用前景，使胶体的制备及其排列技术成为今天科研的热点。

5.2 分散体系的凝聚形成法

凝聚法将单个原子或分子结合为胶体大小的聚集体，是形成小于 10nm 颗粒的最佳方法。

1. 物理法

改变溶剂或温度，可以降低其溶解度，使物体析出。例如松香或硫的酒精溶液，逐滴加入水中，由良溶剂变为不良溶剂，在水中形成松香或硫的胶体溶液。

2. 化学法

形成不溶化合物。

(1) 还原法。主要用来制备各种金属溶胶。

$$Ag^+ + NH_2NH_2 \longrightarrow Ag\downarrow$$

$$2HAuCl_4 + 3H_2O_2 \longrightarrow 2Au\downarrow + 8HCl + 3O_2\uparrow$$

$$2KAuO_2 + 3HCHO + K_2CO_3 \longrightarrow 2Au\downarrow + 3HCOOK + KHCO_3 + H_2O$$

(2) 氧化法。

$$2H_2S + O_2 \longrightarrow 2S\downarrow + H_2O$$

$$Fe_2SiO_4 + 1/2\ O_2 + 5H_2O = 2Fe(OH)_3\downarrow + Si(OH)_4\downarrow$$

(3) 水解法。用来制备金属氧化物，如 Fe_2O_3，SiO_2 等。

$$FeCl_3 + 3H_2O \xrightarrow{\text{加热}} Fe(OH)_3\downarrow + 3HCl$$

$$Si(OC_2H_5)_4 \xrightarrow{NH_3,\text{水解}} SiO_2\downarrow + C_2H_5OH$$

(4) 复分解法。用来制备盐类的溶胶。

$$AgNO_3 + KI \longrightarrow AgI + KNO_3$$

3. 利用有序分子组合体法

在这方面，Fendler 做了大量的工作，并在《尖端材料的膜模拟》一书中做了详细的报道。这些方法的共同特点是：(1) 降低形成新相的表面能。(2) 使已形成的新相不再长大。我们将它总结在图 5.1 中[3]。

(1) 单分子膜法

原位生成法,单分子膜下先吸附离子然后生成微粒。 $Cd^{2+} + H_2S \longrightarrow CdS$

$Ag^{+} + NH_2NH_2 \longrightarrow Ag$

吸附法,单分子膜下吸附溶液中已经形成的亲水颗粒,如RS吸附金颗粒到单分子膜中来。

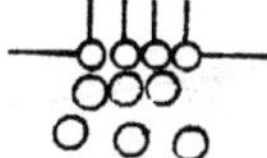

○ 亲水颗粒

混合膜法,在低表面压时,使憎水颗粒钻到单分子膜中。

⊘ 憎水颗粒

(2)反胶束法 ,在反胶束中进行各种形成微粒的反应。如 $AgNO_3$在水池内，油溶性还原剂在油中，通过扩散以形成纳米金。

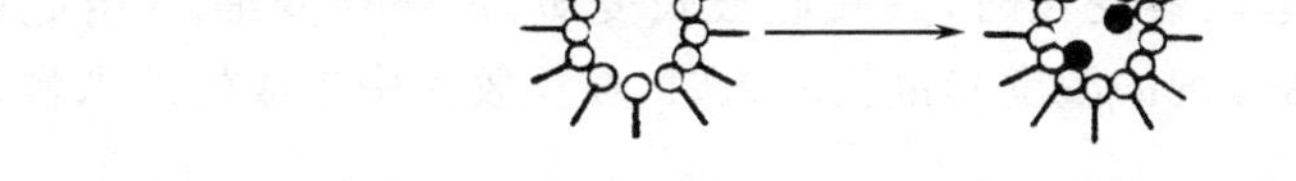

(3)泡囊法 (双分子膜法),将颗粒放在溶剂中 。采用涂层法,使球形双分子膜变成平面双分子膜，而纳米颗粒则在夹层中有序排列

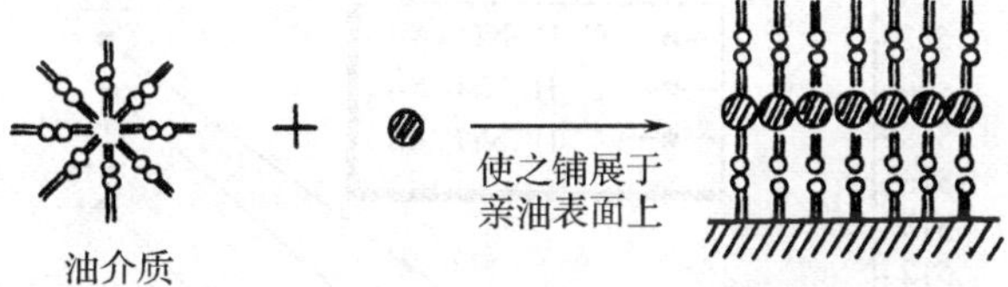

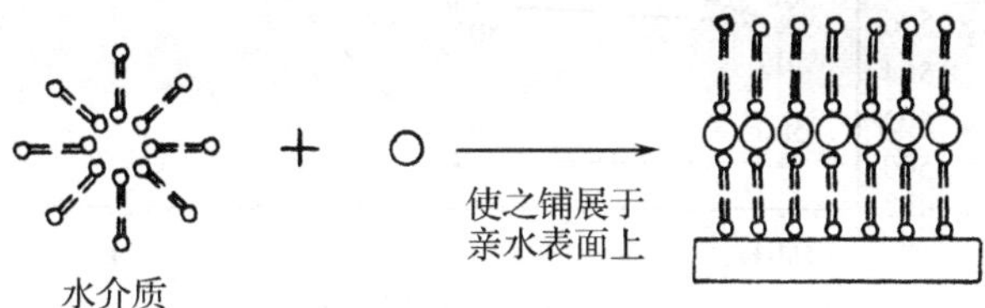

(4)自组装 ,改变 pH 值与电荷等 ,使附着在基底上的分子与溶液中的分子或颗粒相吸。

图 5.2 几种纳米颗粒的形成与稳定的方法(在两亲分子体系中)

图 5.3 表示表面活性剂浓度对最后形成的颗粒尺寸的影响[4],在氯仿溶液中,表面活性剂十六烷基三甲基形成了反胶束溶液。 在反胶束中形成金纳米颗粒。 当表面活性剂浓度增大时,颗粒尺寸变小。 在文献[5] 中也有相同的报道。

图 5.4 利用自组装生成纳米颗粒法比较了不同链长的烷基胺反胶束所形成的纳米颗

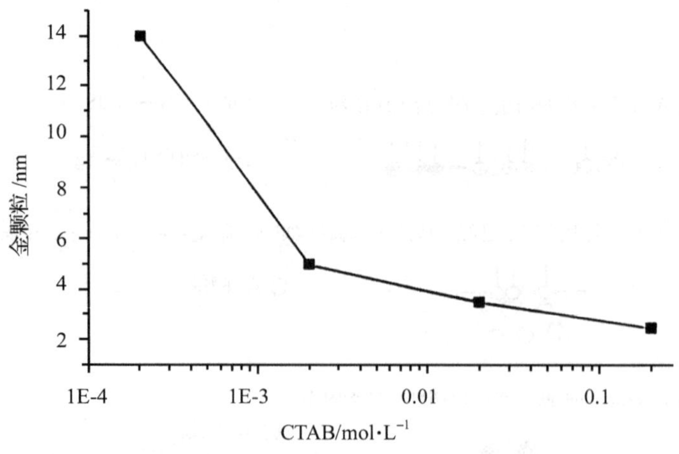

图 5.3　颗粒尺寸与十六烷基三甲基溴化铵浓度的关系图

粒的大小[6]，由于在此尺寸范围内纳米颗粒金的波长与尺寸成正比，尺寸愈大，波长愈长。由此图可以看出，当氨的烷基烃链变长时，其吸收波长变短，即颗粒变细。由此可得出结论，当形成反胶束的表面活性剂的浓度和链长增大时，在反胶束中形成的纳米颗粒也愈细。

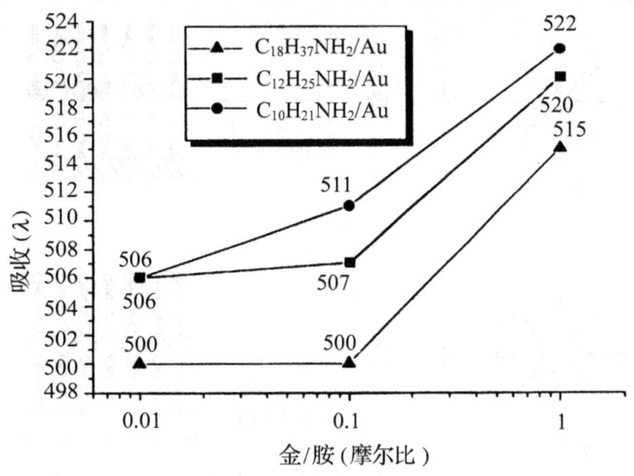

图 5.4　表面活性剂链长对颗粒尺寸的影响

5.3　晶核与结晶生长动力学

从溶胶中析出胶粒分两个阶段：形成晶核阶段(nucleation)和晶体成长阶段。Weimarn 认为晶核生长速度 V_1 为

$$V_1 = dn/dt = K_1(c - S)/S \tag{5.5}$$

式中，t 为时间，n 为晶核数，c 为浓度，S 为溶解度，$(c-S)$ 为过饱和度。从式(5.5)可以看到，溶解度愈小，V_1 愈大，晶核愈易生长。

晶体生长速度 V_2 为

$$V_2 = K_2 D(c - S) \tag{5.6}$$

式中,D 为扩散系数。

如 $V_1 \gg V_2$，产生许多晶核，反之,$V_2 \gg V_1$，则产生结晶。$(c - S)$ 对 V_2 的影响要比对 V_1 的影响小。因此,溶解度愈小,愈容易形成胶体。介质对扩散系数的影响很大,从而对 V_2 的影响也很大。

Weimarn 曾研究过 $Ba(CNS)_2 + MgSO_4 \longrightarrow BaSO_4$ 的反应,发现有如图 5.5 的关系。

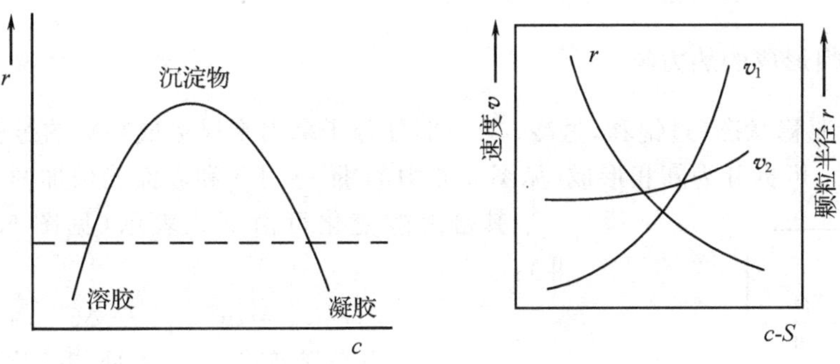

图 5.5 溶液浓度对晶核生长过程的影响

从图 5.5 看出,当$(c - S)$ 小时,结晶速度(v_2) 大于成核速度(v_1),形成的颗粒粗,而当$(c - S)$ 大时,v_1 大于 v_2,形成的颗粒细,因此要得到高分散度,必须使溶解度降低。

5.4 新相形成的热力学基础

5.4.1 有关的热力学知识

在文献[7]、[8] 中,都对晶核成长的热力学进行了详尽的描述,现介绍如下。根据热力学第一定律:

$$dU = dQ = p\,dV$$

孤立体系,可逆膨胀功:

$$dU = T\,dS - p\,dV$$

多组分体系,敞开体系,并考虑表面相:

$$dU = T\,dS - p\,dV + \sigma dA + \sum \mu_i\,dn_i$$

同时我们知道，化学势 μ 在相平衡研究中常被应用。

μ 是由于物质移动引起的自由能变化，即 dG/dn_i。它设体系中有 A、B 两相,在两相中均不只一种物质,在 T,p 恒定时,B 相中有微量 i 种物质 dn_i^B 转移至 A 相中,此时,

$$dG = dG^A + dG^B = \mu_i^A dn_i^A + \mu_i^B dn_i^B$$

A 相所得即 B 相所失。

$$dn_i^A = -dn_i^B$$

如果转移在平衡条件下进行,则 $dG = 0$

$$\mu_i^A dn_i^A + \mu_i^B dn_i^B = 0$$

$$\mu_i^A dn_i^A - \mu_i^B dn_i^A = 0 \text{ 或} (\mu_i^A - \mu_i^B) dn_i^A = 0$$

$$\mu_i^A - \mu_i^B = 0, \quad \mu_i^A = \mu_i^B$$

即在平衡时,组分 i 在 A,B 相中化学势相等。

如果是自发过程,

$$\Delta G < 0, \quad (\mu_i^A - \mu_i^B) dn_i^A < 0, \quad \mu_i^A < \mu_i^B \text{ 或 } \Delta\mu < 0$$

按假设,物质 i 由 B 相至 A 相,故

① 自发过程是由 μ_i 较大的相流向 μ_i 较小的相;

② $\Delta\mu < 0$ 为自发过程,与 ΔG 同号。

5.4.2 新相形成的热力学

将处于亚稳状态(过饱和,过冷)的一部分分子拿出来以形成颗粒的过程(见图 5.6 中的 Ⅲ → Ⅱ),可拆分为新相形成(见图 5.6 中的 Ⅲ → Ⅰ)和表面能增加两个部分。

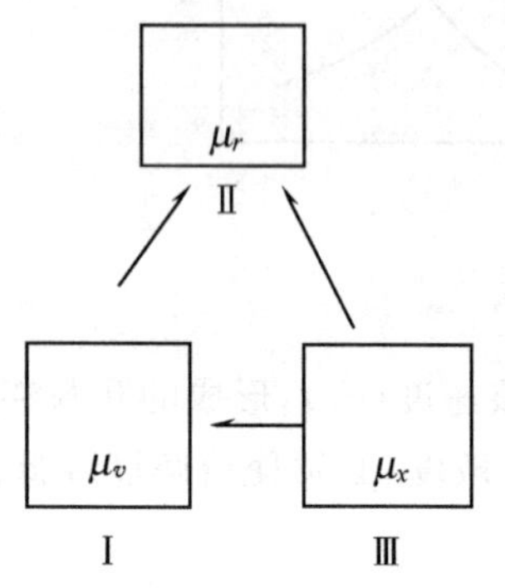

图 5.6 新相形成的热力学过程

其自由能变化可由下式表示(见图 5.6 中的 Ⅰ → Ⅱ):

$$\Delta G_{\text{Ⅲ}\to\text{Ⅱ}} = \Delta G_{\text{Ⅲ}\to\text{Ⅰ}} + \Delta G_{\text{Ⅰ}\to\text{Ⅱ}} \tag{5.7}$$

(化学势变化)+(表面能变化)

(1) 由亚稳态 Ⅲ 到 Ⅰ,是新相形成过程,驱动力为 μ,物质的量为 $\frac{4\pi r^3}{3V_m}$,其中 V_m 为摩尔体积,等于 M/ρ,由 $\mu_x \to \mu_v$ 化学位的变化为:

$$\Delta G = n(\mu_v - \mu_x) = \frac{4\pi r^3}{3V_m} \cdot (\mu_v - \mu_x)$$

$$= \frac{4\pi r^3}{3V_m}(RT\ln p_v - RT\ln p_x) \tag{5.8}$$

$$= -\frac{4\pi r^3}{3V_m}RT(\ln\frac{p_x}{p_v})$$

(2) 从 Ⅰ 相中拉出一小球使之长大,由于长大时增加表面而作功,但不产生新相。所作功为 $-W_\sigma$

$$-W_\sigma = \Delta G_{\text{Ⅰ}\to\text{Ⅱ}} = 4\pi r^2\sigma\text{(圆球)}$$

或

$$= \alpha d^2\sigma\text{(任意形状颗粒)}$$

式中,r 为球的半径,αd^2 指任意形状颗粒的表面。

故

$$\Delta G_{\text{Ⅲ}\to\text{Ⅱ}} = \Delta G_{\text{Ⅲ}\to\text{Ⅰ}} + \Delta G_{\text{Ⅰ}\to\text{Ⅱ}} = \frac{4\pi r^3}{3V_m}(\mu_v - \mu_x) + 4\pi r^2\sigma$$

$$= -\frac{4\pi r^2}{3V_m} \cdot RT \ln \cdot \frac{p_x}{p_v} + 4\pi r^2\sigma \tag{5.9}$$

参与新相形成的物质的量有 $\frac{4\pi r^3}{3V_m}$。

在新相形成过程中(1) 是自发过程,(2) 是需要外界消耗能量的过程,此两项符号相反,但 r 的方次不一,因此随着 r 的增加,将有一极大值

$$\Delta G=-\frac{\frac{4}{3}\pi r^{3}}{V_{\mathrm{m}}}RT\ \ln\frac{p_{x}}{p_{v}}+4\pi r^{2}\sigma \tag{5.10}$$

即必有

$$\frac{\mathrm{d}(\Delta G)}{\mathrm{d}r}=0$$

将(5.10)式微分：

$$-\frac{4\pi r^{2}}{V_{\mathrm{m}}}RT\ln\frac{p_{x}}{p_{v}}+8\pi r\sigma=0$$

$$RT\ln\frac{p_{x}}{p_{v}}=V_{\mathrm{m}}\frac{8\pi r\sigma}{4\pi r^{2}}$$

$$\ln\frac{p_{x}}{p_{v}}=\frac{M}{\rho}\frac{2\sigma}{RTr}(r=r_{\mathrm{c}}) \tag{5.11}$$

即在某一过饱和度时，有一对应的临界半径 r_{c}，此时 ΔG 最大，到达此半径时，晶核就析出。将(5.11)式代入(5.9)式中，

$$\Delta G_{\max}=4\pi r_{\mathrm{c}}^{2}\sigma/3 \tag{5.12}$$

$\Delta G_{\max}$ 为整个晶核表面自由能的三分之一，是著名的 Gibbs 新相形成热力学公式[9]。

图 5.7 表示 ΔG 和液滴大小的关系，根据 Gibbs 理论，我们可以进一步用图 5.8 来表示表面能对成核难易和晶核大小的影响。从图 5.8 可以看出，当 σ 变小时，其成核临界半径变小，成核自由能降低。

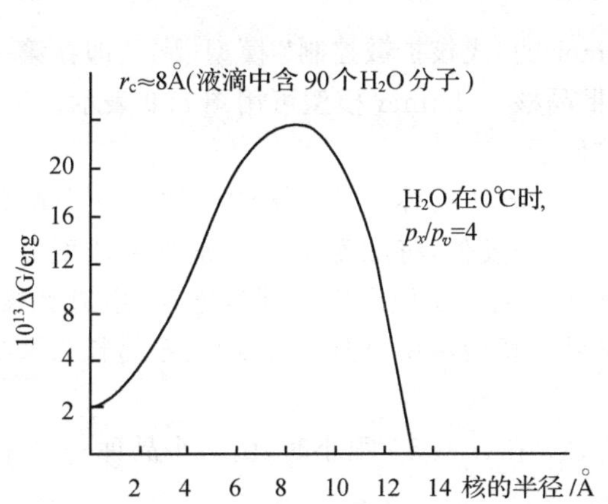

图 5.7 ΔG 与晶核、液滴大小的关系

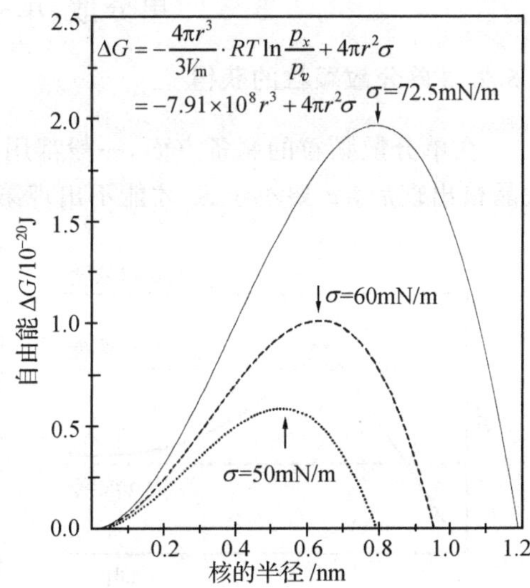

图 5.8 表面能对成核难易和晶核大小的影响图

5.4.3 各种情况下的成核公式

前已证明 $\Delta\mu=\frac{2\sigma}{r_{\mathrm{c}}}\cdot V_{\mathrm{m}}$ (5.13)

故根据 $\Delta G = \frac{16}{3}\pi\sigma^3 V_m^2/\Delta\mu^2$ (5.14)

可以得出各种成核过程的具体方程式。

(1) 过饱和蒸气的凝结

$$\Delta\mu = RT\ln(p/p_0)$$

$$\Delta G = \frac{16\pi\sigma^3 V_m^2}{3(RT\ \ln\frac{p}{p_0})^2}$$

(2) 自溶液中的结晶

$$\Delta G = \frac{16\pi\sigma^3 V_m^2}{3(RT\ \ln\frac{c}{c_0})^2} \quad (5.15)$$

(3) 沸腾与空化

因 $p' - p_0 = 2\sigma/r_c$；p_0 为饱和蒸气压，p' 为空化蒸气压 $= p^H(r_c)$

$$\Delta G = 16\pi\sigma^3/3(p' - p_0)^2 \quad (5.16)$$

(4) 自熔融体中析出结晶

$$\Delta G = \frac{16}{3}\pi\sigma^3(\frac{V_m T}{Q\Delta T})^2 \quad (5.17)$$

T 为融化温度，Q 为摩尔熔融热。

5.5 单分散、单一形状纳米颗粒的获得

5.5.1 单分散颗粒的获得

在单分散颗粒的制备方面，一般都用 Lamer 的"成核扩散控制"模型[10]。即在第一批晶核出现后，c 要小于 S，才能不出现第二批晶核。Lamer 模型可用图 5.9 表示。

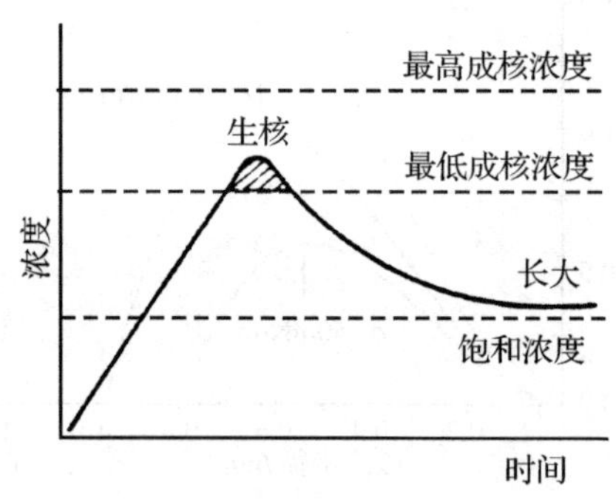

图 5.9 将成核期与生长期分开的 Lamer 模型图

具体例子：

(1) 两种液体混合后产生沉淀，一个浓度高，一个浓度低，将浓度高的 A 液加入浓度低的 B 液(如喷雾式)使产生局部过饱和，生成晶核，但又处于稀溶液中，即$(c-S)$小，不易长为大晶体。

(2) 在$(c-S)$很小时，引入小晶种——晶核法

$AuCl_3$ 溶液中加入极细 Au 粒(由磷的乙醚溶液还原 $AuCl_3$ 可迅速生成大量极细晶核)作为晶核。然后加入甲醛，使晶核长大。或者将上面晶核放到下列反应液中。

$$2AuCl^- + 3H_2O_2 = 2Au + 8Cl^- + 6H^+ + 3O_2$$

该反应液中 H_2O_2 是还原剂，由于这种反应十分缓慢，而且不再生核，其析出的金原子长在原有的金核上，形成颗粒分布窄的金溶胶。

(3) 在($c-S$)很小时,缓慢生长。利用反应,使($c-S$)保持恒定,而且V_1小,稀$Na_2S_2O_3$和稀酸作用,混合后的浓度各约0.002mol·L^{-1},不断生成S原子,但生成速度慢于成核速度。故析出的硫只沉淀在最初成核的质点上,使最初的核心缓慢长大,获得很窄的颗粒分布。

$$3Na_2S_2O_3 + H_2SO_4 = 4S + 3Na_2SO_4 + H_2O$$

Stöber法制备单分散的SiO_2也属于此法[11],它的晶核是靠正硅酸酯在氨水中的缓慢水解而得。图5.10中,(a)表示在乙醇加氨水中,四乙基丁酯水解而形成单分散硅胶的过程;(b)表示使之憎水化时先加入十八醇;(c)表示去水后加以回流,使SiO_2表面憎水化。图5.11是所制得的SiO_2颗粒电镜图。

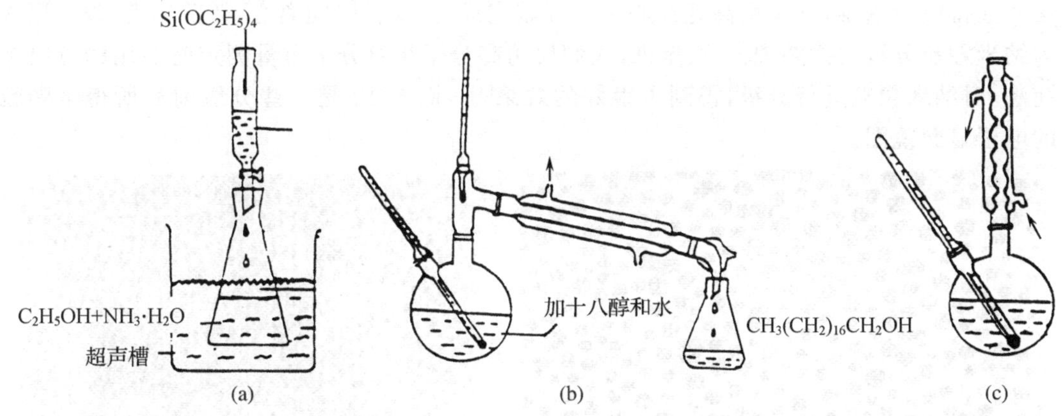

图5.10 Stöber法制备单分散的SiO_2颗粒

Stöber法能制备单分散的硅溶胶,不论是憎水还是亲水的,制得尺寸一般在10～300nm间。

(4) 单分散铑纳米颗粒的制备。这是一种在金属纳米颗粒制备时常用的方法,即先在保护胶体下制成细颗粒以作晶核,然后使之长大,一般颗粒都较细。

$RhCl_3 \xrightarrow{PVA} Rh^{3+}\text{-PVA} \xrightarrow{甲醇}$ Rh小粒子(0.8nm)

$\longrightarrow$(Rh原子)$\xrightarrow{晶体生长}$ Rh大粒子(粒径4nm)

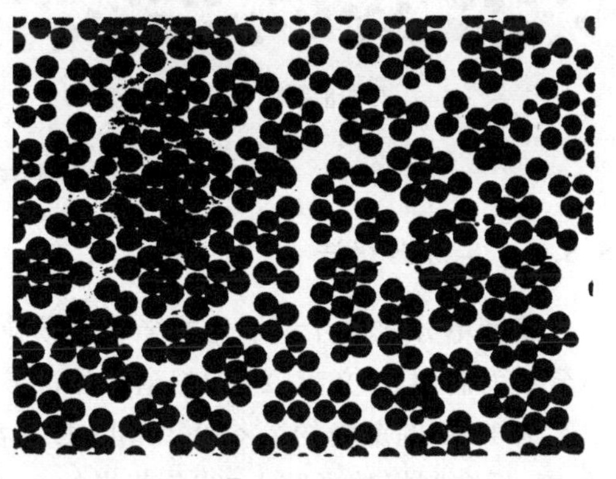

图5.11 制得的单分散的SiO_2颗粒

5.5.2 溶胶-凝胶法[12]

这是目前大规模生产中用得十分普遍的方法。即先形成凝胶,如$Fe(OH)_2$,$Al_2(OH)_3$等,然后使组成凝胶的物质氧化或还原,形成新的胶体颗粒。

5.5.3 浓度一致法(双注法)

即同时从两个注射器加入反应液体,如 $AgNO_3$ 和 KBr,在容器中反应,产生 AgBr 沉淀。此法的优点是在整个反应过程中保持$(c-S)$一致。最好是在流动的反应器中进行,即反应后晶核立即流走。这种方法在制备卤化银感光材料中被广泛应用。

5.5.4 分级沉淀法

由于并不一定在所有体系中得到单分散的胶体颗粒,这时我们就需要进行分级,有两种常用的分级方法,即重力沉降法和离心沉降法。但当颗粒小到 10 nm 以下时,这种方法就显得极为困难,甚至用高速离心机也很难完成,需要长时间离心,耗费昂贵,曾一度成为纳米颗粒分级的拦路虎。近年来,人们模仿高分子相对分子质量测定时所用的分级沉淀法,对纳米颗粒进行分级,得到了很好的效果[13],图 5.12 是一些分级前后所得金颗粒的电子显微镜图。

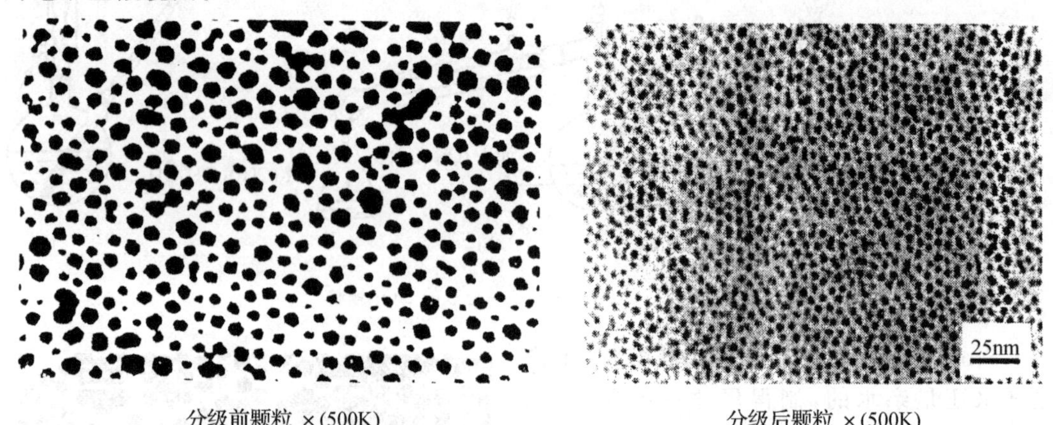

分级前颗粒 ×(500K)　　分级后颗粒 ×(500K)

图 5.12　分级前后纳米金颗粒的电子显微镜图

5.5.5 电泳分级法

高度单分散尺寸量子化的半导体颗粒还可以利用凝胶电泳将制得胶体样品按颗粒大小分级而制出。文献[2]中报道了用凝胶电泳法 CdS 制备颗粒的方法。将 4.0 ml 质量浓度为 10% 的蔗糖的 2×10^{-3} mol·L^{-1} 溶胶置于凝胶上,加上 100V 电压,向阳极方面移动,6h 后在制好的凝胶上,蓝色荧光的 CdS(最小的颗粒)已向下移了 14cm,而绿荧光的 CdS 仅移动 9.5cm,从而达到了分离的目的。

5.5.6 单一形状颗粒的形成

在这方面,美国科学家 Matigevic[14] 做了许多开创性的工作。图 5.13 所示为他的一个工作。同样是铜的化合物,但利用温度、络合离子、溶剂、pH 值等因素,可控制所形成的晶体形状不同。

文献[15]报道了 pBr,NH_3 浓度和碘含量对卤化银晶形的影响(见图 5.14),随着碘化银含量的增加,其中间形状地带变大。

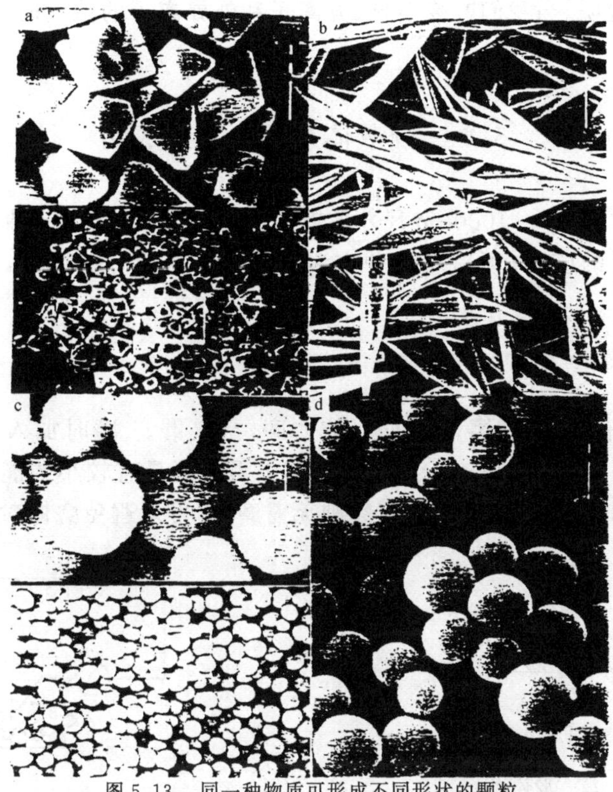

图 5.13　同一种物质可形成不同形状的颗粒

下列溶液在 900℃ 陈化 1 h 后所形成颗粒的扫描电镜照片

a. 8×10^{-3} mol・L^{-1} $CuCl_2$ 和 2×10^{-1} mol・L^{-1} 尿素　b. 8×10^{-3} mol・L^{-1} $CuSO_4$ 和 2×10^{-1} mol・L^{-1} 尿素

c. 2×10^{-3} mol・L^{-1} $Cu(NO_3)_2$ 和 5×10^{-1} mol・L^{-1} 尿素　d. 8×10^{-3} mol・L^{-1} $Cu(NO_3)_2$ 和 2×10^{-1} mol・L^{-1} 尿素

a,b 和 c 图中的标尺为 10μm,d 图中的标尺为 1 μm

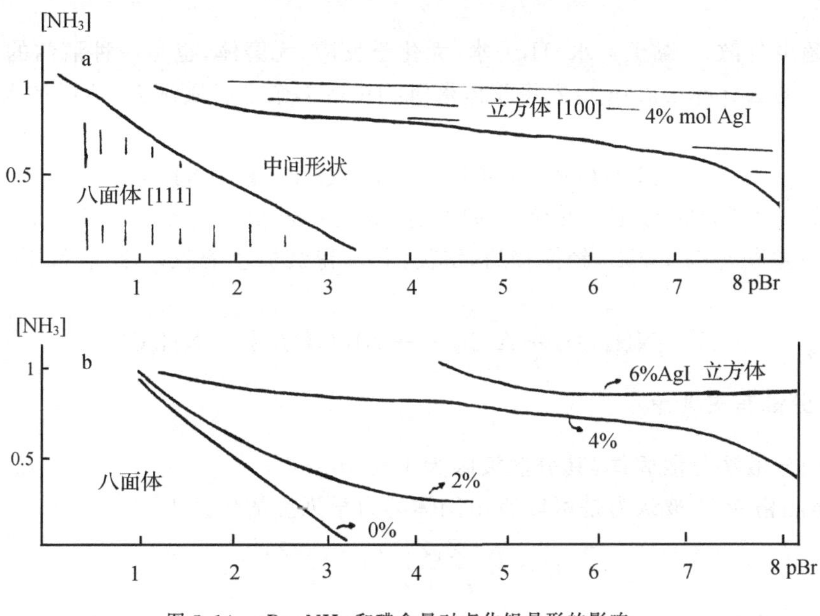

图 5.14　pBr，NH_3 和碘含量对卤化银晶形的影响

a. AgI/AgBr 摩尔百分比为 4% 的晶形与 pBr 和 NH_3 浓度的关系；b. 碘含量对 AgX 晶形的影响

上面的介绍说明，当我们改变溶剂、异离子和外界离子的浓度时，可制备出不同形状的颗粒。

5.6 分散体系的分散形成法

从大颗粒分散至10～1000nm尺寸的颗粒，是形成胶体的另一种方法。这种方法在工业上已得到广泛的应用，可以用这种方法来形成各种粗分散体系，如悬浊液和乳状液等。

5.6.1 分散方法

1. 机械法。有研磨，球磨，振动磨，胶体磨，空气磨。磨时加入分散剂和稳定剂。其中后面三种可磨至大约1μm大小颗粒。其中震动磨具有较小的能耗和较高的研磨效率，胶体磨可磨至0.1μm以下，而空气磨则无需磨体，可以避免磨体对被磨物的污染。

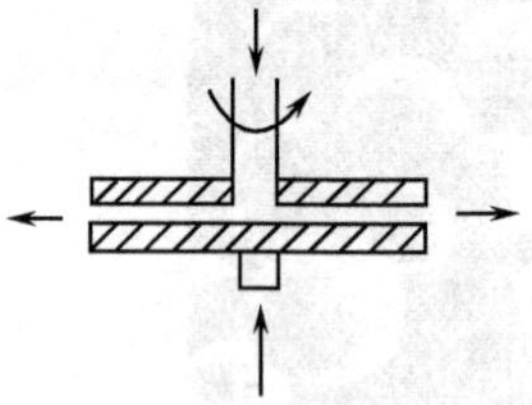

图5.15 胶体磨

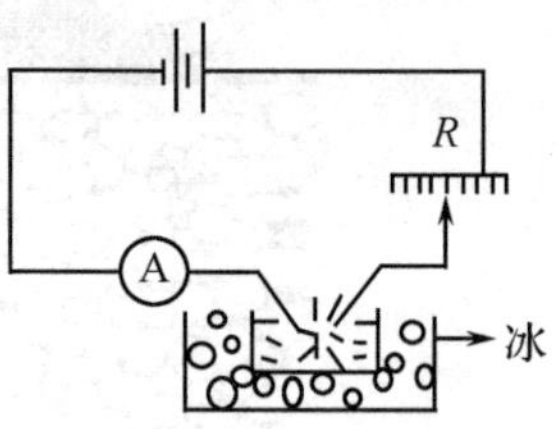

图5.16 电分散法

2. 电分散法。将需分散金属制成两个电极，浸在冷的分散介质中，调节电解池中电解质的浓度，电压和电极间距离可以将金属氧化成分子、原子而后凝聚，此法适用于制备金属溶胶。

3. 超声分散。黏土/水，Hg/水，无化学反应，无磨体，也是一种清洁的分散方法。

4. 胶溶法(peptization)，先将胶体聚沉物中的多余电解质洗去，然后加入少量稳定剂使之分散。

例：
$$NH_4OH + FeCl_3 \longrightarrow Fe(OH)_3\downarrow + NH_4Cl$$
因有大量电解质，$Fe(OH)_3$沉淀。如经过渗析，将过量的$FeCl_3$，NH_4Cl，NH_4OH等洗去，并加少量稳定剂$FeCl_3$，经搅拌后，沉淀消失，得红棕色溶胶。同法可制$Al(OH)_3$溶胶：
$$NH_4OH + AlCl_3 \longrightarrow Al(OH)_3\downarrow + NH_4Cl$$

5.6.2 分散有关理论

1. 用分散法分散固体，其分散极限为1～10μm

固体晶格能U被认为是可以算出固体的力学强度的依据[16]。
$$U = K\frac{Z_1Z_2}{r_1+r_2}\left(1-\frac{0.345}{r_1+r_2}\right)$$

前苏联学者约飞以食盐为例，根据其晶格能算出其力学强度应为200kg/mm^2，但实验值为0.5 kg/mm^2，说明固体中存在大量缺陷与位错。但如果以一食盐棒挂在饱和食盐温水中，食盐棒逐渐变细，而其力学强度却接近理论值 160 kg/mm^2，这说明在饱和食盐水中，食盐重结晶过程中消除了缺陷与位错，从而增加了其力学强度。以后有人证明固体中小于 1～10μm 的粒子，不存在缺陷，因此 1～10μm 以下的粒子极难由粉碎法获得。或者说只有在使用极高的能耗时，才能用分散法得到小于 1μm 的颗粒。

2. 吸附降低强度效应

前苏联学者列宾捷尔提出，在分散时，介质或表面活性剂能降低固体的界面能，从而降低其塑性形变和断裂所需要的功。这一效应在研磨与分散大块物体时，可起指导作用，但是由于在液体介质中，除去吸附外，还有溶解和形成络合物等作用，在使用时要注意其界面张力是否真有下降。吸附降低强度效应可用右图表示。这一效应被称为列宾捷尔效应。在列宾捷尔效应中，分散剂在表面张力的作用下，钻入固体表面缝隙（缺陷与位错），形成机械蔽障，从而有利于固体的研磨。

3. 自动分散的标准

降低表面能并不足以粉碎固体，而只是"帮助"粉碎固体，只有当界面张力小到一极限值时，固体才能自动分散。列宾捷尔等提出了一个标准[1]，即

$$\sigma \leqslant \sigma_c = \beta' kT/d^2 \tag{5.18}$$

式中，σ_c 为极限表面张力，d 为颗粒尺寸，β' 为常数。当表面张力小于 σ_c 时，固体能自动分散，形成热力学稳定的胶体体系。在这种情况下，分散的动力是分子的热运动，分子热运动使大颗粒的胶体分散为小颗粒的胶体，我们可利用二物混合熵变的理论来加以探讨。

作为群体，已知二物混合时熵变为

$$\Delta S_{混合} = n_A R \ln \frac{V_A + V_B}{V_A} + n_B R \ln \frac{V_A + V_B}{V_B} \tag{5.19}$$

$$= -n_A R \ln X_A - n_B R \ln X_B \tag{5.20}$$

式中，n_A、n_B 分别代表物质 A、B 的摩尔分数，V_A、V_B 分别代表物质 A、B 的摩尔体积。

如果一物体为颗粒，一物为溶剂，体系中含 n_i 个颗粒，颗粒物质的量为 $N_1 = \frac{n_i}{N_A}$，N_A 为 Avogadro 常量，而 N_2 为溶剂物质的量。如果考虑到颗粒和溶剂的摩尔体积相近而假设为相同[如银的摩尔体积为 107.9/10.5＝10.3，水的摩尔体积为 18]，则可写出

$$\begin{aligned}\Delta S &= N_1 R \ln \frac{N_1 + N_2}{N_1} + N_2 R \ln \frac{N_1 + N_2}{N_2} \\ &= \frac{R}{N_A}\left(n_i \ln \frac{N_1 + N_2}{N_1} + N_2 N_A \ln \frac{N_1 + N_2}{N_2}\right) \\ &- k\left(n_i \ln \frac{N_1 + N_2}{N_1} + N_2 N_A \ln \frac{N_1 + N_2}{N_2}\right)\end{aligned} \tag{5.21}$$

在胶体体系中，

$$N_1/N_2 \ll 1$$

N_1 可略而不计，后项为 0

$$\Delta S = kn_i \ln(N_2/N_1 + 1) \tag{5.22}$$

令 $\ln N_2/N_1 \sim \beta$ 为两种颗粒数之比，其值约在 10 ～ 15 之间

$$\Delta S \approx kn_i\beta \tag{5.23}$$

因
$$dG = dH - TdS$$

绝热时，$dH = 0$，
$$dG = -TdS$$

从 Gibbs 晶核生成理论可知

$$\text{晶核生成能} = n_i\left[4\pi r^2\sigma + \frac{4\pi r^3}{3V_m}(\mu_v - \mu_x)\right]$$

在有热运动时可写成 $dG = n_i[4\pi r^2\sigma + 4/(3V_m)\cdot\pi r^3(\mu_v - \mu_x)] - n_i\beta kT$

当平衡时，

$$\mu_v - \mu_x = 0$$

$$dG = n_i 4\pi r^2\sigma - n_i\beta kT \tag{5.24}$$

要使过程能自动进行，dG 必须为负，即 $n_i\beta kT$ 要大于 $n_i 4\pi r^2\sigma$

当熵能大于产生新表面的能，即分散能时，$dG < 0$

分散能 σ_c
$$\sigma_c = \beta kT/4\pi r^2 \quad \text{或} \quad \sigma_c = \beta kT/Cd^2 \tag{5.25}$$

C 为形状比例常数，d 为直径，

或
$$\sigma_c = \beta' kT/d^2 \tag{5.26}$$

式中，k 为 1.38×10^{-23}J/K，d 为线性尺寸。

当 $\sigma < \sigma_c$ 时，$n_i 4\pi r^2\sigma < n_i\beta kT$，$dG < 0$，$kT$ 即足以使之分散。这种体系自动分散，为一种热力学稳定的亲液胶体。

β 的估算：

例如：

100mL 水中含有 0.1g 银，

10nm 时，有 1×10^{16} 个颗粒，$1\times10^{16}\div6.023\times10^{23}\approx10^{-8}$ mol

40nm 时，有 149×10^{14} 个颗粒，$1.49\times10^{14}\div6.023\times10^{23}\approx10^{-10}$mol

100mL 水为 $100\div18\approx5$mol

对于 40nm 的颗粒，$\beta\approx\ln(5/10^{-10})\approx10$

颗粒愈大，β 愈大，直至 15。

例如将表面张力降至 0.1erg/cm^2（亦即 0.1mN/m），并假设 β' 为 10

则根据
$$\sigma_m = \frac{\beta kT}{Cd^2} = \frac{\beta' kT}{d^2}$$

$$d^2 = 10\times1.38\times10^{-23}\times10^{-7}\times300/0.1 = 0.04\times10^{-10}$$

式中　$k = 1.38\times10^{-16}$，　$\beta' = 10$，　1 尔格 $\approx 10^{-7}$ 焦耳(J)

$$d \approx 0.2\times10^{-5}\text{cm} = 0.2\times10^{-7}\text{m} = 0.02\mu\text{m} \approx 20\text{nm}$$

即将表面张力降至 0.1mN/m 时，热运动即可将颗粒分散至 20nm。由于液液界面张力低，很容易降到 0.1mN/m 以下的数值，因此液体容易有自动分散作用，形成微乳液。

(4) 对于浓的分散体系，表面高强度厚吸附层稳定剂是必不可少的，因为经分散后的颗粒极细，很容易当时就聚并。因此在研磨时应当加入保护剂，往往是亲液高分子，纳米

颗粒也可成为吸附层而成为稳定剂。尤其对疏水胶体,吸附后使之亲水,同时使之具有厚的保护层,可变得十分稳定。

(5) 其他因素,如黏度,介质,pH 值,温度等,都会对分散的难易造成不同的影响。

表 5.4 和表 5.5 列举了一些常用的制备超细颗粒的方法。

表 5.4 气相蒸发法制超细粉

类别	名　称	方　法　例　举	生成粒子
金属	低压气相蒸发	1 ～ 100Torr* He 或 Ar 气下,金属蒸发,凝聚收集	各类金属、合金
	H 熔融金属反应	H_2 气下,电弧加热,释放出金属超细粉	
	氯化物反应	如 $NiCl_2$ 蒸气在 Ar 载流下,用 H 还原得 Ni 超细粉	Ni, Fe-Co
化合物	N-等离子法	在 N_2 气体保护下,利用等离子体电弧蒸发	TiN, ZrN
	电加热蒸发	碳棒加热	SiC, TiC, ZrC
	高频等离子体法	在 N_2 气下,高频等离子体电弧蒸发	AlN, Si_3N_4, TiO_2
	挥发性金属化合物水解	$SiCl_4$ 在 O_2 气体中燃烧生成 SiO_2	SiO_2, TiO_2, Al_2O_3
	高熔点化合物反应	高熔点金属氯化物在 NH_3 中于 1200 ～ 1400℃ 下反应,生成超细粉	WC, NbC, Mo_2C

* 非法定压力单位,1Torr = 1.33322×10^2Pa。

表 5.5 液相法制超细粉

类别	名　称	方　法　例　举	生成粒子
沉淀法	共沉淀法	混合金属盐溶液,加沉淀剂后,均匀混合,沉淀物加热分解	两种以上复合金属氯化物
	水解法	金属盐加水分解,得氢氧化物沉淀,煅烧	高纯 $BaTiO_3$ 等
	还原法	金属盐溶液的还原反应	1μm 以下的贵金属超细粉
雾化法	冷冻干燥法	金属盐水溶液,喷雾冷冻干燥脱水,热分解	多孔球,组成均匀
	喷雾干燥法	金属盐水溶液在热风中喷雾干燥	组成均一
	喷雾热分解法	金属盐水溶液在高温环境中,喷雾,于溶液蒸发的同时,金属盐热分解,并生成氧化物粒子	真正球形粒子

5.7 分散体系的制备

制成胶体后,需要将胶体中多余的电解质及杂质除去,才能使胶体体系稳定。

与粗粒分开:

1. 沉淀　胶体不沉

与分子离子分开:

2. 过滤　胶体通过
3. 超离心机　胶体沉淀
4. 超过滤　胶体通不过

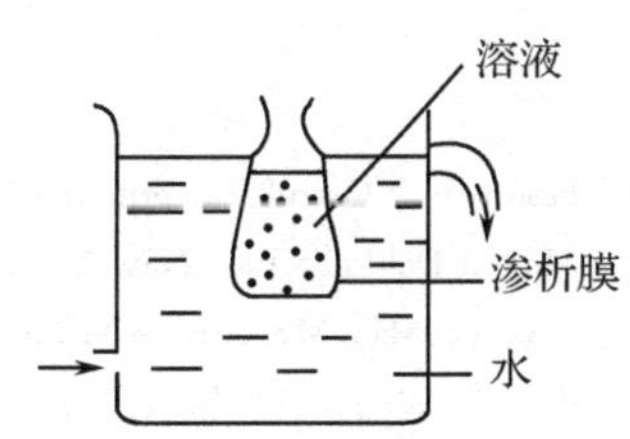

图 5.17 渗析法示意图

5. 渗析作用　人工渗析膜：玻璃纸（酸纤维），硝化纤维；天然渗析膜：肠、胃、膀胱膜，细胞膜，萝卜皮等。人工渗析膜孔可以人工控制。例如低硝化纤维膜溶于酒精中，改变酒精与乙醚的比例，即可改变孔的大小。

渗析时，除孔大小外，还有表面张力影响。表面张力小则能通过（毛细管压力 $2\sigma/r$）。如血红素加肥皂水能通过，单独血红素通不过。

表 5.6　人工渗析膜孔的调控

酒精比例 / 通过能力 / 物质	50	85	90	
NaCl	+	+	+	酒精含量越大，孔越大
葡萄糖	×	+	+	
糊精	×	×	+	
淀粉	×	×	×	

6. 电渗析法

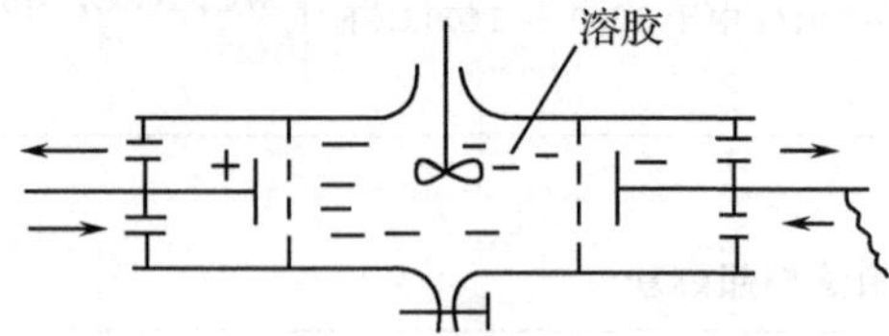

图 5.18　电渗析法示意图

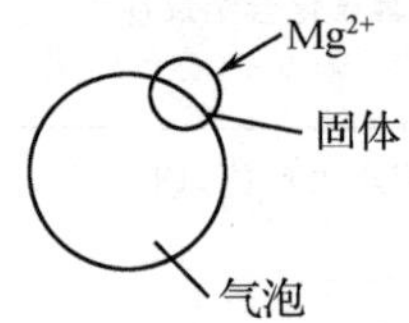

图 5.19　离子浮选法示意图

7. 层析法　吸附交换多余的有害离子。

8. 离子浮选法　将含有表面活性剂的气泡通过溶胶以除去多余的高价离子。

$$RCOOH + Mg^{2+} \longrightarrow (RCOO)_2Mg\downarrow$$

综合参考书

1. 沈钟，王果庭，胶体与界面化学(第二版)，北京：化学工业出版社，1996
2. 周祖康，顾惕人，马季铭，胶体化学基础，北京：北京大学出版社，1984
3. 陈宗淇，戴闽光，胶体化学，北京：高等教育出版社，1984
4. Paul C Hiemenz and Raj Rajagopalan，Principles of Colloid and Surface Chemistry，3rd Edi. Revised and Expanded. Mercel Dekker，Inc. NY. 1997
5. ЩУКИН Е. Д.，ПЕРЦОВ А. В.，АМЕЛИНА Е. А.，КОЛЛОИДНАЯХИМИЯ，Изд. Московского Университета，1982
6. Adamson AW，Physical Chemistry of Surfaces，Paul. 3rd-6th Edi. John Wiley，1976

参　考　文　献

[1] Heimens P C and Rajagopalan R，Principles of Colliod and Surface Chemistry，3rd ed. Revised and Expanded，Marcel Dekker. Inc. New York，1997

[2] Fendler J H，Membrane-Mimetic Approach to Advanced Materials，Springer-verlag Berlin Heidelberg，1994；中译本：尖端材料的膜模拟，江龙等译，北京：科学出版社，1999

[3] 江龙，量子化尺寸纳米颗粒及其在生物体系中的作用，无机化学，16 卷，第二期，185～194 (2000)

[4] Fan C Y，Jiang L，A Study on the Preparation of Hydrophobic Nanometer Gold Particles and Their Optical

Absorption in Chloroform, Langmuir, 1997,13,3059 ～ 3062
[5] Herron N, Eang Y, Eckert H, J. Am. Chem. Soc. 112:1322,1990
[6] Chen X Y, Lin L, Deng Y P, Li J R, Jiang L, Study of Surface Science in Catalysis, 2001
[7] Adamson AW, Physical Chemistry of Surfaces, Paul. 3rd-5th Edi. John Wiley, 1976 ～ 1996
[8] ЩУКИН Е. Д., ПЕРЦОВ А. В., АМЕЛИНА Е. А., КОЛЛОИДНАЯХИМИЯ, Изд. Московского Университета, 1982
[9] Gibbs JW, The Collected Works of J. Willard Gibbs, Ph. D., LL. D., Longmans, Green and Co., New York, 1931
[10] Lamer V K and Barnes M D, J. Colloid Sci, 1:71,79(1946)
[11] Stöber WJ, Colloid Interface Sci., 26(1968)
[12] Sugimoto T, Adv. Colloid Interface Sci, 1987,28,65 ～ 108
[13] Murray CB, Norris DJ, BawendiMG, J. Am. Chem. Soc., 115,8706(1993)
[14] Matijevic E, Chem Mater, (5) 1993
[15] Markocki W and Zaleski Z, PSE. 17, No.3, 289(1973)
[16] С. Э. ФРИШ, А. В. ТИМОРЕВА 著，梁宝洪译，普通物理学，第一卷，北京：高等教育出版社，1954
[17] В. И. ЛИХТМАН, Е. Д. ЩУКИН, П. А. РЕБИНДЕР, ФИЗИКО-ХИМИЧЕСКАЯ МЕХАНИКА МЕТЛЛОВ, М., Р. 303, 1962; П. А. РЕБИНДЕЛР, Е. Д. ЩУКИН, УФХ, 108, No. 1,3 ～ 42, 1972

习　　题

1. 设每个银胶体均为立方体，每边长为 40cm 银的相对密度为 10.5g/cm^3，问
   (a) 0.1 g 银可得多少个上述大小的胶体粒子？
   (b) 所有这些粒子的总表面积及比表面为多大？
   (c) 0.1 g 银的立方体的表面积和比表面各为多少？
   (d) 要颗粒小到何等尺寸以下时，表面原子可占原子总数的 90% 以上。(假设单个分子为立方型)
2. 水蒸气迅速冷却至 25℃ 时会发生过饱和现象。已知 25℃ 时水的表面张力 $\gamma = 71.49$，当过饱和水蒸气为水的平衡蒸汽压的 4 倍时，试计算
   (a) 在此饱和情况下开始形成水滴的半径。
   (b) 在此水滴中含有多少个水分子。
3. 试写出晶核生长与晶体生长速度方程式，根据该理论制备胶体的必要条件是什么？
4. 自动分散的必要条件是什么？ 动力是什么？
5. 如果要做一个单分散的纳米颗粒，你将采用什么方法？
6. 试举出纳米颗粒的 2 ～ 3 个特点和用途。

第六章　胶体分散体系分子动力学性质

6.1　胶体体系中的布朗运动与扩散

6.1.1　Fick 扩散定律

Fick 第一扩散定律描述物质从浓度高的部分向低的部分扩散的现象。物质流，即单位时间流过单位面积的物质，是与其浓度梯度成正比的，其比例常数为扩散系数。

根据 Fick 第一扩散定律：

$$J=\frac{d(Q/A)}{dt}=dm/dt=-D\cdot dc/dx \tag{6.1}$$

式中，A 为截面积，Q 为流过物质量，dm 为单位面积流过物质量。

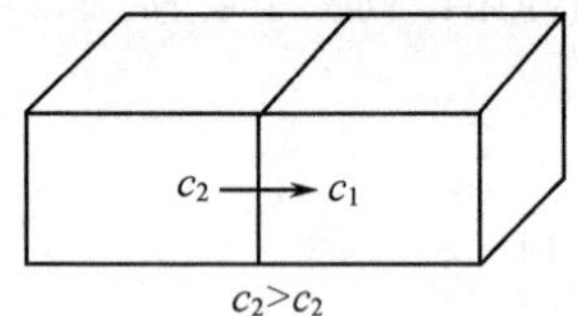

图 6.1　Fick 第一定律示意图

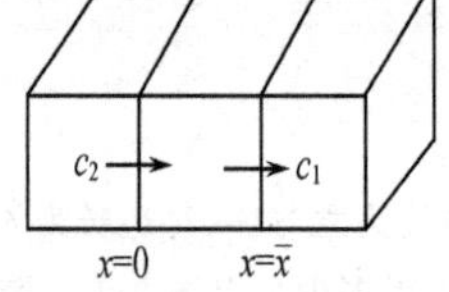

图 6.2　Fick 第二定律示意图

6.1.2　Fick 第二定律 —— 时间因素的引进

如果边界厚度不是 0，就会有如图 6.2 的情形，我们可写出方程式如下：

$$\Delta Q=Q_{x=0处进}-Q_{x=\bar{x}处出}=(J_{进}-J_{出})A\Delta t \tag{6.2}$$

又知，

$$\Delta Q=-\int_{c_2}^{c_1}A\bar{x}\,dc \tag{6.3}$$

故

$$\begin{aligned}(J_{进}-J_{出})\Delta t&=(-D\cdot dc/dx+D\cdot dc/dx)\Delta t\\&=-\int_{c_2}^{c_1}\bar{x}\,dc\end{aligned} \tag{6.4}$$

$$-D\frac{\left(\frac{dc}{dx}\right)_{x=0}-\left(\frac{dc}{dx}\right)_{x=\bar{x}}}{\Delta x}=-\frac{\int_{c_2}^{c_1}dc}{\Delta t}=\frac{\Delta c}{\Delta t} \tag{6.5}$$

当 Δx 与 $\Delta t\to 0$ 时，

$$D\frac{d^2c}{dx^2}=\frac{dc}{dt} \tag{6.6}$$

6.1.3　布朗运动

布朗运动(Brownian Movement)是分子运动的结果。1928 年，布朗在显微镜下观察到花粉在不断运动，因而得名。以后发现，只要颗粒足够小，就具有同花粉一样的性质，但关于其起因并不清楚，直到后来，才在分子运动学的基础上对布朗运动作出了正确的解释，布朗运动的前提是颗粒极小，因而可以自由悬浮在介质中，在分子的撞击下，在各个方向进行无规则运动。

1905年，Einstein提出布朗运动公式[1]：其详细介绍可参见文献[2]，此处只作简单介绍。

$$\overline{x}=\sqrt{\frac{RT}{N_A}\cdot\frac{t}{3\pi\eta r}} \tag{6.7}$$

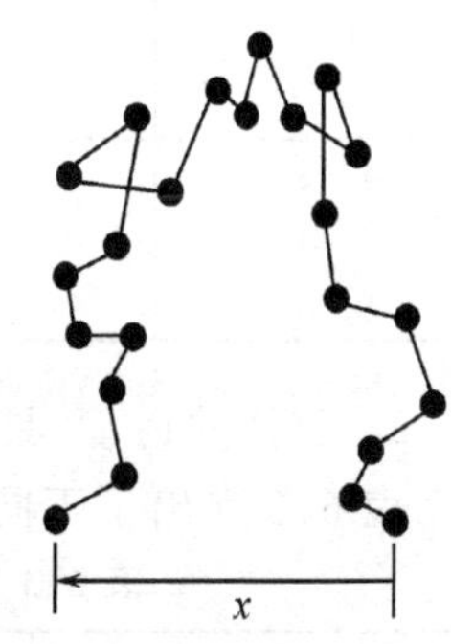

图 6.3　布朗运动示意图

式中，N_A 为 Avogadro 常量；η 为黏度。

该式的简单推导为：

$c_1 > c_2$，经 t 秒后达到平衡。向右扩散质点数：$1/2\cdot\overline{x}c_1A$；向左扩散质点数：$1/2\cdot\overline{x}c_2A$。在时间 t 内，通过面积 A 的质点数为

$$m=\frac{(c_1-c_2)\overline{x}}{2}=\frac{(c_1-c_2)\overline{x}^2}{2\overline{x}} \tag{6.8}$$

若 $\overline{x}$ 很小，按定义 $dc/dx=(c_2-c_1)/\overline{x}$ 代入式(6.8)得

$$m=-\frac{1}{2}\times\frac{dc}{dx}\cdot\overline{x}^2 \tag{6.9}$$

D 的单位是 cm^2/s。根据 Fick 第一定律

$$dm=-D\cdot dc/dx\cdot dt$$

式中，dm/dt 为单位时间通过截面 A 的面积，D 为扩散系数，单位是 cm^2/s，dc/dx 为浓度梯度。dc 与 dx 方向相反，dc/dx 为负值。

积分后，

$$m=-D\cdot dc/dx\cdot t \tag{6.10}$$

比较(6.9)和(6.10)式得：$\overline{x}=\sqrt{2Dt}$　　(Einstein 的布朗运动公式)(6.11)

根据 Einstein 第一扩散公式，$D=RT/N_Af$，D 与阻力系数 f 有反比关系。可得

$$\overline{x}=\sqrt{\frac{RT}{N_A}\cdot\frac{t}{3\pi\eta r}} \tag{6.12}$$

该式指出了位移与黏度、粒径、时间和温度的关系。D 的量纲是 cm^2/s 或 m^2/s，对于液体小分子，$D\approx10^{-5}cm^2/s$，对胶体质点 $D\approx10^{-7}cm^2/s$，与 r 成反比。

J.Perrin(1962年诺贝尔奖金获得者)[3] 在显微镜下测量一个质点在时间 t 内的实际位移，可以算出 D，并可算出 Avogadro 常量。在显微镜下观察质点的位移 $\overline{x}(t)$，即每隔 t 一定记下质点的 x 方向的位移 x_i 并取其均方根。

$$\overline{x}=(\overline{x^2})^{1/2}=\left(\sum_{i=1}^{n}x_i^2/n\right)^{1/2} \tag{6.13}$$

Einstein 公式的验证：

表 6.1　Perrin Avogadro 常量的验证

	半径/μm	N_A		半径/μm	N_A
金溶胶	0.022	6.2×10^{23}	藤黄溶胶	0.212	6.5×10^{23}
汞	0.120～0.266	5.9×10^{23}	乳香	5.50	7.8×10^{23}

以后 Svedberg 利用超显微镜，对布朗运动作了进一步的研究。

工作的意义：

1．证明了分子运动假设的真实性。

表 6.2　布朗运动中位移与颗粒大小的关系

t/s	位移 $\overline{x}/\mu m$			
	粒子半径 $r=270nm$		$r=52nm$	
	实验值	计算值	实验值	计算值
1.48	3.1	3.2	1.4	1.7
4.44	5.3	5.4	2.9	2.9
8.80	7.8	7.6	4.5	4.2

2．胶体的运动，具备分子运动的性质。分子运动理论适用于胶体(依数性等)。

表 6.3 列出了不同大小球粒的扩散系数和布朗运动位移所需时间。

表 6.3　不带电球粒在水中的扩散系数和布朗运动位移所需时间

半径 /cm	$D/m^2\cdot s^{-1}$	位移所需时间		
		1cm	1mm	1μm
10^{-3}	2.15×10^{-14}	73a	9mon	23 s
10^{-4}	2.15×10^{-13}	7.3a	27d	2.3 s
10^{-5}	2.15×10^{-12}	9mon	2.7d	0.23 s
10^{-6}	2.15×10^{-11}	27d	6.5h	2.3×10^{-2} s
10^{-7}	2.15×10^{-10}	2.7d	40min	2.3×10^{-3} s

6.1.4　扩散系数的测定[4]

1．孔片法

孔片由玻璃粉烧结而成，其中有许多小孔，孔径约 5 ～ 10μm，插在二室之中，二室均匀搅拌，小孔平均长度 h 和有效面积 A，均不能直接测量。

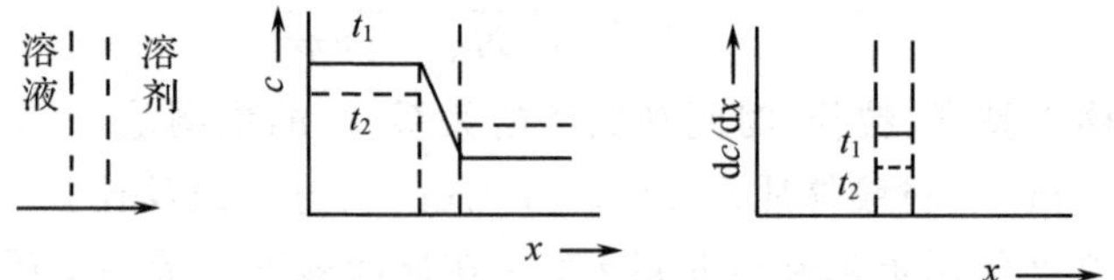

图 6.4　孔片法测定扩散系数示意图

$$D=\frac{dm/dt}{dc/dx}=\frac{h}{A\Delta c}\frac{\Delta Q}{\Delta t} \tag{6.14}$$

h 即 x。测 $\Delta Q,\Delta t,\Delta c$，利用已知 D 值的物质求出 h/A，然后测未知物 D。在测量时应注意：a．用类似 D 值的已知物；b．防孔片中气泡。

此法简单易行，对一些生物物质如酶和病毒等，十分适用。

2．自由交界法

本法利用图 6.5 中的装置测量 D，在该装置中上下两池具有完全吻合的光滑表面。先在下槽中装入溶液，再在上槽中装入溶剂，平滑地推动上池，直至两槽对齐。

利用光学方法测浓度。使溶液与溶剂有明显界面。设溶液浓度为 c_0，

开始时 $t=0$：

$x > 0$ 处（即上部溶液）$c = 0$（水）或 $c = c'_0$（低浓度溶液）；

$x < 0$ 处（即下部溶液）$c = c_0$

当 $t > 0$ 时：$x \to \infty$ 处，$c \to 0$（或 c_0'）

$x \to -\infty$ 处，$c \to c_0$

图 6.5 表示出利用自由交界法可验证 Fick 第二定律，从

$$\frac{\mathrm{d}c}{\mathrm{d}x} = -\frac{c_0}{(4\pi Dt)^{\frac{1}{2}}} e^{(-x^2/4Dt)}$$

求出 D。

表 6.4　一些物质的扩散系数值

物质	相对分子质量	$D_{20,\mathrm{w}}/10^{-10}\mathrm{m}^2 \cdot \mathrm{s}^{-1}$
甘氨酸	75	9.335
蔗糖	342	4.586
核糖核酸酶	13.683	1.068
胶态金	半径 = 1.3nm	1.63
牛血清蛋白	66,500	0.603
纤维蛋白原	330,000	0.197
胶态金	半径 = 40nm	0.049
胶态硒	半径 = 56nm	0.038

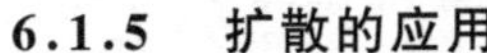

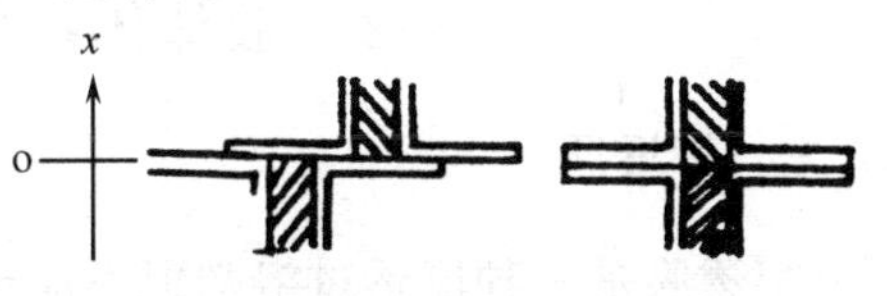

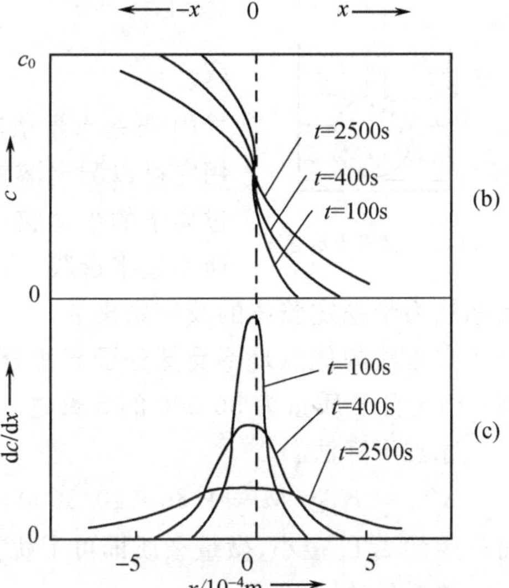

图 6.5　自由交界法测扩散系数示意图

(a) 起始界面　(b) 不同 t 时的浓度分布

(c) 不同 t 时的浓梯分布

假定 D 值为 $2.5 \times 10^{-11}\mathrm{m}^2 \cdot \mathrm{s}^{-1}$

6.1.5　扩散的应用

可利用扩散系数的测定来计算球形质点的半径，也可了解颗粒的形状与溶剂化能力。扩散系数 D 与热运动成正比，与运动的阻力成反比。

$$D \propto \frac{kT}{f}$$

$$f = 6\pi\eta r \text{ 球体阻力}$$

$$D = \frac{kT}{6\pi\eta r} \qquad (6.15)$$

已知 D 可求球形质点的 r。

1. 计算非球形质点的轴比值

假定无溶剂化，求出形状为椭球体的旋转半径 a 和最大旋转半径 b 来描述颗粒形状。$1\mathrm{mol} = 6.023 \times 10^{23}$，具有 1 摩尔数量的质点的重量称为胶粒的摩尔质量 M。

M 可由其他方法求得，如依数性法等。

$$f_0 = 6\pi\eta r$$

$$r = \sqrt{\frac{3M}{4\pi\rho N_A}} \qquad (6.16)$$

$$f_0 = 6\pi\eta\sqrt{\frac{3M}{4\pi\rho N_A}} \text{（理想圆形（无溶剂化）值）} \qquad (6.17)$$

从扩散系数 D 算出实际 f 值，由 f/f_0 算出轴比。

2．计算质点的溶剂化能力（假定均为球形）

$$\frac{f}{f_0} \approx \frac{r}{r_0} \tag{6.18}$$

6.2 胶体体系中的渗透压与 Donnan 平衡

6.2.1 渗透压

半透膜是一种能透过溶剂但不能透过溶质的膜。对于理想半透膜，渗透压 π 服从公式

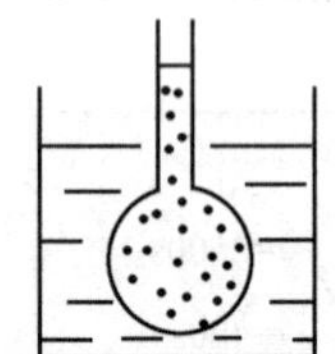

图 6.6 渗透压示意图

$$\pi V = nRT$$

或

$$\pi = \frac{cRT}{M} \tag{6.19}$$

式中，c 是重量浓度（g/L）（van't Hoff 公式）。这是一种依数性质，利用它可以测定溶液中的质点数。但在实际情况下，很难找到不能通过离子的半透膜，无法测盐和小分子引起的渗透压。高分子和胶粒通不过半透膜，有渗透压，可以利用此法算出高分子的相对分子质量和热力学稳定胶体的胶束聚集数。

本方法的优点是不受低分子与盐分的干扰。

例：相对分子质量为 50 000 的高聚物 10 g 溶于 1L 水中。

冰点下降法：

$\Delta T_f = K_f g/M = 1.86 \times 10/50000 = 0.0037℃$　由于被测物质的物质的量很少，因而产生的 ΔT_f 很小，微量杂质即可干扰其结果。

渗透压法：

$$\pi = nRT/V = 10 \times 0.082 \times 293/50000 = 0.0048\text{atm} \approx 5\text{cm 水柱}$$

$$(1\text{atm} = 1033.6\text{cm 水柱})$$

要测出 0.0037℃ 比较困难，而要测出 5cm 则很容易，而且渗透压法不受微量杂质干扰，因此对热力学稳定的胶体，尤其是高分子相对分子质量的测定，十分有用。但理想溶液必须分子之间无相互作用，只有在极稀情况下，即 $c \to 0$ 时，测出的渗透压可求相对分子质量。在实验时，取数个浓度求其 π 值，然后将浓度外推至 0，可求 π 值。

$$\pi = cRT/M$$

$$\pi/c = RT(1/M + A_2 c + A_3 c^2 + \cdots) \quad \text{（维里展开式）} \tag{6.20}$$

其中，c 为溶液浓度（g/mL），A_2 称为第二维里系数，表示颗粒或高分子与溶剂的相互作用，A_3 为第三维里系数，表示颗粒或高分子间的相互作用。

可得相对分子质量 $$\left(\frac{\pi}{c}\right)_{c\to 0} = \frac{RT}{M} \tag{6.21}$$

例如，当一胶体溶液的浓度为 1% 时，

$$\pi(\text{大气压}) = \frac{10 \times 0.082 \times 298}{M} \tag{6.22}$$

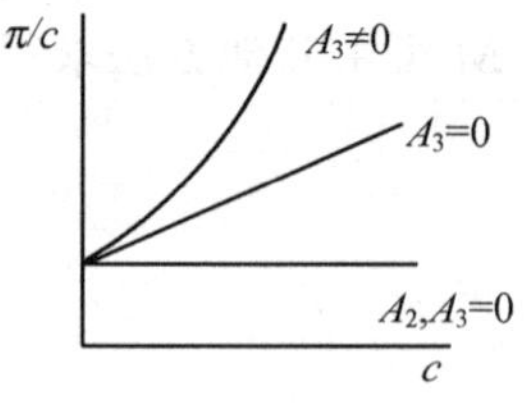

π/c
A₃≠0
A₃=0
A₂,A₃=0
c

图 6.7 不同类型物质的 π/c-c 曲线

2. 两性离子型表面活性剂

这类表面活性剂广泛用于生物、药物与食品工业中。

(1)氨基酸型

$NH_3^+CH_2COO^-$或 NH_2CH_2COOH

$C_{12}H_{25}NHCH_2CH_2COONa$

(2)甜菜碱型

$$C_{18}H_{37}-\overset{\displaystyle CH_3}{\underset{\displaystyle CH_3}{\overset{|}{\underset{|}{N^+}}}}-CH_2COO^-$$

3. 阴离子型表面活性剂

(1) 羧酸盐型 RCOOMe

肥皂 RCOONa（R：$C_{16}\sim C_{18}$）；$C_{17}H_{33}COOK$；$(C_{17}H_{35}COO)_3Al$ ；松香酸钠

(2) 硫酸酯盐类 R—O—SO_3Me

$C_{12}H_{23}OSO_3Na$(在牙膏中)；monopole 蓖麻油硫酸盐

(3) 硫酸盐类 R—O—SO_3Me

$C_{12}H_{25}-C_6H_4-SO_3Na$（洗衣粉中）

Aerosol OT 磺化琥珀酸双酯 $C_8H_{17}OOCCH_2$ / $C_8H_{17}OOCCH-SO_3Na$

拉开粉润湿剂（二丁基萘磺酸钠：萘环上两个 C_4H_9 与 SO_3Na）

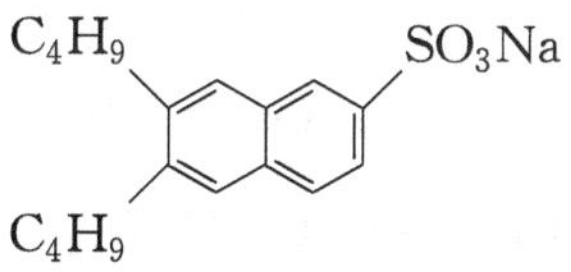

(4)磷酸酯盐型

$$HO-\overset{\displaystyle O}{\overset{\|}{\underset{\displaystyle OH}{\underset{|}{P}}}}-OH \quad H_3PO_4 \text{ 抗静电剂，乳化剂}$$

$(C_{12}H_{25}O)_2PO_2Na$；$C_{16}H_{33}OPO_3Na_2$

10.2.2 非离子型表面活性剂

1. 聚乙二醇型表面活性剂，含聚乙二醇基(即聚氧乙烯基)$(CH_2CH_2O)_n$

(1)平平加型(Peregal 型) 脂肪醇聚氧乙烯醚

(2)OP 型 烷基苯酚聚氧乙烯醚

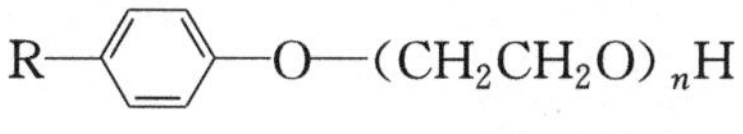

$$R-C_6H_4-O-(CH_2CH_2O)_nH$$

其中最常用的有 TritonX 系列，如 TritonX-100 的结构式为

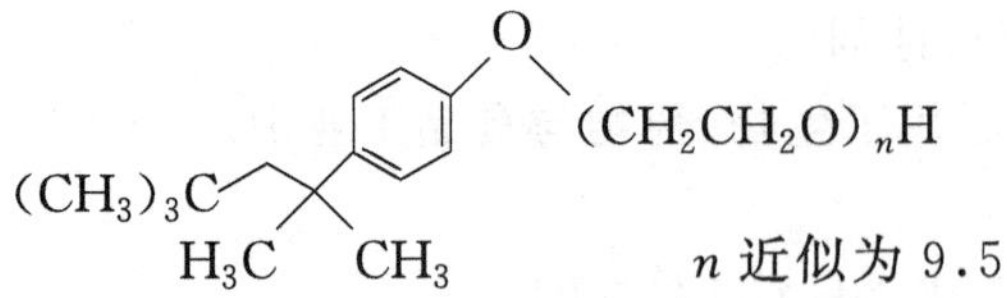

$$(CH_3)_3C-CH_2-C(CH_3)_2-C_6H_4-O-(CH_2CH_2O)_nH$$

n 近似为 9.5

(3)P 型　苯酚聚氧乙烯醚

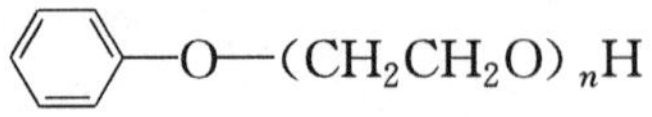

$$C_6H_5-O-(CH_2CH_2O)_nH$$

(4)Pluronic 型　聚丙二醇和聚乙醇交替加成产物

$$HO-(CH_2CH_2O)_a-(CH_2CH(CH_3)O)_b-(CH_2CH_2O)_c-H$$

亲水基　　　亲油基　　　亲水基

(5)脂肪酸-聚氧乙烯型

$$RCOO(CH_2CH_2O)_nH$$

(6)其他聚乙二醇型

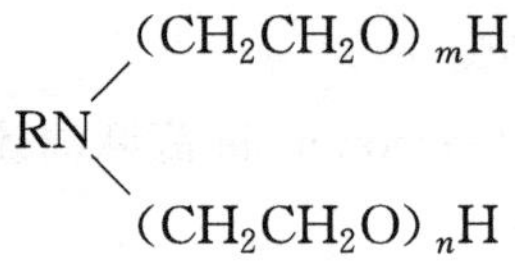

$$RN\begin{cases}(CH_2CH_2O)_mH\\(CH_2CH_2O)_nH\end{cases}$$

2. 多元醇型

(1)司潘(Span)型,这类表面活性剂都是油溶性的,是山梨醇酐和各种脂肪酸形成的酯,司潘-20 是失水山梨醇 $C_6H_8(OH)_6$ 和月桂酸 $C_{12}H_{24}O_2$ 形成的酯;司潘-40 是失水山梨醇与棕榈酸 $C_{16}H_{32}O_2$ 形成的酯;司潘-80 的化学结构式为

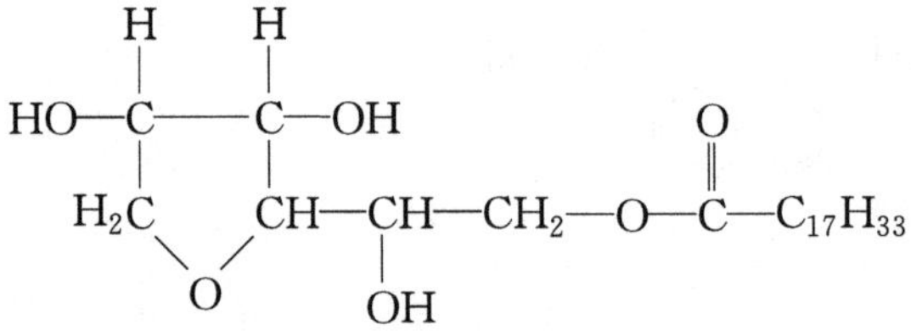

$$\begin{array}{c}HO-CH-CH-OH\\ H_2C\diagdown{}^{O}\diagup CH-CH(OH)-CH_2-O-C(=O)-C_{17}H_{33}\end{array}$$

失水山梨油酸酯司潘-80

(2)吐温(Tween)型,在司潘中接入聚氧乙烯醚(CH_2OCH_2),是一种水溶性表面活性剂。

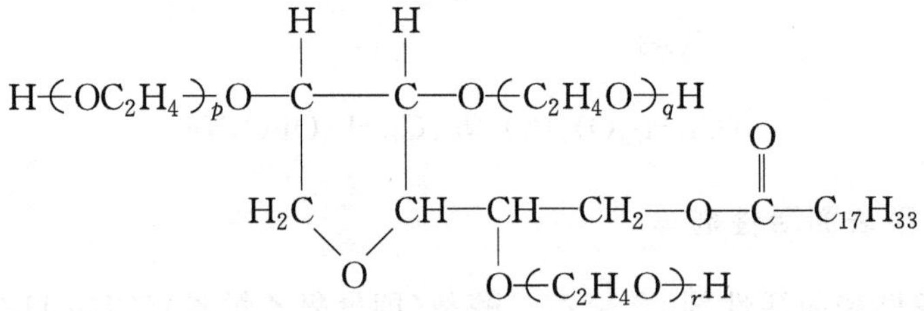

$$\begin{array}{c}H(OC_2H_4)_pO-CH-CH-O(C_2H_4O)_qH\\ H_2C\diagdown{}^{O}\diagup CH-CH(O(C_2H_4O)_rH)-CH_2-O-C(=O)-C_{17}H_{33}\end{array}$$

$(p+q+r=20)$

吐温-80 的结构式

10.2.3 生物表面活性剂

下面是几种组成细胞膜的表面活性剂。

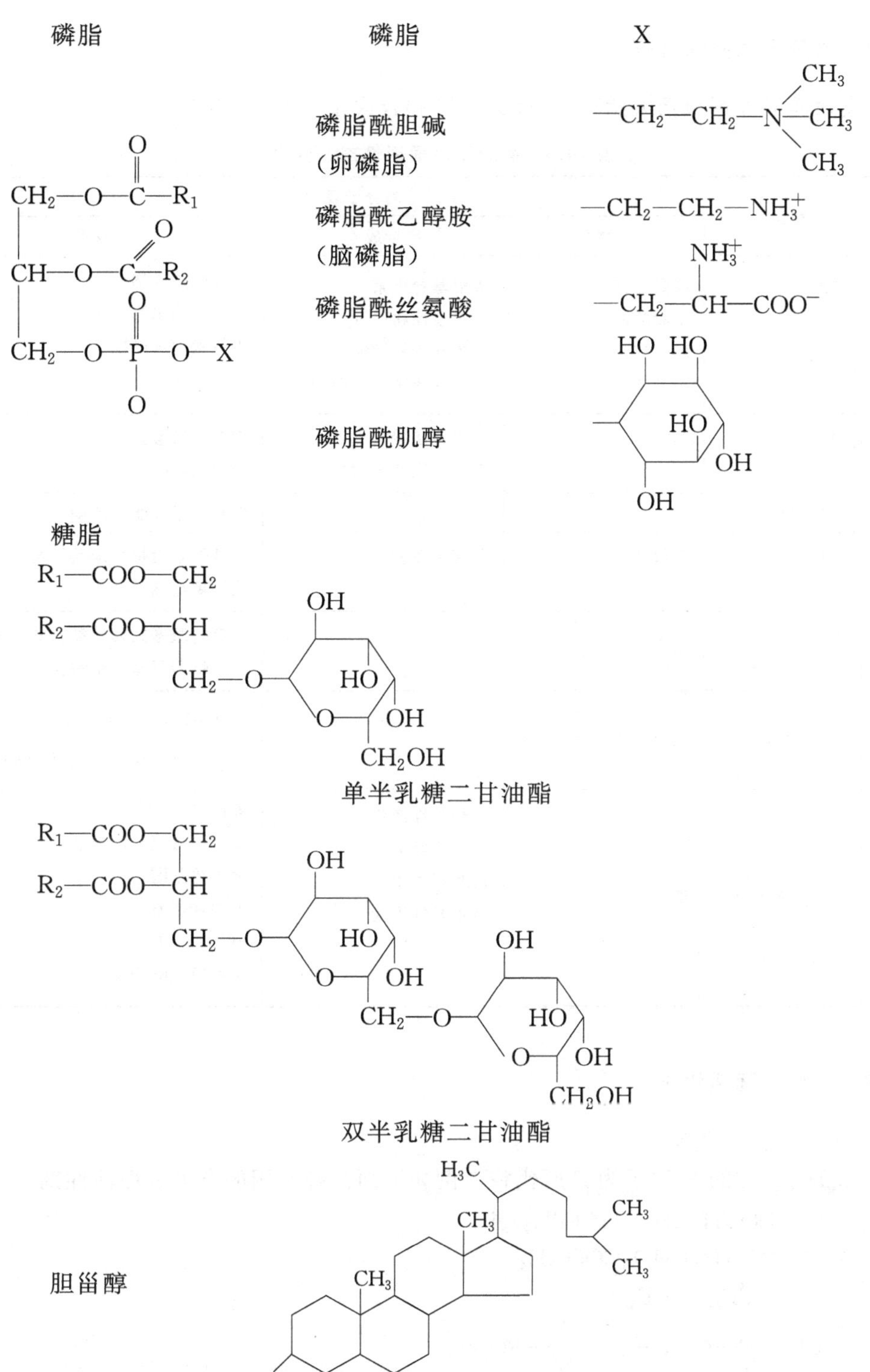

另外还有由细菌产生的生物表面活性剂,如鼠李糖脂、海藻糖脂、酵母菌产生的槐糖脂、由霉菌产生的黑粉菌和日露糖赤藓糖醇脂等。

10.2.4 高分子表面活性剂

这类表面活性剂包括天然型、改性天然型和合成型三类,见表 10.3。

表 10.3 高分子表面活性剂的分类

分类	亲水基	高分子表面活性剂		
		天然系	半合成系	合成系
阴离子型	羧酸基	海藻酸钠 果胶酸钠 腐殖酸盐 咕吨树胶	羧甲基纤维素 羧甲基淀粉 丙烯酸接枝淀粉 水解丙烯腈接枝淀粉	丙烯酸共聚物 马来酸共聚物 水解聚丙烯酰胺
	磺酸基		木质素磺酸盐 铁铬木质素磺酸盐	缩合萘磺酸盐 聚苯乙烯磺酸盐
	硫酸酯基			缩合烷基苯醚硫酸酯
阳离子型	胺基	壳聚糖	阳离子淀粉	氨基烷基丙烯酸酯共聚物 改性聚乙烯亚胺
	季铵盐			含有季胺基的丙烯酰胺共聚物 聚乙烯苯甲基三甲铵盐
两性型	胺基、羧基等	水溶性蛋白质类		$+C_2H_4N(C_{12}H_{25})—C_2H_4—N(CH_2COOH)+_n$
非离子型	多元醇及其他	淀粉	淀粉改性产物 甲基纤维素 乙基纤维素 羟乙基纤维素	聚乙烯醇 聚氧乙烯聚氧丙烯醚 聚乙烯基醚 聚丙烯基醚 EO 加成物 聚乙烯吡咯烷酮

10.2.5 新型表面活性剂

1. 含氟表面活性剂

在 C_nH_{2n+1} 中的 H 原子为 F 所代替。例如下面几种常用的含氟表面活性剂

$C_9F_{19}CONH(CH_2)_3N^+(CH_3)_3I^-$

$C_8F_{17}CONH(CH_2)_5COONH_4$

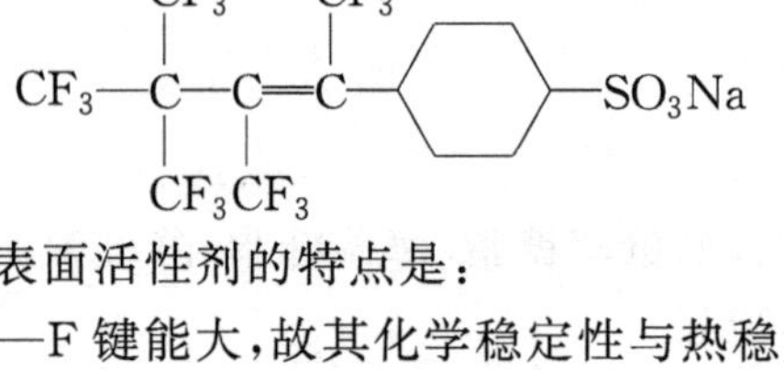

$CF_3—C(CF_3)(CF_3)—C(CF_3)=C(CF_3)—C_6H_4—SO_3Na$

这类表面活性剂的特点是:

(1)C—F 键能大,故其化学稳定性与热稳定性均高;

(2)含氟分子之间的相互吸引力小,因此它的表面张力小,既憎水又憎油,摩擦系数小;

(3)折射率小；

(4)绝缘性能高；

(5)含氟表面活性剂降低油/水界面张力的能力很差，因为它既不亲油又不亲水。

表 10.4 列出氟表面活性剂与碳氢表面活性剂的比较。

表 10.4　氟表面活性剂与碳氢链表面活性剂的比较

性能	氟表面活性剂	碳氢链表面活性剂
最低表面张力/$mN \cdot m^{-1}$	15	27
最低界面张力*/$mN \cdot m^{-1}$	11.5	1～2
表面吸附能/$J \cdot mol^{-1}$	5443～6238	3810～4982

* $C_8F_{17}COONa$，$C_{13}H_{27}COONa$ 质量分数各 0.1%的水溶液与环己烷的界面张力。

2. 含硅表面活性剂

以硅氧烷链为憎水基，如：

$$(CH_3)_3SiO\text{-}\!\left(\begin{array}{c}CH_3\\|\\Si\\|\\CH_3\end{array}\!\!-O\right)_n\!\left(C_2H_4O\right)_nR$$

$$(CH_3)_3SiO\text{-}\!\left(\begin{array}{c}CH_3\\|\\Si\\|\\CH_3\end{array}\!\!-O\right)_n\begin{array}{c}CH_3\\|\\Si\\|\\CH_3\end{array}\!\!-(CH_2)_3(OC_2H_4)_nOR$$

其表面活性与含氟表面活性剂相当，用量少，有良好润泽和乳化能力，可用于纤维与织物的防水。

3. 双子型表面活性剂

含氟、含硅的表面活性剂一般都具有较高的表面活性，但价格高。近年来兴起了一种新型表面活性剂[6,7]，称为双子型表面活性剂 geminis(或称 dimeric)，是由两个单链单头基普通表面活性剂在离子头基处通过化学键联接而成，如图 10.1 所示：

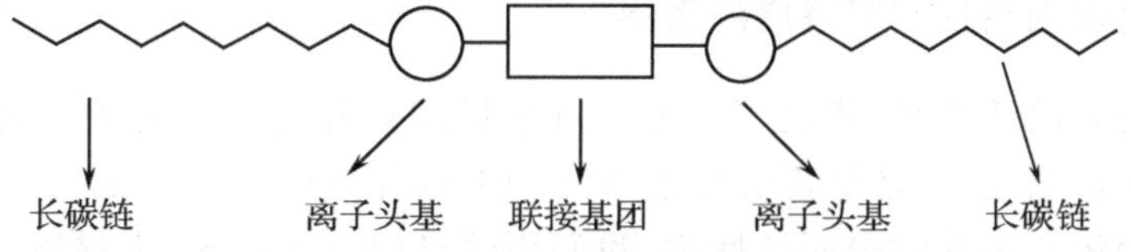

图 10.1　gemini 表面活性剂分子结构示意图

实验证明，gemini 表面活性剂具有比普通表面活性剂高得多的表面活性。而其临界胶团浓度 CMC 则低两个数量级。

10.3　表面活性剂性能的表征

10.3.1　分子结构对表面活性 G(即$-\frac{\partial \sigma}{\partial c}$)，临界胶束浓度 CMC 与最小表面张力 σ_{min}的影响

a. 低级醇、胺、醚等$-\frac{\partial \sigma}{\partial c}$中，$\sigma_{min}$大；

b. 高级醇、胺、醚等$-\frac{\partial \sigma}{\partial c}$大，$\sigma_{\min}$小；

c. 水溶性高分子，聚电解质 $-\frac{\partial \sigma}{\partial c}$小，$\sigma_{\min}$大，但能形成界面膜；

d. 能降低表面活性的一切物质，如 Hg 能降低金属表面张力，与物质能部分相溶的溶剂等，都能大大降低物质的表面张力，按 Gibbs 公式，他们都是表面活性剂。

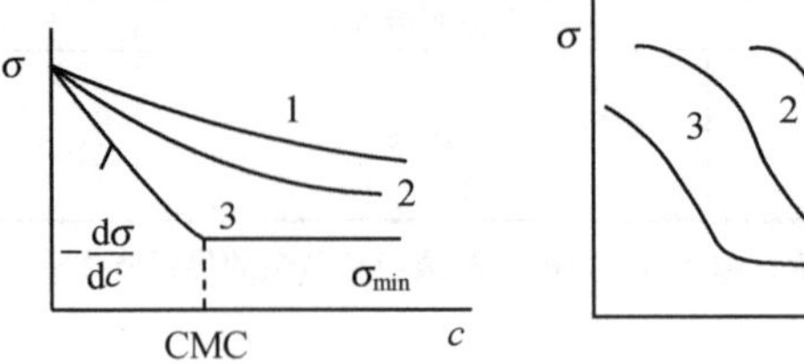

图 10.2　表面活性剂浓度与表面张力的关系

1. 高分子聚电解质；2. 低级醇、胺、醚；3. 高级醇、胺、醚

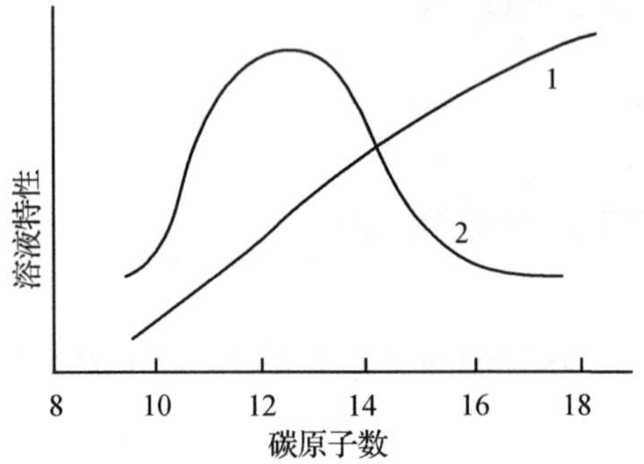

图 10.3　表面活性剂的碳原子数与性能的关系

1. 洗涤能力；2. 起泡性能

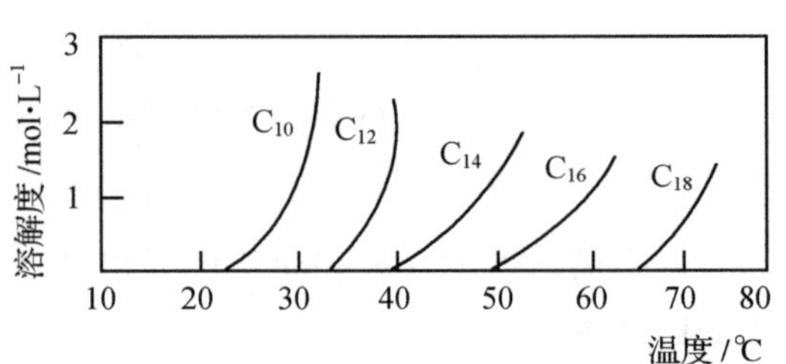

图 10.4　系列烷基苯磺酸钠的浓度与温度的关系

10.3.2　温度对表面活性剂溶解度的影响

对于一般的表面活性剂，我们用 Krafft 点来描述这种关系。离子型表面活性剂的溶解度随温度升高而增大，其溶解度突然上升点为 Krafft 点(见图 10.4)。

而对于含聚氧乙烯基的表面活性剂，我们用浊点(cloud point)来描述。表面活性剂在加热后，聚氧乙烯基会脱水，因而溶解度下降而从水中析出，使之浑浊，该点温度称为浊点。图 10.5 和表 10.4 列出了两种聚氧乙烯基醚表面活性剂的浊点与聚氧乙烯数目 n 的关系。一般聚氧乙烯的 n 在 5 以下是油溶的，而 n 在 10 以上时是水溶的，n 愈多，则化合物愈亲水，其浊点温度就愈高。

表 10.5　两种含聚氧乙烯基表面活性剂 1% 浓度溶液的浊点与结构的关系

表面活性剂	$C_{13}H_{27}O(C_2H_5O)_nH$		$C_9H_{19}O(C_2H_5O)_nH$					
n	9.5	15	8	9	10	11	12	16
浊点/℃	40	98	30	50	65	75	81	96

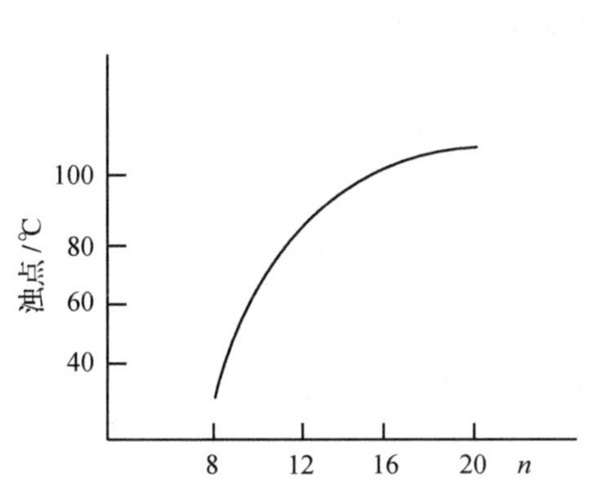

图 10.5 壬基酚聚氧乙烯醚中环氧乙烯加成数(n)与浊点关系

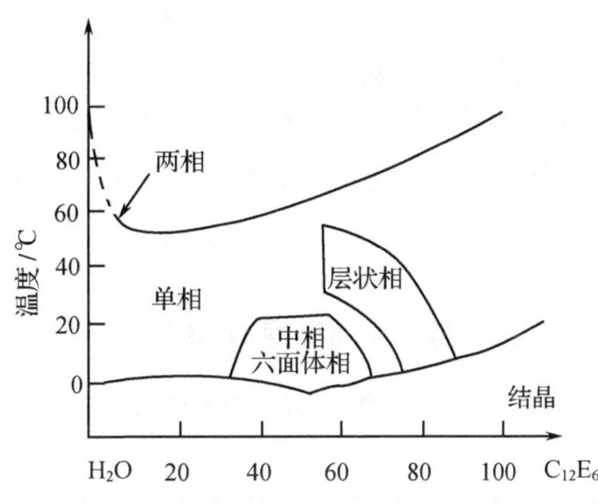

图 10.6 温度对 $C_{12}E_6$ 相图的影响

图 10.6 表示出温度对 $C_{12}E_6$ 相图的影响,在 50℃左右时,$C_{12}E_6$ 的水溶液大部分是单相。

1964 年,日本 Shinoda 与 Arai 最先提出 PIT 值 (phase inversion temperature,相变转变温度)的概念:PIT 值是一种利用乳化能力表征表面活性剂活性的方法,此法只适用于含聚氧乙烯基的表面活性剂。将等量油、水与 3%～5%乳化剂混合,低温时形成 O/W 乳状液,高温时形成 W/O 乳状液。在 PIT 时,亲水与亲油平衡,此时油水界面张力最低,利用电导仪监视,可得此点。此时可得极细乳状液,但不稳定,应采取稳定措施。

10.4 HLB 值及其测定

HLB(hydrophile and lipophile balance)代表亲水亲油平衡。HLB 值愈大,则愈亲水。

两亲性分子 HLB 值是一个很有使用价值但不精确的标准,有各种方法去测定,下面介绍一些估算的方法。

10.4.1 Griffin 法

1949 年,Griffin 首先引入 HLB 概念,并提出了测定 HLB 值的乳化法。他将最不亲水的石蜡的 HLB 值定为 0,最亲水的十二烷基硫酸钠的 HLB 值定为 40,如石蜡(C_nH_{2n+2})的 HLB=0;油酸 $C_{17}H_{33}COOH$ 的 HLB=1;油酸钾的 HLB=20;十二烷基硫酸钠的 HLB=40 等,然后根据乳化效果排队来确定 HLB 值:愈亲水,则 HLB 值愈大。此方法的原则是先定标准,然后根据某种物化性能来排队。除乳化法外,还可使用临界胶束浓度法、基数法及浊点法、色谱法、介电常数法、红外光谱法、超低界面张力法等。

10.4.2 聚氧乙烯醚类的表面活性剂 HLB 值的计算

聚氧乙烯醚类的表面活性剂常用聚氧乙烯醚的相对分子质量分数来求 HLB 值。

$$HLB = \frac{\text{亲水基相对分子质量}}{\text{亲油基相对分子质量} + \text{亲水基相对分子质量}} \times 20$$

=亲水基质量百分数(E)×20

如无聚氧乙烯基 $E=0$,HLB=0,如全是聚氧乙烯基,$E=1$,HLB=20

例:聚氧乙烯(5)十八醇醚,$C_{18}H_{37}O(C_2H_4O)_5H$

亲油基 $M_w=253$,亲水基—$O(C_2H_4O)_5H$ 的 $M_w=237$,故

$$\text{HLB}=\frac{237}{237+253}\times 20=9.7$$

10.4.3 多元醇的脂肪酸酯 HLB 值的计算

Griffin (1954) 提出可用酯的皂化值与酸值之比来计算其 HLB 值。

$$\text{HLB}=20\times(1-S/A)$$

式中,S 为酯的皂化值;A 为脂肪酸的酸值。

硬脂酸甘油酯的 S=161,A=198,其 HLB 值=3.8。

10.4.4 基数法 Davies(1957)

此法利用分子中亲水基和亲油基的多少和亲水或亲油的能力来估算出其 HLB 值。

$$\text{HLB}=7+\sum(\text{亲水基的基数})-\sum(\text{亲油基的基数})$$

表 10.6 各种基团的基数值

亲水基	基数	亲油基	基数
—SO_4Na—	38.7	—CH—	−0.475
—COOK	21.1	—CH_2—	−0.475
—COONa	19.1	—CH_3—	−0.475
—N(叔胺)	9.4	=CH—	−0.475
—SO_3Na	11	—CF_2—	−0.870
酯(失水山梨醇环)	6.8	—CF_3	−0.870
酯(自由)	2.4	苯环	−1.662
—COOH	2.1	—$CH_2CH_2CH_2O$—	−0.15
—OH(自由)	1.9	—CH(—CH_3)—CH_2—O—	−0.15
—O—	1.3		
—OH(失水山梨醇环)	0.5	—CH_2—CH(—CH_3)—O—	−0.15
—(CH_2CH_2O)—	0.33		

例:十二烷基磺酸钠的 HLB 值

$$\text{HLB}=7+11-12\times 0.475=12.3$$

10.4.5 Lin-Marszall 计算法

CMC 是代表表面活性剂形成胶束的能力。CMC 愈大,分子愈亲水,其 HLB 值也愈大。

$$\text{HLB}=A\ln\text{CMC}+B$$

A，B 因不同种类表面活性剂而异。也可利用表面活性剂在水中的分散状态估算出表面活性剂的 HLB 值，如表 10.7 所示。

表 10.7　表面活性剂 HLB 值估算表

表面活性剂在水中的分散状态	HLB 值范围	表面活性剂在水中的分散状态	HLB 值范围
不分散	1～4	稳定的乳状分散体	8～10
分散不好	3～6	半透明至不透明分散体	10～13
强烈搅拌可得乳状分散体	6～8	透明溶液(完全溶解)	13 以上

10.4.6　由溶解能力估算 HLB 值

溶解度愈大，HLB 值愈大。在实际应用中，HLB 值可以帮助我们去选择表面活性剂。表 10.8 列举了一些表面活性剂的 HLB 值[8,9]。

表　10.8

序号	商 品 名 称	化学成分	类型	HLB
1	Span 85	失水山梨醇三油酸酯	N	1.8
2	Arlacel 85	失水山醇三油酸酯	N	1.8
3	Atlas G-1706	聚氧乙烯山梨醇蜂蜡衍生物	N	2
4	Span 65	失水山梨醇三硬脂酸酯	N	2.1
5	Arlacel 65	失水山梨醇三硬脂酸酯	N	2.1
6	Atlas G-1050	聚氧乙烯山梨醇六硬脂酸酯	N	2.6
7	Emcol EO-50	乙二醇脂肪酸酯	N	2.7
8	Emcol Es-50	乙二醇脂肪酸酯	N	2.7
9	Atlas G-1704	聚氧乙烯山梨醇蜂蜡衍生物	N	3
10	Emcd Po-50	丙二醇脂肪酸酯	N	3.4
11	Atlas G-922	丙二醇单硬脂酸酯	N	3.4
12	“纯”	丙二醇单硬脂酸酯	N	3.4
13	Atlas G-2153	丙二醇单硬脂酸酯	N	3.4
14	Emcd PS-50	丙二醇脂肪酸酯	N	3.4
15	Emcol EL-50	乙二醇脂肪酸酯	N	3.6
16	Emcol PP-50	丙二醇脂肪酸酯	N	3.7
17	Arlacel C	失水山梨醇倍半油酸酯	N	3.7
18	Arlacel 83	失水山梨醇倍半油酸酯	N	3.7
19	Atlas G-2859	聚氧乙烯山梨醇 4.5 油酸酯	N	3.7
20	Atmul 67	甘油单硬脂酸酯	N	3.8
21	Atmul 82	甘油单硬脂酸酯	N	3.8
22	Tegin 515	甘油单硬脂酸酯	N	3.8
23	Aldo 33	甘油单硬脂酸酯	N	3.8

续表 10.8

序号	商品名称	化学成分	类型	HLB
24	“纯”	甘油单硬脂酸酯	N	3.8
25	Atlas G 1727	聚氧乙烯山梨醇蜂蜡衍生物	N	4
26	Emcol pM-50	丙二醇脂肪酸酯	N	4.1
27	Span 80	失水山梨醇单油酸酯	N	4.3
28	Arlacel 80	失水山梨醇单油酸酯	N	4.3
29	Atlas G-917	丙二醇单月桂酸酯	N	4.5
30	Atlas G-3851	丙二醇单月桂酸酯	N	4.5
31	Emcol PL-50	丙二醇脂肪酸酯	N	4.5
32	Span 60	失水山梨醇单硬脂酸酯	N	4.7
33	Arlacel 60	失水山梨醇单硬脂酸酯	N	4.7
34	Atlas G-2139	二乙二醇单油酸酯	N	4.7
35	Emcol DO-50	二乙二醇脂肪酸酯	N	4.7
36	Atlas G-2145	二乙二醇单硬脂酸酯	N	4.7
37	Emcol DS-50	二乙二醇脂肪酸酯	N	4.7
38	Atlas G-1702	聚氧乙烯山梨醇蜂蜡衍生物	N	5
39	Emcol DP-50	二乙二醇脂肪酸酯	N	5.1
40	Aldo 28	甘油单硬脂酸酯	N	5.5
41	Tegin	甘油单硬脂酸酯	N	5.5
42	Emcol DM50	二乙二醇脂肪酸酯	N	5.6
43	Atlas G-1725	聚氧乙烯山梨醇蜂蜡衍生物	N	6
44	Atlas G-2124	二乙二醇单月桂酸酯	N	6.1
45	Emcol DL-50	二乙二醇脂肪酸酯	N	6.1
46	Glaurin	二乙二醇单月桂酸酯	N	6.5
47	Span 40	失水山梨醇单棕榈酸酯	N	6.7
48	Arlacel 40	失水山梨醇单棕榈酸酯	N	6.7
49	Atlas G-2242	聚氧乙烯二油酸酯	N	7.5
50	Atlas G-2147	四乙二醇单硬脂酸酯	N	7.7
51	Atlas G-2140	四乙二醇单油酸酯	N	7.7
52	Atlas G-2800	聚氧丙烯甘露醇二油酸酯	N	8
53	Atlas G-1493	聚氧乙烯山梨醇羊毛脂油酸衍生物	N	8
54	Atlas G-1425	聚氧乙烯山梨醇羊毛脂衍生物	N	8
55	Atlas G-3608	聚氧丙烯硬脂酸酯	N	8
56	Span-20	失水山梨醇单月桂酸酯	N	8.6
57	Arlacel-20	失水山梨醇单月桂酸酯	N	8.6
58	EmulphorvN-430	聚氧乙烯脂肪酸	N	9
59	Atlas G-1734	聚氧乙烯山梨醇蜂蜡衍生物	N	9

续表 10.8

序号	商 品 名 称	化学成分	类型	HLB
60	Atlas G-2111	聚氧乙烯氧丙烯油酸酯	N	9
61	Atlas G-2125	四乙二醇单月桂酸酯	N	9.4
62	Brij 30	聚氧乙烯月桂醚	N	9.5
63	Tween 61	聚氧乙烯失水山梨醇单硬脂酸酯	N	9.6
64	Atlas G-2154	六乙二醇单硬脂酸酯	N	9.6
65	Tween 81	聚氧乙烯失水山梨醇单油酸酯	N	10.0
66	Atlas G-1218	混合脂肪酸和树脂酸的聚氧乙烯酯类	N	10.2
67	Atlas G-3806	聚氧乙烯十六烷基醚	N	10.3
68	Tween-65	聚氧乙烯失水山梨醇三硬脂酸酯	N	10.5
69	Atlas G-3705	聚氧乙烯月桂醚	N	10.8
70	Tween 85	聚氧乙烯失水山梨醇三油酸酯	N	11
71	Atlas G-2116	聚氧乙烯氧丙烯油酸酯	N	11
72	Atlas G-1790	聚氧乙烯羊毛脂衍生物	N	11
73	Atlas G-2142	聚氧乙烯单油酸酯	N	11
74	Myrj 45	聚氧乙烯单硬脂酸酯	N	11.1
75	Atlas G-2141	聚氧乙烯单油酸酯	N	11.4
76	P.E.G. 400 单油酸酯	聚氧乙烯单油酸酯	N	11.4
77	Atlas G-2086	聚氧乙烯单棕榈酸酯	N	11.6
78	S-541	聚氧乙烯单硬脂酸酯	N	11.6
79	P.E.G.400 单硬脂酸酯	聚氧乙烯单硬脂酸酯	N	11.6
80	Atlas G-3300	烷基芳基磺酸盐	A	11.7
81	—	三乙醇胺油酸酯	N	12
82	Atlas G-2127	聚氧乙烯单月桂酸酯	N	12.8
83	Igepal CA-630	聚氧乙烯烷基酚	N	12.8
84	Atlas G-1431	聚氧乙烯山梨醇羊毛脂衍生物	N	13
85	Atlas G-1690	聚氧乙烯烷基芳基醚	N	13
86	S-307	聚氧乙烯单月桂酸酯	N	13.1
87	P.E.G.400 单月桂酸酯	聚氧乙烯单月桂酸酯	N	13.1
88	Atlas G-2133	聚氧乙烯月桂醚	N	13.1
89	Atlas G-1794	聚氧乙烯蓖麻油	N	13.3
90	Emulphor EL-719	聚氧乙烯植物油	N	13.3
91	Tween 21	聚氧乙烯失水山梨醇单月桂酸酯	N	13.3
92	Renex 20	混合脂肪酸和树脂酸的聚氧乙烯酯类	N	13.5
93	Atlas G-1441	聚氧乙烯山梨醇羊毛脂衍生物	N	14
94	Atlas G-75963 J	聚氧乙烯失水山梨醇单月桂酸酯	N	14.9

续表 10.8

序号	商品名称	化学成分	类型	HLB
95	Tween 60	聚氧乙烯失水山梨醇单硬脂酸酯	N	14.9
96	Tween 80	聚氧乙烯失水山梨醇单油酸酯	N	15
97	Myrj 49	聚氧乙烯单硬脂酸酯	N	15.0
98	Atlas G-2144	聚氧乙烯单油酸酯	N	15.1
99	Atlas G-3915	聚氧乙烯油基醚	N	15.3
100	Atlas G-3720	聚氧乙烯十八醇	N	15.3
101	Atlas G-3920	聚氧乙烯油醇	N	15.4
102	Emulphor ON-870	聚氧乙烯脂肪醇	N	15.4
103	Atlas G-2079	聚乙二醇单棕榈酸酯	N	15.5
104	Tween 40	聚氧乙烯失水山梨醇单棕榈酸酯	N	15.6
105	Atlas G-3820	聚氧乙烯十六烷基醇	N	15.7
106	Atlas G-2162	聚氧乙烯氧丙烯硬脂酸酯	N	15.7
107	Atlas G-1471	聚氧乙烯山梨醇羊毛脂衍生物	N	16
108	Myrj 51	聚氧乙烯单硬脂酸酯	N	16.0
109	Atlas G-7596 P	聚氧乙烯失水山梨醇单月桂酸酯	N	16.3
110	Atlas G-2129	聚氧乙烯单月桂酸酯	N	16.3
111	Atlas G-3930	聚氧乙烯油基醚	N	16.6
112	Tween 20	聚氧乙烯失水山梨醇单月桂酸酯	N	16.7
113	Brij 35	聚氧乙烯月桂醇醚	N	16.9
114	Myrj 52	聚氧乙烯单硬脂酸酯	N	16.9
115	Myrj 53	聚氧乙烯单硬脂酸酯	N	17.9
116	—	油酸钠	A	18
117	Atlas G-2159	聚氧乙烯单硬脂酸酯	N	18.8
118	—	油酸钾	A	20
119	Atlas G-263	N-十六烷基-N-乙基吗啉硫酸乙酯盐	C	25～30
120	—	纯月桂醇硫酸钠	A	约 40
121	Pluronic L81	聚醚 L81	N	2
122	Pluronic L61	聚醚 L61	N	3
123	Pluronic L31	聚醚 L31	N	3.5
124	Pluronic L72	聚醚 L72	N	6.5
125	Pluronic L62	聚醚 L62	N	7
126	Pluronic L42	聚醚 L42	N	8
127	Pluronic L63	聚醚 L63	N	11
128	Pluronic L64	聚醚 L64	N	15
129	Pluronic L35	聚醚 L35	N	18.5
130	Pluronic F88	聚醚 F88	N	24
131	Pluronic F108	聚醚 F108	N	27
132	Pluronic F68	聚醚 F68	N	29

表中：N-非离子型；A-阴离子型；C-阳离子型。

不同的用途可根据 HLB 值选用合适的表面活性剂(见表 10.9 和表 10.10)。

表 10.9 不同用途表面活性剂的 HLB 值范围

HLB 值范围	主要用途	HLB 值范围	主要用途
1～3	消泡剂	12～15	润湿剂
3～6	油包水型(W/O)乳化剂	13～15	洗涤剂
8～18	水包油型(O/W)乳化剂	15～18	增溶剂

表 10.10 HLB 值与性能的对应关系

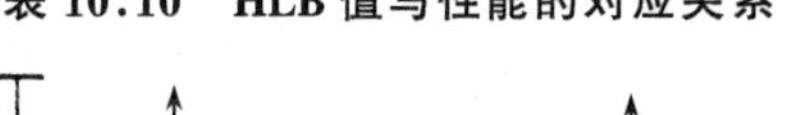
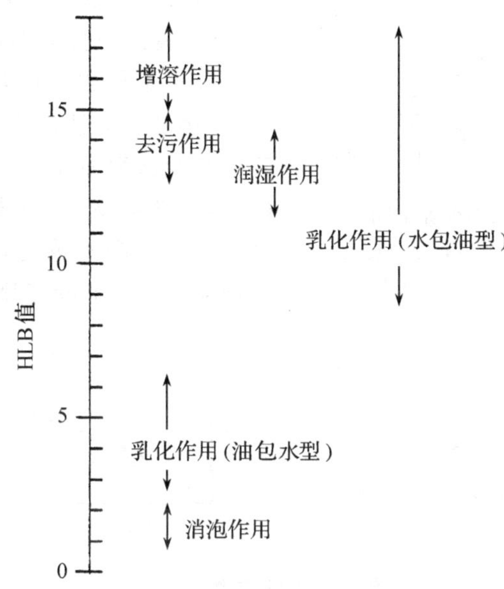

10.5 胶束与极限胶束浓度

10.5.1 表面活性剂溶液性质与浓度关系

从图 10.7 可以看出,随着溶液浓度增加,所有在图中列出的性质在某一浓度或某一极狭窄的浓度范围内会发生一个质的变化,我们把这个浓度叫做极限胶束浓度(critical micell concentration,CMC)。

10.5.2 CMC 的测定方法

1. 表面张力法

从图 10.7 可以知道,在表面张力 σ 与溶液浓度关系中有一转变点,转变点处的浓度即为 CMC。

2. 电导法

对离子型表面活性剂适用,根据当量电导与浓度的关系式求出其转变点。

$$\lambda = \lambda_0 - K\sqrt{c}$$

λ 为溶液的当量电导,λ_0 为溶剂的当量电导。

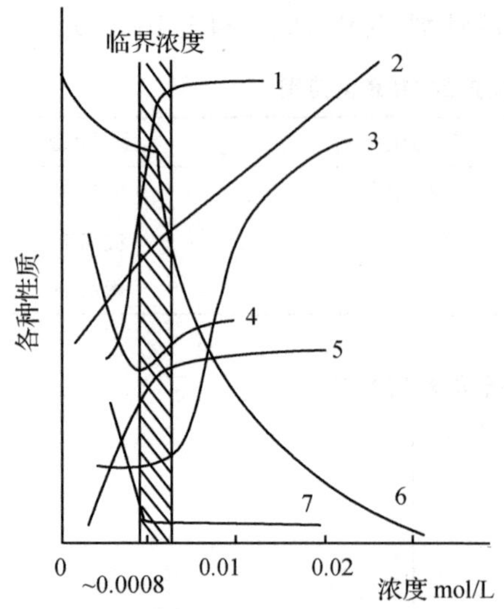

图 10.7 十二烷基硫酸钠表示出的溶液性质与其浓度关系
1. 去污作用；2. 密度；3. 电导率；4. 表面张力；
5. 渗透压；6. 当量电导；7. 界面张力

3. 折光指数法

由于表面活性剂分子缔合造成折光指数变化，其转折点处的浓度即为 CMC。

4. 分光光度计法

由于聚集态不同而产生颜色的变化，适用于染料。例如，菁染料形成聚集态的过程。

5. 染料增溶变色法

将油溶性染料溶液滴入表面活性剂溶液中，当形成胶束时，染料被增溶，会褪色。

6. 荧光法测平均聚集数 n

胶束聚集数是胶束最重要的结构参数之一，可用各种方法测定，如光散射、渗透压等。其中荧光法简便易行，原理如下：设 P 为荧光探针，Q 为猝灭剂，P 与 Q 均与胶束结合，P 受光激发后产生荧光，而激发后荧光能被猝灭剂 Q 猝灭，下降速度快，无 Q 时，P^* 被静态猝灭，单指数下降，与[Q]无关。可写出下式

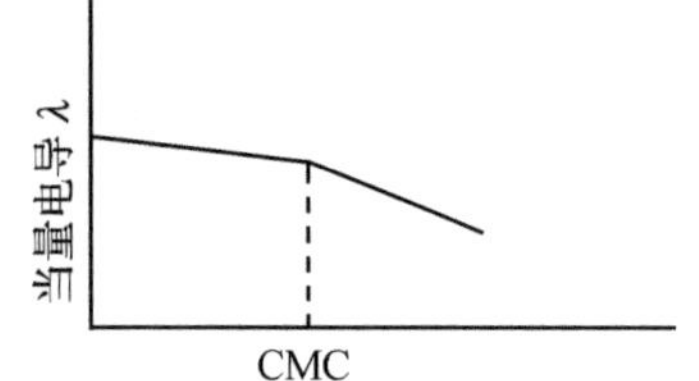

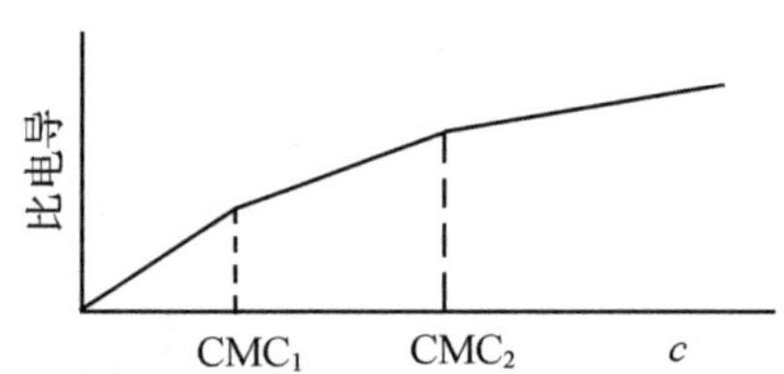

图 10.8 电导法测 CMC

$$\frac{I(\text{有 Q 发射})}{I_0(\text{无 Q 发射})}=\exp\left\{-\frac{[\mathrm{Q}]}{[\mathrm{M}]}\right\} \tag{10.3}$$

式中，I 为荧光强度，[M]为胶束浓度。其中胶束浓度[M]与化学计量的表面活性剂总浓度[DET]以及游离单体浓度[S_1]的关系是

$$[\mathrm{M}]=\frac{[\mathrm{DET}]-[\mathrm{S_1}]}{n(\text{平均聚集数，即每个胶束含多少分子})} \tag{10.4}$$

式中，[DET]为表面活性剂总浓度；[S_1]为游离单体浓度，即 CMC 时单体的浓度，到达 CMC 后单体浓度就是[S_1]，不会再增大。合并式(10.3)和(10.4) 可得

$$\ln\frac{I_0}{I}=\frac{[\mathrm{Q}]\,n}{[\mathrm{DET}]-[\mathrm{S_1}]} \tag{10.5}$$

由 I_0, I, [DET], [Q]可求 n 和[S_1]。可固定[DET]，以 $\ln\frac{I_0}{I}$ 对[Q]作图，由其斜率可得 n；或固定[Q]，以 $\ln\frac{I}{I_0}$ 对[DET]作图，可求出 n 和 S_1。

$$\ln \frac{I}{I_0} = \frac{[\text{DET}]-[\text{S}_1]}{[\text{Q}]n} = \frac{-[\text{S}_1]}{[\text{Q}]n} + \frac{1}{[\text{Q}]n}[\text{DET}] \tag{10.6}$$

表 10.11 列出一些表面活性剂胶束的聚集数[2]。

表 10.11　一些表面活性剂胶束的聚集数

表面活性剂	介质	温度/℃	胶团聚集数	方法
$C_8H_{17}SO_3Na$	H_2O	23	25	ls
$C_{10}H_{21}SO_3Na$	H_2O	30	40	ls
$C_{12}H_{25}SO_3Na$	H_2O	40	54	ls
$C_{14}H_{29}SO_3Na$	H_2O	60	80	ls
$C_8H_{17}SO_4Na$	H_2O	室温	20	ls
$C_{10}H_{21}SO_4Na$	H_2O	室温	50	ls
$C_{10}H_{21}SO_4Na$	H_2O	23	50	ls
$C_{12}H_{25}SO_4Na$	H_2O	—	62	ls
$C_{12}H_{25}SO_4Na$	H_2O	23	71	ls
$C_{12}H_{25}SO_4Na$	H_2O	25	80	EM
$C_{12}H_{25}SO_4Na$	H_2O	25	89	D
$(C_8H_{17}SO_3)_2Mg$	H_2O	23	51	ls
$(C_{10}H_{21}SO_3)_2Mg$	H_2O	60	103	ls
$(C_{12}H_{25}SO_3)_2Mg$	H_2O	60	107	ls
$C_{12}H_{25}SO_4Na$	NaCl(0.01N)	25	89	EM
$C_{12}H_{25}SO_4Na$	NaCl(0.03N)	25	100	EM
$C_{12}H_{25}SO_4Na$	NaCl(0.05N)	25	105	EM
$C_{12}H_{25}SO_4Na$	NaCl(0.1N)	25	112	EM
$C_{10}H_{21}N(CH_3)_3Br$	H_2O	—	36.4	ls
$C_{12}H_{25}N(CH_3)_3Br$	H_2O	—	50	ls
$C_{14}H_{29}N(CH_3)_3Br$	H_2O	—	75	ls
$C_{12}H_{25}NH_2 \cdot HCl$	H_2O	—	55.5	ls
$C_{12}H_{25}NH_2 \cdot HCl$	NaCl(0.0157N)	—	92	ls
$C_{12}H_{25}NH_2 \cdot HCl$	NaCl(0.0460N)	—	142	ls
$C_{16}H_{33}(NC_5H_5)Cl$	NaCl(0.0175N)	～31	95	ls
$C_{16}H_{33}(NC_5H_5)Cl$	NaCl(0.0584N)	～31	117	ls
$C_{16}H_{33}(NC_5H_5)Cl$	NaCl(0.438N)	～31	135±1	ls
$C_{11}H_{23}COONa$	KBr(0.013N)	—	56	ls
$C_{11}H_{23}COOK$	H_2O	室温	50	ls
$C_{11}H_{23}COOK$	KBr(0.8N)			
$C_{11}H_{23}COOK$	K_2CO_3(0.1N)	—	110	DV
$C_{11}H_{23}COOK$	KBr(1.6N)	—	360	DV
$C_{11}H_{23}COOK$	K_2CO_3(0.1N)			
$C_{12}H_{25}O(C_2H_4O)_6H$	H_2O	15	140	ls
$C_{12}H_{25}O(C_2H_4O)_6H$	H_2O	25	400	ls
$C_{12}H_{25}O(C_2H_4O)_6H$	H_2O	35	1400	ls
$C_{12}H_{25}O(C_2H_4O)_6H$	H_2O	45	4000	ls
$C_{12}H_{25}O(C_2H_4O)_8H$	H_2O	25	123	ls
$C_{12}H_{25}O(C_2H_4O)_{12}H$	H_2O	25	81	ls
$C_{12}H_{25}O(C_2H_4O)_{18}H$	H_2O	25	51	ls

10.5.3 胶束形成的热力学

有两种处理方法：1. 新相形成法，从单分子到胶束；2. 质量作用定律法。

两种方法得出同样方程式，n 个 S 分子形成一个胶束 M_n，可写出下式

$$nS = M_n \quad K = M_n/[S]^n \tag{10.7}$$

式中，S 为单分子，K 为平衡常数。

令 c_S 和 c_M 分别代表单分子与胶束的浓度，

$$K = c_M / c_S^n \tag{10.8}$$

自由能 $-\Delta G = RT\ln K = RT\ln c_M - nRT\ln c_S$ (10.9)

单体自由能 $-\Delta G^{\ominus} = \Delta G/n = (RT/n)\ln c_M - RT\ln c_S$ (10.10)

一般胶束中含单体数大于 100 个，故 $c_M \ll c_S$

$$\Delta G^{\ominus} = RT\ln c_S \tag{10.11}$$

在超过 CMC 后，只会增加胶束浓度，但不会增加单体浓度 c_S，故有胶束后，c_S 是恒值，即 CMC 值。$c_S = c_{CMC}$，代入(10.11)式

$$\Delta G^{\ominus} = RT\ln[CMC] \tag{10.12}$$

以上是对非离子表面活性剂，对离子型的胶束形成自由能则可写成

$$\Delta G^{\ominus} = RT[2-(P/n)]\ln[CMC]$$

式中，P 为有效电荷，有 $n-P$ 个异离子结合于胶束。

例：$C_{12}E_6$ 在 25℃水中时，其 CMC 为 8.70×10^{-5}mol/L　$\Delta G^{\ominus} = -23.2$kJ/mol

$$-\Delta H^{\ominus} = RT^2 \frac{d\ln[CMC]}{dT} \tag{10.13}$$

根据 $\Delta G^{\ominus} = \Delta H^{\ominus} - T\Delta S^{\ominus}$ 可求出 $\Delta S^{\ominus}$。

表 10.12 列出 $C_{12}H_{25}(NC_2H_5)^+Br^-$ 水溶液中胶束的热力学函数。

表 10.12　$C_{12}H_{25}(NC_2H_5)^+Br^-$ 水溶液中胶束的热力学函数

温度/K	CMC/M	$\Delta G_m^{\ominus}$/kcal·mol^{-1}	$\Delta H_m^{\ominus}$/kcal·mol^{-1}	$\Delta S_m^{\ominus}$/cal·mol^{-1}·K^{-1}	ΔS_m/cal·mol^{-1}·K^{-1}
278.2	0.0115	−4.69	1.33	21.6	4.78
283.2	0.0112	−4.79	0.60	19.0	2.12
288.2	0.0110	−4.88	0.02	17.0	0.069
293.2	0.0112	−4.96	−0.54	15.0	−1.86
298.2	0.0114	−5.03	−0.97	13.6	−3.25
303.2	0.0118	−5.10	−1.31	12.5	−4.32
308.2	0.0122	−5.16	−1.57	11.6	−5.09
313.2	0.0128	−5.21	−1.77	11.0	−5.64
318.2	0.0135	−5.26	−1.90	10.6	−5.99
323.2	0.0140	−5.32	−2.02	10.2	−6.23
328.2	0.0148	−5.37	−2.11	9.93	−6.43
333.2	0.0154	−5.42	−2.21	9.64	−6.63
338.2	0.0163	−5.47	−2.34	9.23	−6.93
343.2	0.0172	−5.51	−2.54	8.67	−7.39

表明 ΔG_m 均为负，为热力学自发过程，稳定体系。

10.5.4 影响 CMC 的分子结构与外部因素

下列经验规律是指在水溶液中，若在有机介质中，则在大部分情况下是相反的。

1. 同系物中，若亲油基中碳氢链愈长，则 CMC 愈小；
2. 亲油基中烷烃基相同时，非离子型的 CMC 比离子型的要小得多(约小 100 倍)；
3. 在水中，亲水基对 CMC 影响较小，但亲水性强，CMC 高；
4. 相同情况下，亲水基支化强度高者，CMC 大；
5. 含 F 表面活性剂比含 C 者 CMC 小；
6. 无机盐使表面活性剂 CMC 变小。

10.5.5 胶束溶液的增溶，微乳液的形成

增溶(solubilization)或称加溶，即在表面活性剂存在时，两不互溶之物可以"相溶"。例：100g 水只能溶解 0.07g 苯，但若在 100g 水中加入 10g 油酸钠，使之成为 10%油酸钠水溶液却能溶解 9g 苯，增溶后的溶液与乳化液不同，增溶后的体系——微乳液为热力学稳定体系，看上去仍然十分透明。增溶后的溶液与真溶液不同，增溶后的体系，其依数性不强，即不是分子分散。图 10.9、图 10.10 列出增溶的几种可能方式：

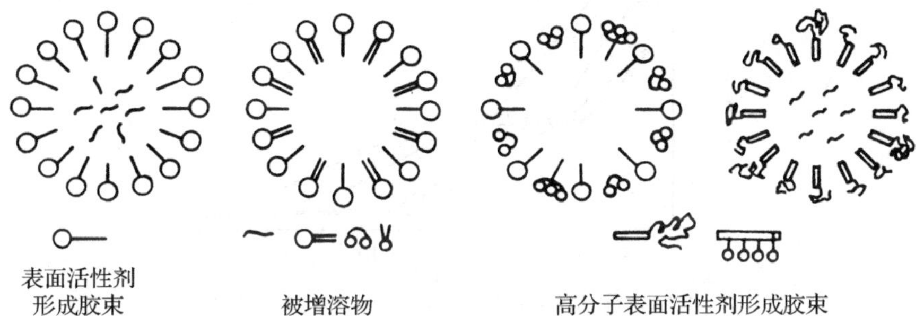

图 10.9 增溶的几种可能方式示意图

10.5.6 影响增溶的一些因素

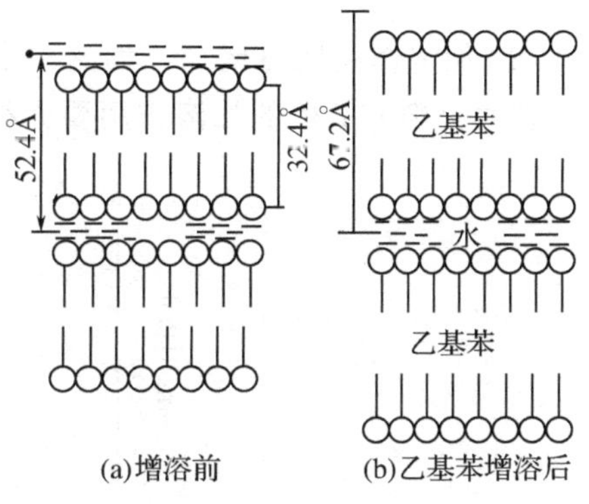

图 10.10 层状胶束的增溶

1. 表面活性剂结构

碳氢链愈长，增溶能力愈大；

二价离子比一价离子表面活性强；

二维表面活性剂比一维强；

直链比支链强；

非离子型＞阳离子型＞阴离子型。

2. 被增溶物结构

碳氢链愈长，增溶量愈小；

环愈大，增溶量愈小；

两亲分子易被增溶；

芳香烃比脂肪烃易增溶；

有支链比直链易增溶。

这里给出的只是一般规律,实际效果则因具体情况而异,相似相溶规则很重要,即极性、尺寸、形状与形成胶束的表面活性剂相似很重要,增溶作用可用于三次采油和药物(包括农药)缓释、控制化学反应速度、高分子合成与晶体生长等方面。

10.6 高分子与表面活性剂的相互作用

当水溶性高分子尺寸落在胶体范围时,本身可视作一胶团,是热力学稳定的。可应用许多有关的胶体体系的理论,如胶团质量作用理论,双电层理论等。

高分子与表面活性剂的相互作用可通过二者之间的疏水或亲水部分进行。和胶体体系一样,同样具有熵稳定和焓稳定两种情况。

1. 对表面活性的影响。加入高分子后,使原有表面活性剂的 γ-c 曲线有两个转折点,即有两个 CMC,或者说使其 CMC 点移前。如图 10.11 所示,当十二烷基硫酸钠的溶液中加入聚乙二醇后,其(γ-c)曲线发生了明显的变化。

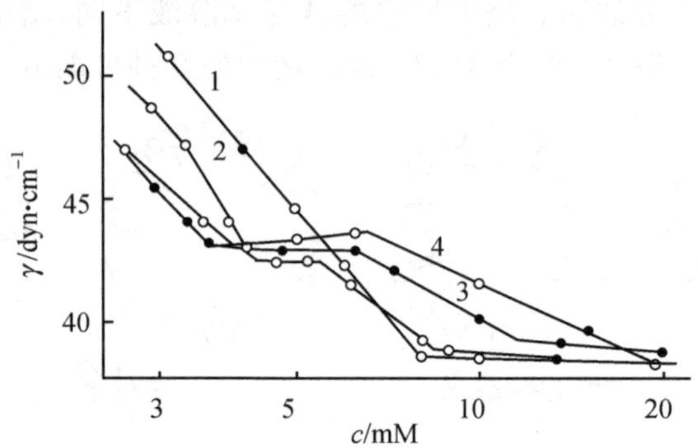

PEG浓度(M): 1. 0; 2.1×10⁻²; 3.1×10⁻²; 4. 2.5×10⁻²
(PEG相对分子质量:12000; 浓度以单体计)

图 10.11 聚乙二醇(PEG)对 RSO_4Na 溶液的影响

2. 加溶作用明显增加。如图 10.12 所示,当十二烷基硫酸钠中加入聚乙烯吡咯烷酮后,它对染料 OT 橙的加溶作用要大得多。这种效应在制备水基染料、水基涂料中有重要

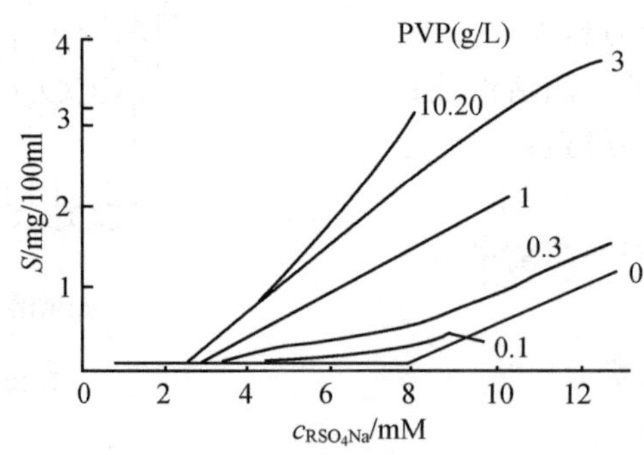

图 10.12 聚乙烯吡咯烷酮 PVP 对 RSO_4Na 溶液加溶 OT 橙染料的影响(25℃)

意义。

3. 黏度加大。图 10.13 给出了加入 PVP 后，RSO_4Na 黏度的升高。这种效应只有在表面活性剂链长时才明显。

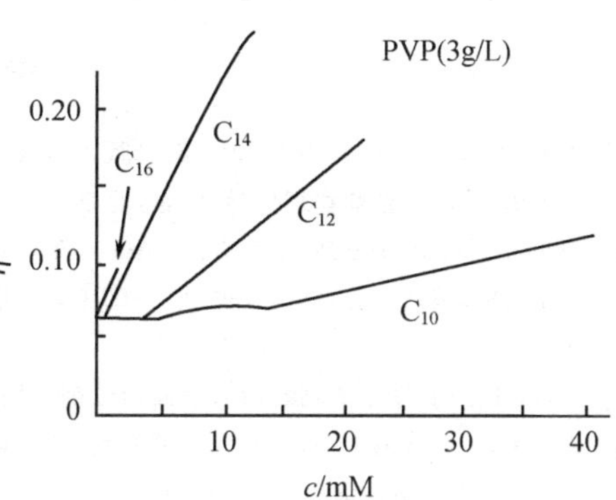

图 10.13 高分子存在时 RSO_4Na 溶液的黏度(25℃)

4. 超加和作用，形成复合表面活性剂。高分子可以与一些表面活性剂作用，形成复合表面活性剂。这能产生降低表面能力的协同效应，即其混合溶液的表面张力低于单一高分子或单一表面活性剂溶液的表面张力。图 10.14[10]说明，当在油/水界面中加入少量高分子水解聚丙烯酰胺(PAAM)时高分子能与表面活性剂形成更加憎水的复合物，进一步降低了十六烷与水的界面张力。由于在强化采油中采用了大量的高分子和表面活性剂的混合物，使这种基础工作具有十分重要的意义。

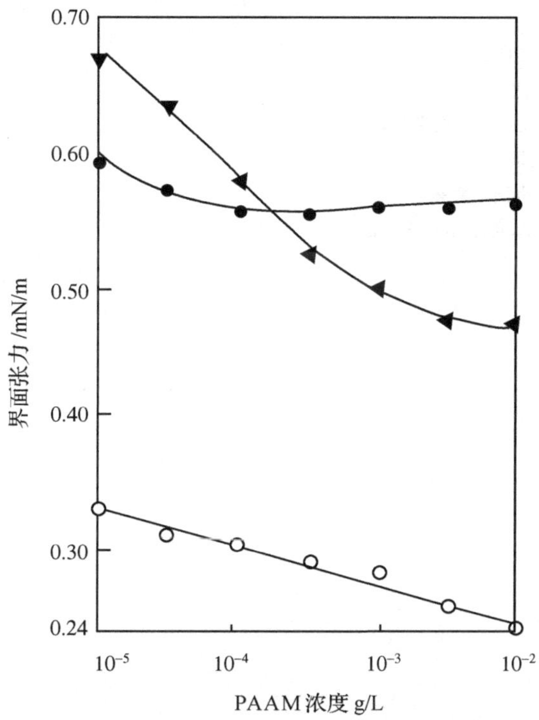

图 10.14 含有不同表面活性剂的十六烷/PAAM 水溶液的界面张力温度：30°C，pH：7

○：PAAM＋TX－100(1×10^{-3}mol/L)，▲：PAAM＋CTAB(1×10^{-3}mol/L)，●PAAM＋SDS(1×10^{-3}mol/L)

综 合 参 考 书

1. Heimens P.C. and Rajagopalan R., Principles of Colliod and Surface Chemistry, 3rd ed. Revised and Expanded, Marcel Dekker. Inc. New York, 1997

2. 周祖康，顾惕人，马季铭，胶体化学基础，北京：北京大学出版社，1991
3. 沈钟，王果庭，胶体与界面化学，第二版，北京：化学工业出版社，1996

参考文献

[1] 沈钟，王国庭，胶体与表面化学，第二版，北京：化学工业出版社，1997
[2] 赵国玺，表面活性剂物理化学，北京：北京大学出版社，1984
[3] Schwartz A.M. and Perry J.W., Surface Active Agento, N.Y., 1949
[4] 北原文雄，玉井康胜，早野茂夫，原一郎编，孙绍曾，卫祥元，王澄华，李焕珍译，表面活性剂，北京：化学工业出版社，1984
[5] 刘程，江小梅，李宝珍，张万福，表面活性剂应用大全，北京：北京工业大学出版社，1991
[6] 赵剑曦，新一代表面活性剂：双亲表面活性剂，化学进展，11卷，4期，348～357，1999
[7] Rosen M.J., Chemtech, 30～33(1993)
[8] 梁梦兰，表面活性剂和洗涤剂制备、性质、应用，北京：科学技术出版社，1990
[9] Becher, P., Am. Perfumer 76, No.9, 33(1961)
[10] Zhang J.Y., Zhang L.P., Tang J.A., Jiang L., Colloids and Surfaces A,: Physicochemical Engineering Aspects 88 (1994) 33～39

习　题

1. 试举出三种测定临界胶束浓度的方法。
2. 试举出两种估算 HLB 值的方法。
3. 请解释为何在溶液中会形成表面活性剂聚集体？
4. 何谓临界胶束浓度，如何去测量它？
5. 根据 Gibbs 吸附公式，什么是表面活性剂？
6. 如果要增加油在水中的增溶量，可采用什么方法？

第十一章 双亲分子在溶液中的有序组合体

双亲分子在溶液中的有序组合体包括胶束、微乳液、泡囊、脂质体、人工自组装体系等，它们的研究在今日的科学与技术中起着愈来愈重要的作用。利用有序组合体可以形成各种缓慢释放和靶向药物与化妆品，还可以形成分子开关和分子马达，形成各种分子识别器件。在大气污染治理、污水处理等方面也有着广阔的应用前景。本章将对胶束、BLM、脂质体、微乳液作一个简单的描述，对他们可能的应用也做一些介绍。这方面的研究包括：形成的分子结构条件，以及分子的形状与配合；环境条件（pH 值，温度、介质等）与形成的方法（层次的设计与堆积，复制方法等）以及有序组合体与特殊功能的关系等。

11.1 典型表面活性剂组成的有序组合体[1]

图 11.1 表示在水溶液中随着单极性头单烃链尾表面活性剂浓度增加而产生的各种有序组合体。在水中形成层状胶束后，再加入油或醇，可使之成为油中水的反胶束。

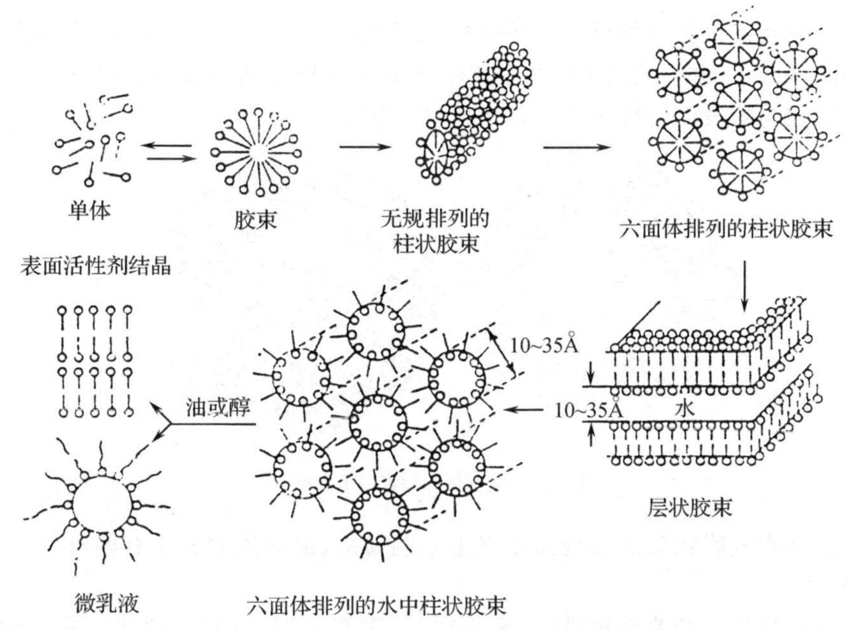

图 11.1 典型表面活性剂溶液中的有序组合体

在生物体内，有着大量的有序组合体。细胞膜是一种天然的有序分子组合体，是由磷脂、胆固醇、膜蛋白、糖脂等所组成的（见图 11.2）。

细胞膜是生物新陈代谢和识别外界信息的重要部分，进行细胞膜的仿生具有重要意义。

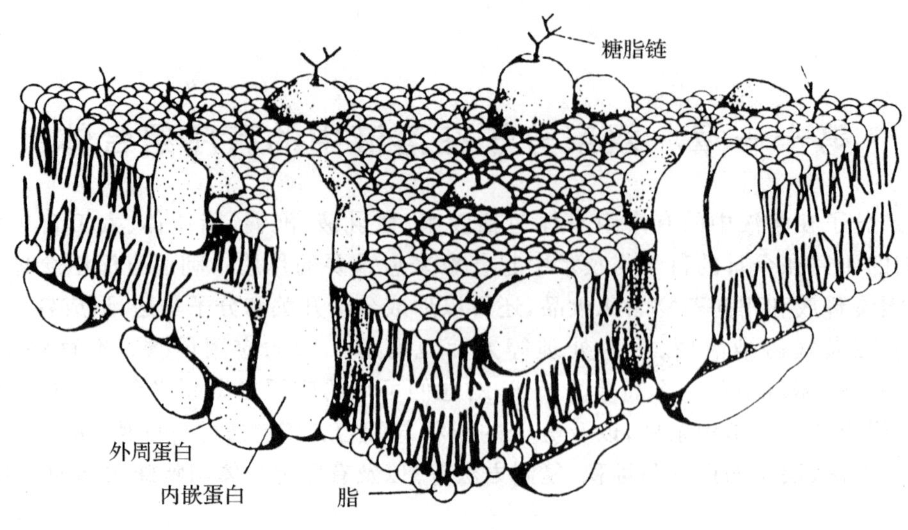

图 11.2　细胞膜的示意图

11.2　脂质体与泡囊

脂质体和泡囊代表着一种最完善的生物膜模型，由卵磷脂、大豆磷脂、胆固醇组成的叫脂质体(liposome)。由合成类脂、改性类脂组成的叫微囊或泡囊(vesicle)，只有双尾的或中间有特殊结构的表面活性剂才能形成此种结构。

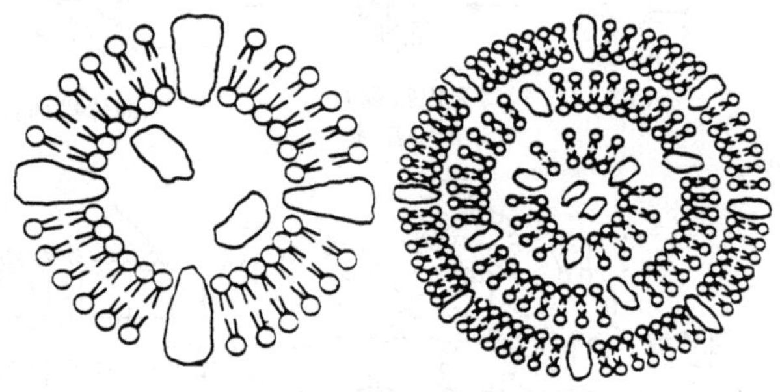

图 11.3　脂质体和泡囊的示意图

泡囊往往是在成膜物质的相变温度以上来制备的，最常用的方法有两种：

1. 注入法

将成膜类脂物质及脂溶性物质(如药物)共溶于有机溶剂中(一般多采用乙醚)，然后将此溶液用注射器缓慢加入到高温(50～60℃)的缓冲溶液(或水溶性被包载物质)中，加完后，不断搅拌至乙醚除尽为止，即可得脂质体和泡囊。

2. 薄壁法

将成膜类脂物的有机溶剂注入旋转蒸发器的容器中，蒸发后在容器壁上形成一双分子膜，然后将欲包含的药物水溶液放入，超声可得。

泡囊和脂质体中均有亲水区和憎水区，因此可以包载各种亲水和亲油的化合物，用途极为广泛,由上面两种方法做出的泡囊常包含多层泡囊和单层泡囊。多层泡囊常常是像洋葱一样的直径为 100～800nm 的多层泡囊,在相变温度以上时,对多层泡囊进行超声,则会形成单层泡囊,直径为 30～60nm(图 11.4),泡囊的壁厚一般约为 5nm,每个泡囊含有 80000～100000 个表面活性剂分子。

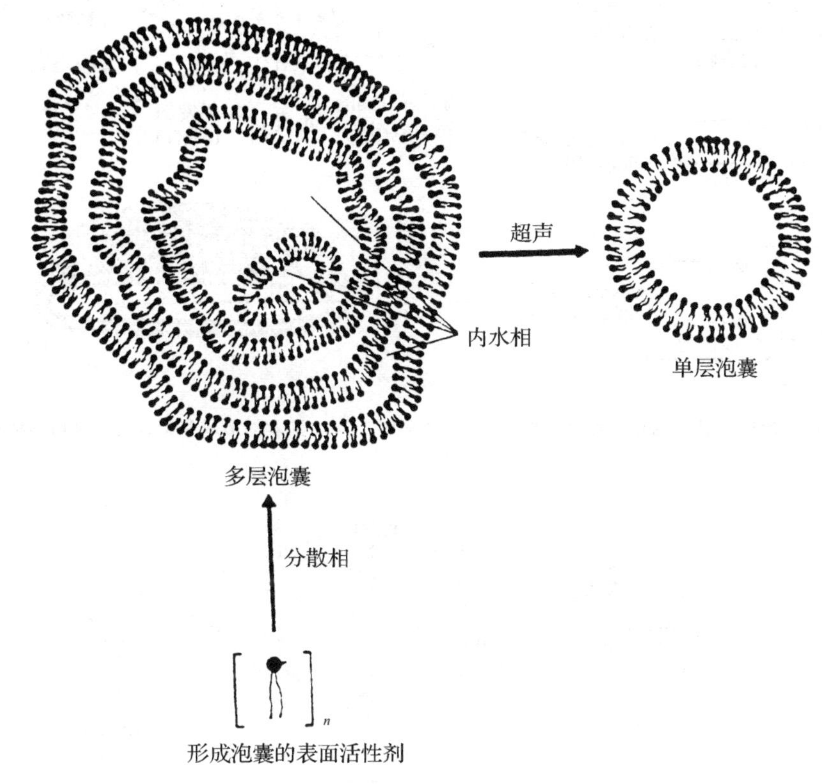

图 11.4 多层泡囊和单层泡囊

胶束、微乳液是单层膜,有水/油型或油/水型,是由单键单尾的表面活性剂所造成的。而脂质体、泡囊是双层膜。单头双尾的或单头单尾中含有特殊结构的表面活性剂才能形成泡囊结构。由磷脂组成的泡囊称之为脂质体。由人工合成表面活性剂组成的称之为泡囊。在过去认为只有双尾的表面活性剂才能形成双层膜,但后来 Kunitake[2]等证明,一些含特殊结构的表面活性剂亦可形成双层膜(见图 11.5)。除去天然的双尾表面活性剂外,还可以利用正负表面活性剂的静电力形成双尾表面活性剂[3],利用化学键将两个极性基团连接在一起的二聚表面活性剂[4],可以形成双层结构的表面活性剂列在图 11.5。

聚合型泡囊,通过聚合作用可以形成耐温和稳定的泡囊(见图 11.6)。

脂质体、泡囊可用于药物缓慢释放靶向药物、化妆品、基因工程和医药技术等方面,具有很重要的工业意义。1993 年,Charych 等在 Science 等杂志上发表了利用聚联乙炔泡囊的变色性能,可以在带唾液酸糖头上检测出感冒病菌和大肠杆菌等文章[5](见图 11.7),为泡囊的应用开辟了一条新路。将识别分子直接连到联乙炔的发色基团上,当细菌或病毒被唾液酸识别时,泡囊的颜色可由蓝变红,十分方便快捷。

Charych 的工作是利用合成的方法引入识别基团,后来证明,利用物理力也可将带

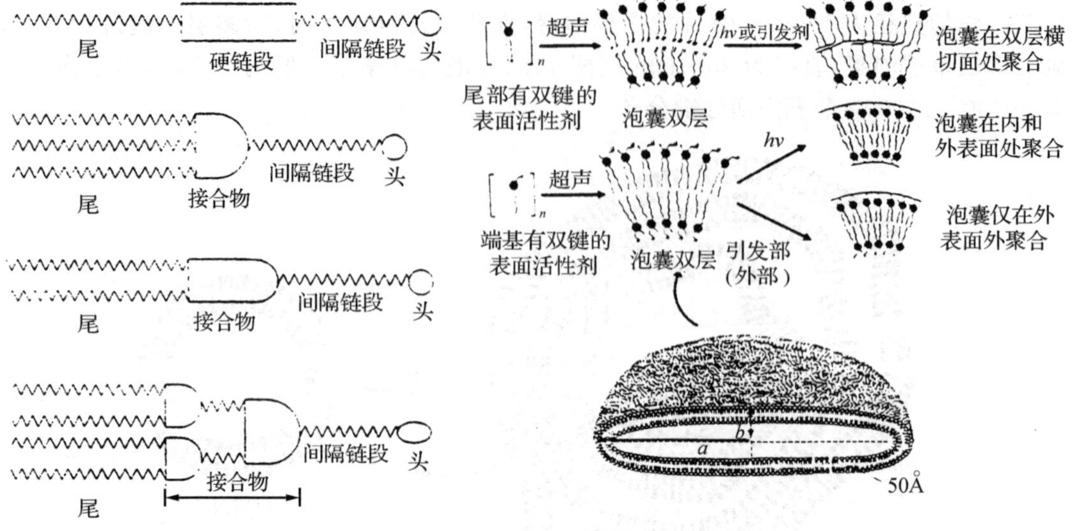

图 11.5 可以形成双层结构的表面活性剂

图 11.6 泡囊的形成和聚合的各种情况示意图

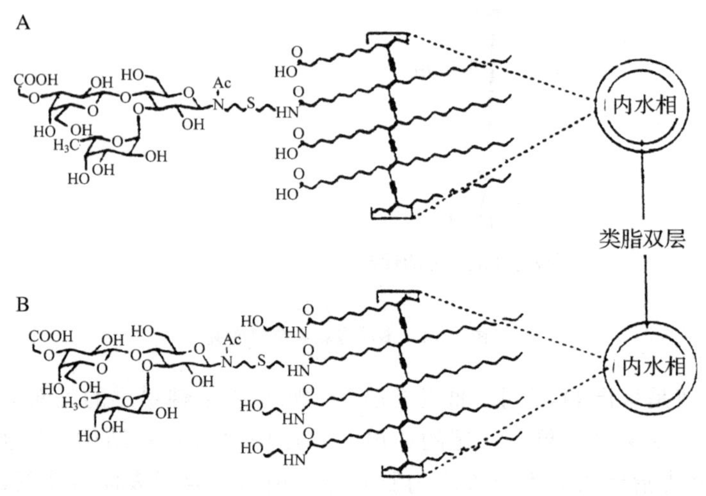

图 11.7 带唾液酸糖头的联乙炔泡囊示意图

普通糖头插入聚联乙炔泡囊,也能测出大肠杆菌等细菌[6]。

11.3 双分子类脂膜

双分子类脂膜(bilipid membrane,BLM)是在固体平板小孔中形成的双层膜,一般是放在一个电解池隔膜中,如图 11.8 所示。在表面张力的作用下,最后形成一内部是憎水外部是亲水的双层膜。

在过去,BLM 只能维持几个小时,现在加以改进,可以制成含有许多小至 1μm 极细孔的模板,既提高了寿命又增加了通道数。由于膜两边很容易放上电极,是一个研究细胞

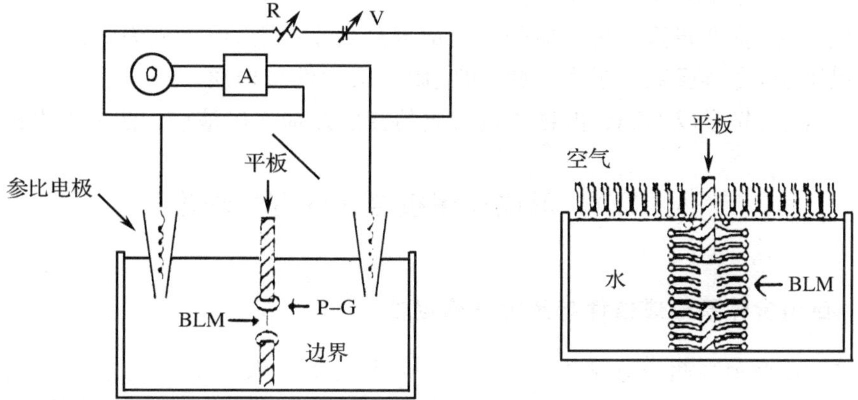

图 11.8 形成双分子类脂膜示意图

膜作用的极好模型工具。

Okahata[7]等曾利用 BLM 的原理，做了一个十分有意思的热敏仿生智能开关。即利用在尼龙微小球上的小孔形成由磷脂组成的 BLM 膜，在球内放置药物或化学试剂，当温度小于磷脂的相变温度时，小孔是关闭的，但当温度高于相变温度时，孔则会打开，在尼龙小球中的物体则会渗出(图 11.9)。

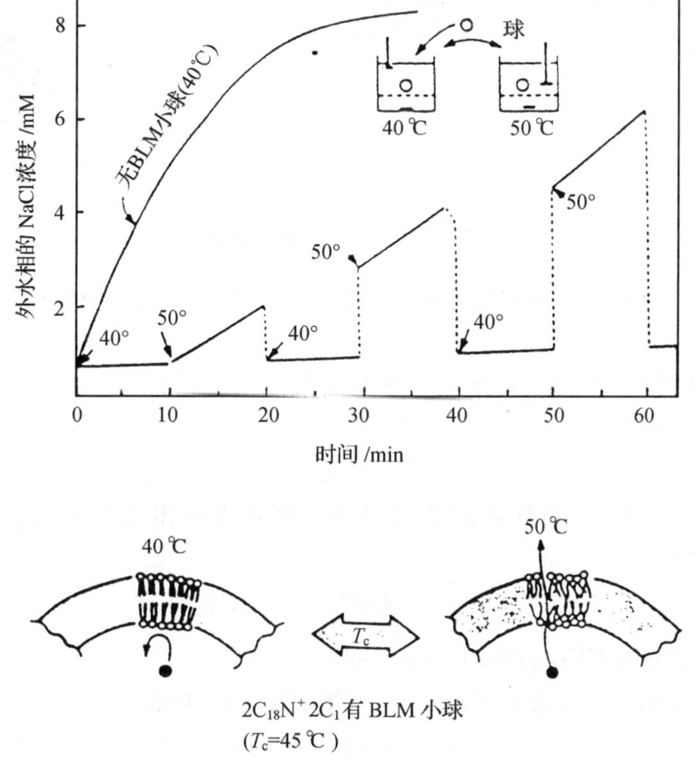

图 11.9 热敏仿生智能开关示意图

在 BLM 中引入蛋白质的方法有：

1. 混合法：将类脂体和蛋白质的有机溶剂滴到小孔上，使之成为 BLM 膜；
2. 吸附法：先形成双分子类脂膜，再吸附溶液中的蛋白质；
3. 融合法：先形成 BLM，再将含蛋白质的脂质体加入溶液中，使之吸附到小孔上。

11.4 形成有序组合体的有关理论

11.4.1 自组合体系形成条件与热力学稳定性

图 11.10 表示当两亲分子在水中时，其亲水基团在水中十分稳定，而憎水链极不稳定，它是一个能量上不稳定体系。分子在热力学上要处于低能量，首先是使其憎水链浮到水面上指向空气，减少它在水中的不相溶性。当水表面上铺满两亲分子而水中分子无法进入表面时，则它在水中抱成一团，使分子的亲水基指向水介质，以求得能量上的稳定。可利用 Traube 规则和 Langmuir 方法来定量地描述这一现象。

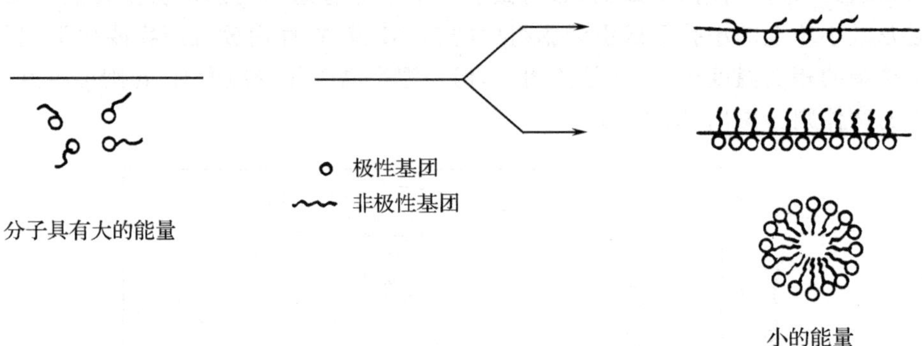

图 11.10 双亲分子的自组合

Traube 规则：表面活性剂同系物中，每增加一个 CH_2，表面活性增加至原来的三倍左右。

Langmuir 推算[8]：如将一两亲分子由表面按入水中，则需作功。其能量由两部分组成，即吸引能与排斥能。

$$-W = -\varphi_1 N + W_0 \tag{11.1}$$

式中，W 为总做功，W_0 为极性基团的吸引功，(负号为向体系作功)；φ_1 为一个 CH_2 或 CF_2 所做的排斥功。

$$\Delta G = N\Delta G_{(CH_2)} - \Delta G_0 \tag{11.2}$$

CH_2，$\varphi_1 \approx 625$cal/mol；CF_2，$\varphi_1 \approx 1400$cal/mol。

根据 Boltzmann 分布，表面浓度 c_s 与本体浓度 c 的关系

$$c_s = c\exp(W/kT) \tag{11.3}$$

$$c_s/c = \exp(W/kT) \tag{11.4}$$

吸附量

$$\Gamma = (c_s - c)h = ch[\exp(W/kT) - 1] \tag{11.5}$$

$$= ch\left[\exp\left(\frac{\varphi_1 N - W_0}{kT}\right) - 1\right] \tag{11.6}$$

吸附时，$c_s \gg c$

$$\Gamma = ch\exp(W/kT) \tag{11.7}$$

$$\Gamma_{n+1}/\Gamma = \exp(\varphi_1/RT)$$

$$\approx \exp(\varphi_1/RT) \approx \exp(625/588) \approx 2.89 \approx 3 \tag{11.8}$$

理论上证明了 Traube 经验公式。在水中，憎水基团愈长或愈大，愈易形成组合体。反之，在油中，亲水基团愈大，则愈易形成组合体。

11.4.2 临界堆积参数

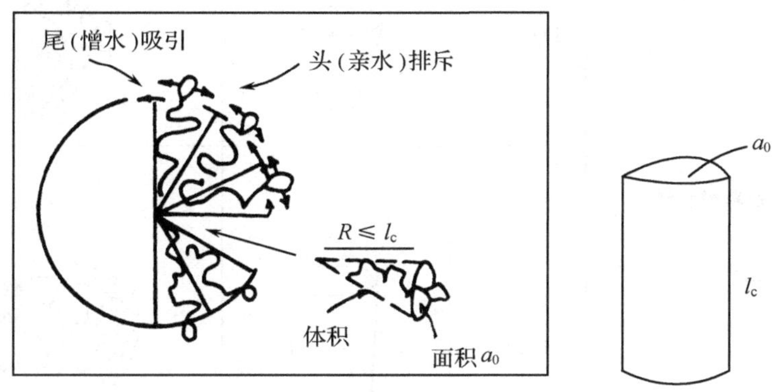

图 11.11 临界堆积参数示意图

Israelchvili[9]提出了临界堆积参数(critical packing parameter) P 的概念，用来说明分子形状对形成的有序组合体形状的影响。

$$P = V/a_0 l_c \tag{11.9}$$

式中，a_0 是分子的面积，l_c是分子的长度。$a_0 l_c$是一个圆柱体，即分子的头尾面积相等。由几何学不难知道，如果分子体积只有圆柱体的 1/3，那么一定是个圆锥体。一头大，一头小。许多圆锥体堆积为一个圆形胶束。图 11.12 说明了各种表面活性剂的临界堆积参数和所形成的有序组合体类型的关系。

$P \leqslant 1/3$	球形胶束
$1/3 < P < 1/2$	非球形胶束
$1/2 < P < 1$	泡囊
$P \sim 1$	层状
$P > 1$	反胶束

早在 1923 年，Hildebrand 等就提出了乳化剂构型与类型关系定向锲理论[10]。利用这一理论可以解释钠肥皂可做成水中油的乳浊液，而锌肥皂则可做成油中水的乳浊液。因为钠原子具有比烃更宽的水化半径，头大尾小，故形成水中油乳液。而在锌肥皂中，一个锌原子有两个烃尾，是个头小尾大的分子，因此形成油中水的乳液，如图 11.13 所示。这实际上已提出了临界堆积参数的基本思想。

类脂体	临界堆积参数 P	临界堆积形状	形状结构
大头(亲水基团)单尾 (憎水链)类脂体 在低盐介质中的 SDS	<1/3	锥形 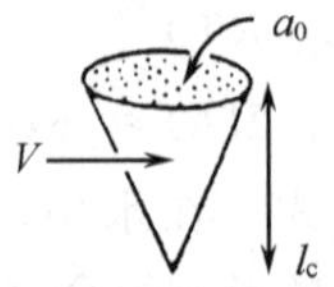	球形胶束 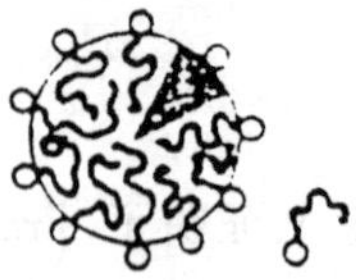
小头(亲水基团)单尾 (憎水链)类脂体 在高盐介质中的 SDS 和 CTAB 非离子型类脂体	1/3～1/2	平头锥形 	圆柱形胶束 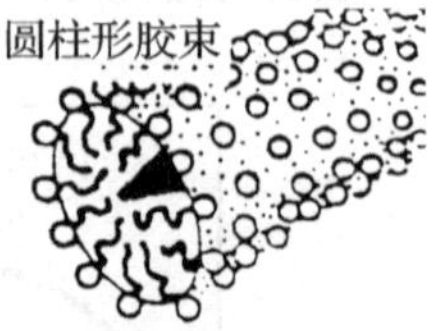
大头(亲水基团)双尾(憎水链) 类脂体,流动链 磷脂酰胆碱(卵磷脂) 磷脂酰丝氨酸 磷脂酰甘油 磷脂酸 (神经)鞘氨酸,DGDG 二-16 基磷酸 二烷基二甲基铵盐	1/2～1	平头锥形 	柔性双层,囊泡 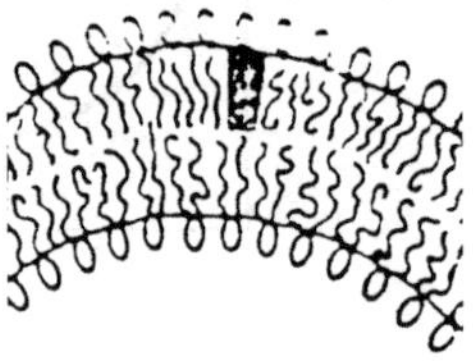
小头(亲水基团)双尾(憎水链) 类脂体,在高盐介质中 阴离子型类脂体,饱和固定链 磷脂酰乙醇胺 磷脂酰丝氨酸钙	～1	圆形柱 	平行双层 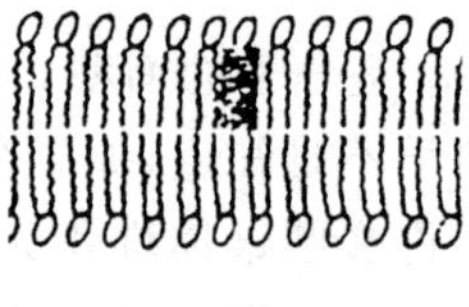
小头(亲水基团)双尾(憎水链) 类脂体,非离子型类脂体, 多个不饱和链(顺),高温 不饱和磷脂酰乙醇胺 心磷脂钙 磷脂酸钙 胆甾醇,NGDG	>1	倒置平头锥形 或是楔形 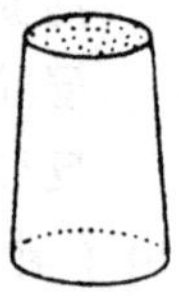	反胶束 

DGDG 二半乳糖基甘油二脂,二葡萄糖糖基甘油二脂

MGDG 单半乳糖基二脂,单葡萄糖糖基甘油二脂

图 11.12　类脂体动态堆积形式及结构

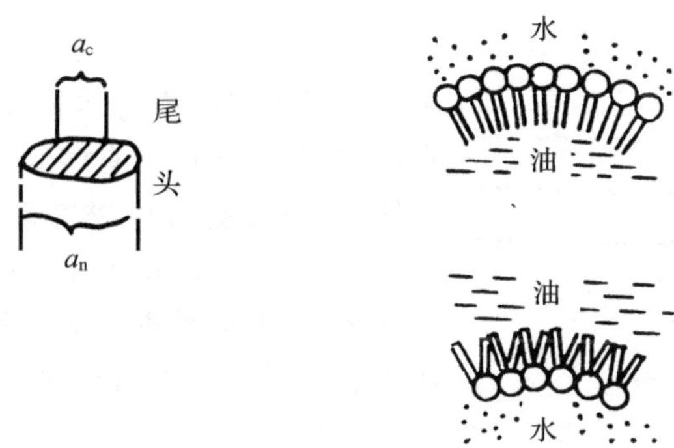

图 11.13　Hildebrand 的乳状液形成理论示意图

11.4.3　自组合过程的耗散结构理论[11~13]

熵与系统的无序度密切相关，系统的无序度愈大，熵愈大，在孤立系统中熵总是增加的，可称为内致熵变 $d_i S$，

$$d_i S \geqslant 0 \tag{11.10}$$

但在开发系统中，除了考虑系统内部熵变外，还应考虑与外界的熵交换，因此

$$dS = d_e S + d_i S \tag{11.11}$$

$d_e S$ 是由于能量和物质交换引起的熵变，其值可正、可负，亦可为零。

对于孤立体系，$d_e S=0$，

$$dS = d_i S \geqslant 0 \tag{11.12}$$

对于平衡体系，可不考虑时间因素，但对非平衡体系存在着平衡过程，应考虑时间(t)因素，在定态时，

$$\frac{dS}{dt} = \frac{d_e S}{dt} + \frac{d_i S}{dt} = 0 \tag{11.13}$$

如果 $d_e S=0$，那么$\frac{d_i S}{dt}$代表在孤立系统内熵增加率，当到达平衡时，$\frac{d_i S}{dt}=0$；如果 $d_e S\neq 0$，那么虽然$\frac{d_i S}{dt}$会不断减少，但不会到 0，而是达到一个最小的$\frac{d_i S}{dt}$，形成一个非平衡定态，在此时，即形成了一个新的稳定的有序结构——耗散结构。有序分子组合体是一个耗散结构的例子。外部的特定环境使两亲分子有序排列起来，因此两亲性是有序排列的依据，外因使内因发生了作用，但一旦排列起来后，就形成了一个新的稳定态——自组装现象。

耗散结构举例：

(1) $T_C > T_D$

均为恒温大热源，可使金属棒中的温度分布恒定，这不是平衡静止态，因永远有热流，但在外界特定的非平衡条件下，体系的非平衡态可以稳定下来，这种定态是以热量不断地从高温热源向低温热源流动的形式不断地向体系 T_C 和 T_D 输入热量和取出热量，如图 11.14 所示。

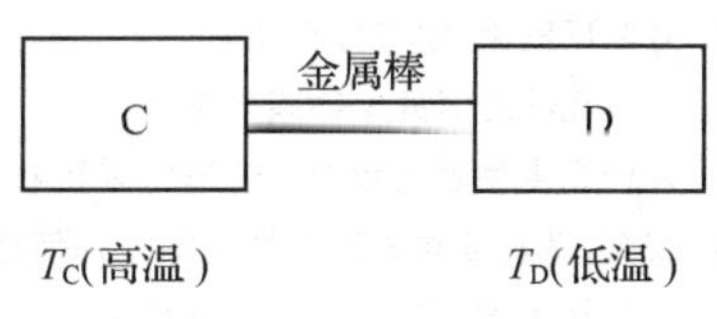

图 11.14　耗散结构举例一

(2)高温下形成磁铁

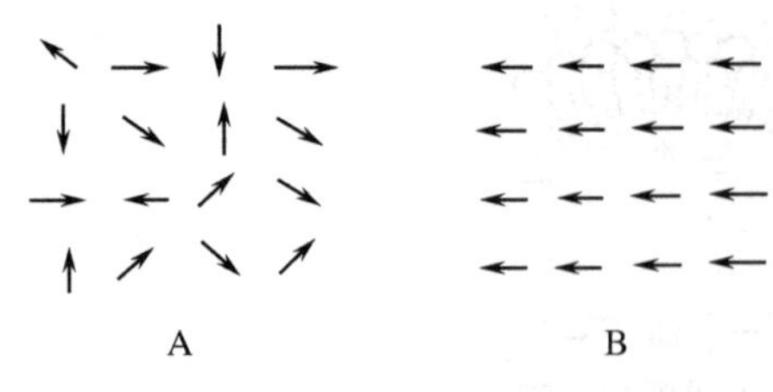

图 11.15　耗散结构举例二

在无任何外磁场下,小磁畴取向是随机的。无组织总磁场强度为零。若升高温度,便于定向、自组织起来,形成了有序结构,一旦形成了有序组织体后,要改变 B 中磁畴取向就困难了。这里外界只升高了温度,增加了小磁畴的动能,并没有强迫其定向,但体系本身的性质决定了自组织现象。居里温度以上会去磁。如图 11.15 所示。

(3)LB 膜

在低的表面压力下,表面活性剂分子如理想气体一样在水面上无规运动。但在外力推动下,分子愈来愈靠拢,分子站起来而且由于憎水链的相吸形成了有序组合体。由于表面活性剂分子间的吸力,可相对长期稳定。如图 11.16 所示。

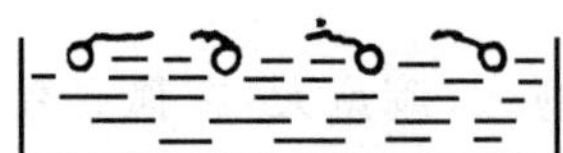

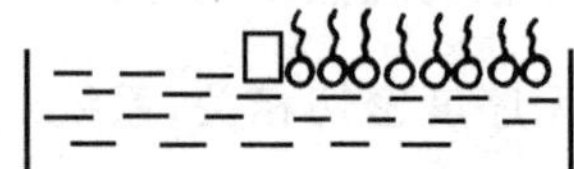

图 11.16　耗散结构举例三

参 考 文 献

[1] Fendler J H, Membrane-Mimetic Approach to Advanced Materials Springer-Verlac BerlinHeidelberg,1994:
中译本:江龙等译,尖端材料的膜模拟,北京:科学出版社,1999

[2] Kunitake T, Angew. Chem. Intl. Ed. Eng. 31,709(1992)

[3] 赵国玺,表面活性剂物理化学,北京:北京大学出版社,1984

[4] 赵剑曦,新一代表面活性剂:双亲表面活性剂,化学进展,11 卷,4 期,348～357,1999

[5] Charych D H, Nagy J O,Spevak W, Bednarski M D, Science, 29,8188(1996)

[6] Ma J F, Li J R, Liu M H, Cao J, Zhou Y, Tu J, Jiang L, J. Amer. Chem. Soc. Vol. 120, 48, 12678～12679 (1998)

[7] Okahata Y,Acc. Chem. Res. 19:59 (1986); Okahata Y,Ariga K,Seki T,J. Am. Chem. Soc,110:2495(1988)

[8] Langmuir I, J. Am. Chem. Soc., 1917, 39, 1848

[9] Israelachvili J N, Mitchell D J, Nirham B W, J. Chem. Soc., Faraday Trans. Ⅱ, 72,1525～1568(1976)

[10] 厚木藤基著,陆志宏,吕克明译,应用胶体化学,上海:商务印书馆,1952

[11] 高月英,戴乐蓉,程虎民,物理化学(生物类),北京:北京大学出版社,2000

[12] 徐道龙,方福康,耗散结构,中国大百科全书,物理学,北京:中国大百科全书出版社,524f,1987

[13] Prigogine I. 著,徐锡申译,不可逆过程热力学导论,北京:科学出版社,1960

习 题

1. 何谓反胶束,它有什么用?
2. 举出几种可形成生物膜的类脂。
3. 为什么生物膜或脂双层膜通常采用双尾表面活性剂?
4. 胶束、微乳液和乳浊液的主要差别何在?
5. 体积临界堆积参数的定义是什么?
6. 试举出一种泡囊的制备方法。

第十二章　不溶性单分子膜与纳米组装

12.1　气/液界面单分子膜——Langmuir 膜

不溶性单分子膜指不溶性表面活性剂在水/气界面上所形成的膜。1917 年，Langmuir 研制了 Langmuir 天平[1]。1935 年，Blodgett 发表了将单分子膜转移到固体表面上的技术[2]，即 LB 膜技术，为单分子膜的定量研究提供了有力的武器。这种研究对于理解表面上分子之间的相互作用、对于理解表面分子与体相分子的相互作用、对于理解表面膜的形态、力学性质与功能都是十分重要的。20 世纪 60 年代末，由于分子电子学、纳米电子学和纳米技术的发展，Langmuir-Blodgett 技术成为一种实用的纳米组装技术，得到了极大的发展。

历史

1774 年	Franklin	1 茶匙油使 1 个半英亩的池塘平静。
1890 年	Rayleigh	油酸可制止樟脑在水面上的运动[3]。
	Pockels	发现水面上铺展的脂肪酸分子的面积在达到 $0.2nm^2$ 以前，脂肪酸的表面张力变化很少，Rayleigh 解释为在此点时表面上的物质彼此紧挨[4]。
1917 年	Langmuir	研制了 Langmuir 天平，提供了定量研究这种膜的有力武器，极大地推动了表面活性剂和单分子膜的研究。他发现 C_{14}～C_{26}酸的极限面积均为 $0.2nm^2$ 分子。这一结果说明分子在表面上是垂直定向的。根据相对分子质量和体积密度可算出体积。使我们可以算出分子长度。虽然后来的实验证明实际上不是垂直，而是 30°倾斜于法线，但仍然是一个极大的进步。

12.2　研究单分子膜实验技术

12.2.1　π-A 曲线

$$\pi = f(t); \quad A = f(t)$$

表面压 π 是由表面活性剂分子运动对 Langmuir 槽的四边所造成的二维压力，如同气体分子的运动对容器所造成的压力一样，服从 $\pi A = nRT$ 二维公式。π 可由测量表面张力测得，π 等于 $\sigma_0 - \sigma$，即纯溶液的表面张力减去加入表面活性剂后溶液的表面张力。在压缩单分子膜时，表面浓度增加，表面张力下降，因而表面压也增大。自 Langmuir 研制了他的第一台 Langmuir 槽以后，为了要发展 LB 膜技术，进行了许多改进。图 12.1 介绍了一些单层和多层沉积的仪器原理图[5]。虽然现在已经有很多市售的仪器，可以很快地测出数据，但其关键在于试验操作要十分仔细，例如仪器的清洁、液面的清洁、压缩的速度、溶液的配置等，在 Adamson 所著的表面的物理化学[6]一书中，有着较详尽的描述。其

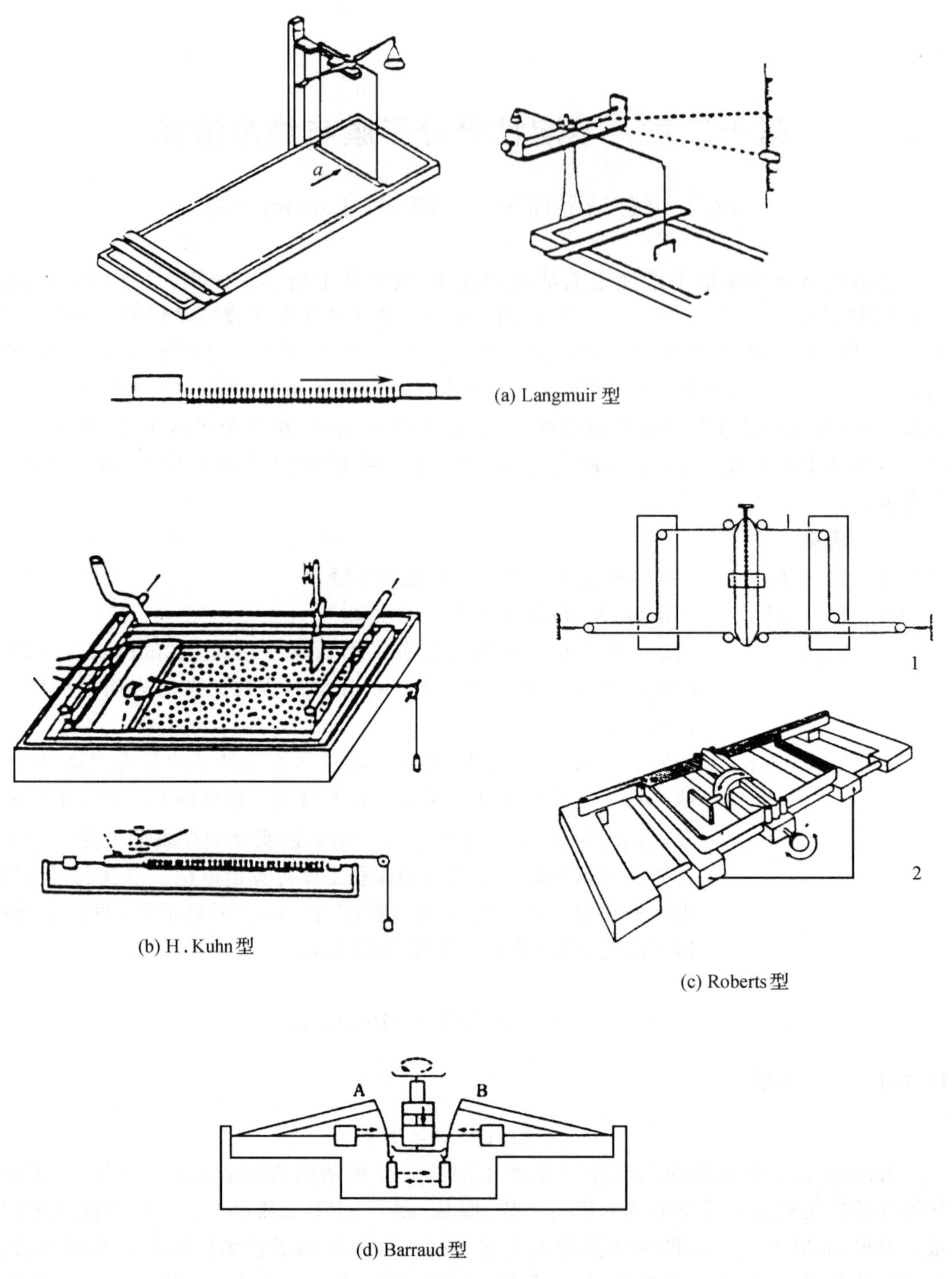

图 12.1 一些单层和多层沉积的仪器示意图

中最重要的是:清洁表面和将膜控制在表面内。若盆是以金属或玻璃制成的,则需涂以石蜡、漆等以保证大的接触角;如果高出盘边,则意味着表面没有表面活性剂的污染。在过去，测力装置使用扭丝、镜子和悬挂浮障的系统。浮障本身是一个薄的窄条，是由涂了塑料的云母、铜或是聚四氟乙烯条做成的，能在水面上自由漂浮，在浮障两端与浅盘中间的间隙用薄箔或图塑料片封闭，要既能防止膜的外逸，又不妨碍浮障的自由移动，另用一根硬金属丝将浮障和扭丝相连，通过此金属丝可对浮障施以力，浮障还与带有镜子的第二根金属丝相连，因此只要浮障一旦移动，就会带动镜子转动，利用镜子的反射光点之位移可精确测量移动的距离。现代的膜天平多半利用 Wilhelmy 吊片来测力，因其不仅不用复杂的浮障，而且也保证了压缩速度的稳定、平滑。其基本原理是建立在测量表面张力的基础上的，即表面压 π 等于 $\sigma_0-\sigma$。，因此只要测定膜的表面张力的变化，即可求出 π。

膜天平的另一个主要组成部分是压缩表面的装置——滑障。滑障可通过长的滑障螺旋推进器使其横越整个浅盆，从而改变表面压和表面积。

精确的研究需将膜天平置于空气恒温箱中，所有的控制都可在箱外操作。测定步骤一般如下：先将浅盘盛满基底液，并使系统逐渐达到热平衡。浅盘应当很浅以防止热的对流。液面的清洁是十分重要的。在利用 Wilhelmy 吊片的仪器中，可用滑障多次压缩表面，并利用吸管和热水反复地清洁表面，直至表面张力恒定为止。

表面成膜物称重很不方便，因只有十分之几毫克。通常将欲研究的物质溶于某种挥发性溶剂中，如苯或石油醚，然后小心地将一定量的溶液加到浮障前的表面上。待溶剂挥发之后，在浮障和滑障（其位置远在浅盘的末端）之间的表面上留下了待研究的成膜物。

利用 Langmuir 天平，我们可以研究压缩速度变化对 π 的影响、温度变化对表面压的影响、测量恒定面积下力的变化、膜的各种表面特性与转移特性等。图 12.2 和图 12.3 表示了不同类型物质的 π-A 曲线。

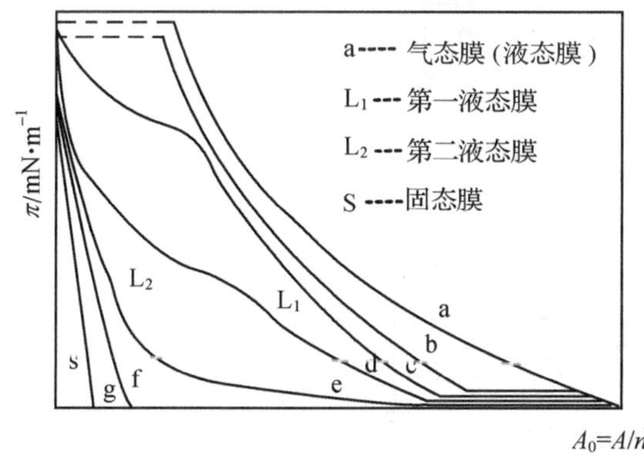

图 12.2 不同类型物质的 π-A 曲线

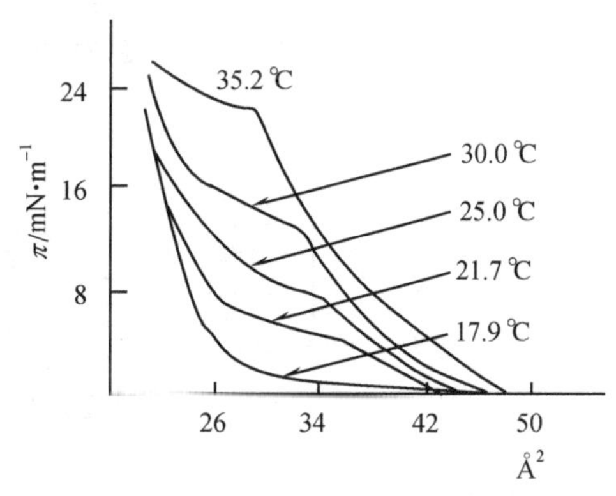

图 12.3 温度对十五酸 π-A 曲线的影响

表面膜的状态方程式：

在低浓度时，$-\mathrm{d}\sigma/\mathrm{d}c$ = 常数，而且在有表面活性时，$-\mathrm{d}\sigma/\mathrm{d}c$ 为正值。

$$\mathrm{d}\sigma/\mathrm{d}c = -(\sigma-\sigma_0)/c \text{ 一常数}$$

以 π 代表 $\sigma_0-\sigma$

则
$$-\mathrm{d}\sigma/\mathrm{d}c=\pi/c=\text{常数}$$

代入 Gibbs 式：

$$\Gamma = -c/RT \cdot d\sigma/dc = \pi/RT = \pi/N_A kT \tag{12.1}$$

$$\text{或}\ \pi/\Gamma N_A = kT \tag{12.2}$$

ΓN_A 为单位面积上的分子数，$1/\Gamma N_A$ 为每个分子所占面积（活动范围，不是分子的大小！），以 a 表示。得

$$\pi a = kT \qquad \text{相应于} \qquad pV = RT$$

$$\pi A = RT \qquad\qquad \pi A_N = nRT \tag{12.3}$$

(12.3)式是二维空间理想气体方程式，式中，A 为 1mol 分子所占面积，A_N 为放入 $n$mol 物质所占体积，n 为物质的量，$A = A_N/n$ 为每摩尔分子所占面积。

在表面活性剂浓度高时，仿照理想气体方程式，可得式(12.4)：

$$(\pi + b/A^2)(A - A_0) = kT \tag{12.4}$$

式中，b 与分子吸引力有关，A_0 为极限分子面积。

12.2.2 表面电势

测定表面电势的方法有两种：

方法(1)：放射法。涂有放射性元素 P_0 和 A_m 的电极，使空气电离，导电。

E 为 Ag/AgCl 电极，G 为超高电阻伏特计。

方法(2)：振动电极法。小盘振动，电容变化。

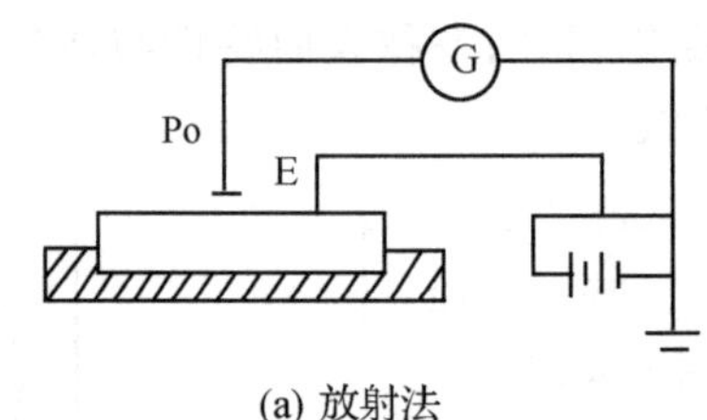

(a) 放射法

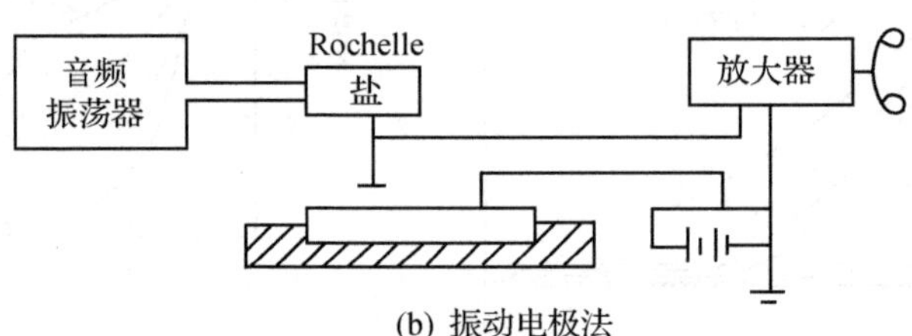

(b) 振动电极法

图 12.4 表面电势测试装置

利用电容器公式：

$$\Delta V = 4\pi\sigma d/D \tag{12.5}$$

每个分子有偶极矩 μ

$$\sigma d = ned = n\mu = n\mu\cos\theta \tag{12.6}$$

设 D=1

$$\Delta V = 4\pi\mu n\cos\theta \tag{12.7}$$

θ 为偶极矩的实际方向与垂直方向的倾斜角。实际情况更复杂，因为磁力线不是直线的，

但原理的意义很清楚，可用以测定分子在表面上的取向。

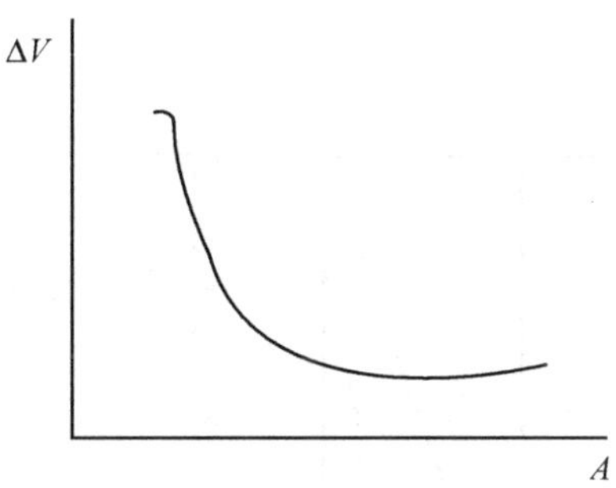

图 12.5　ΔV-A 曲线示意图

12.2.3　荧光显微镜

荧光显微镜是在单分子膜或者介质中结合了荧光物质，在荧光显微镜下安置 Langmuir 槽，可观察到在压缩过程中畴(domain)的形成过程[7]。

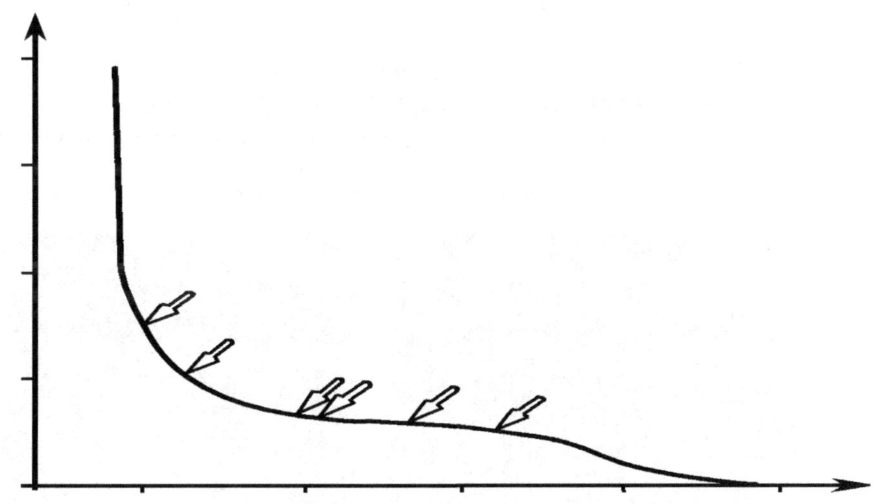

DMPA(含 2.5mol%的荧光探针染料在 pH 值 5.5 温度 26.5℃)单分子膜

图 12.6　表面分子聚集体——畴(domain)的形成过程(视野——250μm　分辨率——2μm)

12.2.4　Brewster 显微镜

Brewster 现象是当偏振光通过两种透明介质分界面时，在某一角度时，在反射光中没有平行入射面的偏振光(P 偏振)，而只有垂直入射面的偏振光(S 偏振)。这一入射角度称之为 Brewster 角，是 Brewster 在 1815 年发现的，对于 $n=1.50$ 的玻璃，其入射角为 57°，也就是说，在反射光中看不到 P 偏振，但一旦分界面上有单分子膜，其折光系数发生变化，即可看到发生偏振产生的影像，原理如图 12.7 所示。1991 年左右，法国 Meunier[8] 和德国的 Moebius[9]利用这一原理，在不同的试验装置上观察到了单分子膜的形态，图

12.8 表示出一些物质的 Brewster 图。与荧光显微镜一样，Brewster 角不能观察到分子图像，只能看到大聚集体。

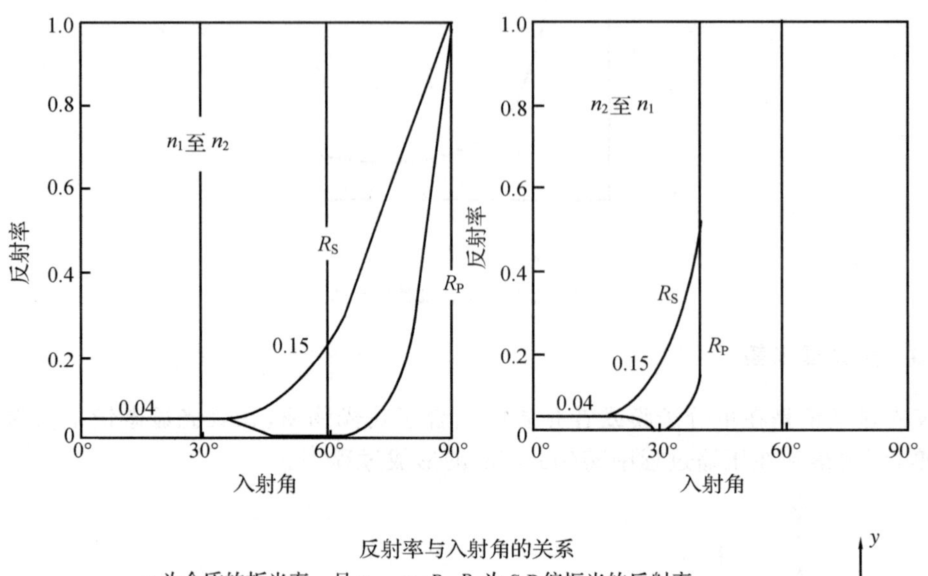

反射率与入射角的关系

n_1,n_2为介质的折光率，且$n_2 > n_1$；R_S,R_P为S,P偏振光的反射率

P平行于入射面(XY面)，S垂直于入射面(XZ面)，对n=1.50的玻璃，i_P=57°

图 12.7 Brewster 角显微镜原理图

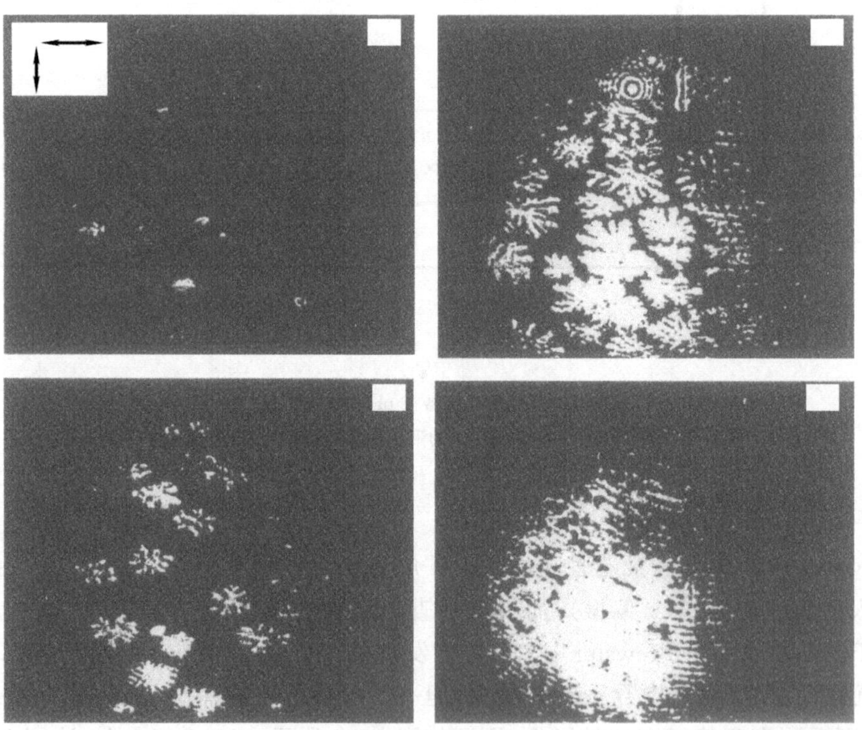

图 12.8 DMPE 单分子膜 Brewster 角显微镜图像

12.2.5 界面流变

利用界面流变方法可以测出单分子膜的黏弹性，方法见第十四章。

12.2.6 表面光谱，能谱

此外，我们还可以测出在水面上单分子膜的紫外、红外、小角散射光谱等，对单分子膜的结构进行研究。

12.3 单分子膜技术在科学研究上的应用

12.3.1 分子结构的测定，分子面积，分子间相互作用

许多功能膜和仿生膜是多组分的，单分子膜技术可研究各组分之间的相互作用。对于膜中各组分，虽均匀混合但无相互作用或完全不互溶情况，在 π 恒定时，面积具有加和性，如图 12.10 所示的直线，如果相斥，则其面积大于理论值，如果相吸，则其面积小于理论值。

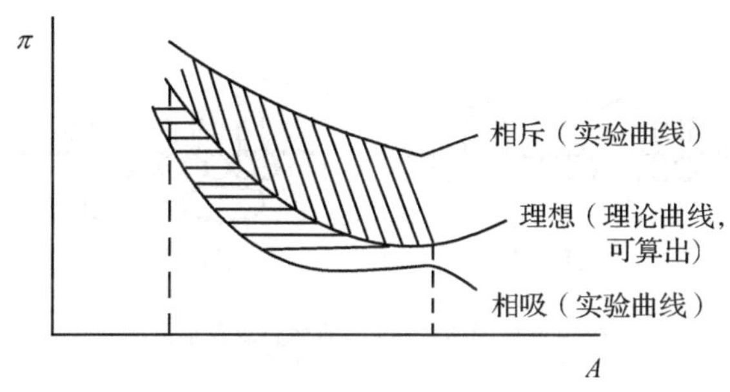

图 12.9　不同类型混合膜的 π-A 曲线

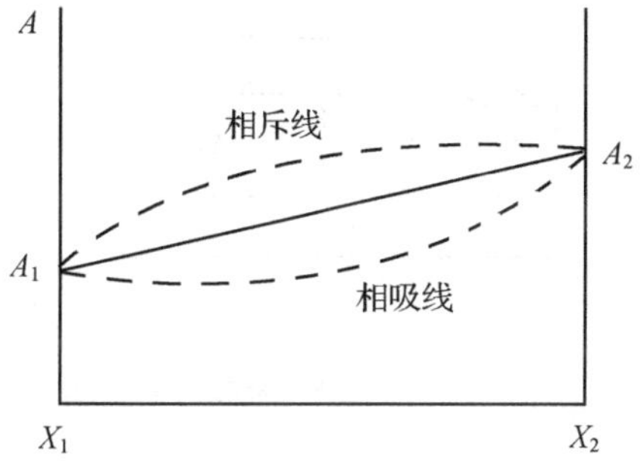

图 12.10　二组分单分子膜的面积与组分关系图

根据 π-A 曲线，可算出

$$A_m = A_1 X_1 + A_2 X_2 \tag{12.8}$$

式中，A_m 为平均面积。

混合的过剩自由能

$$G_{XS} = \int_{\pi_0}^{\pi} (A_{12} - A_m) d\pi \tag{12.9}$$

π_0 即指在极低 π 时，分子间无相互作用，此时膜为理想膜。

由图 12.11 可以看出，$C_{18}H_{37}SO_4Na$ 和 $C_{18}H_{37}N(CH_3)_3Br$ 是相吸的，而且有一最好的配比点，而 $C_{18}H_{37}$ 和 $C_8F_{17}OC_2F_4SO_3Na$ 是相斥的，而且在某一配比点相斥最厉害。

另一种可利用 π-A 曲线来研究的分子之间的相互作用叫穿透作用或插膜作用(penetration)，即基底中一些表面活性的组分会进入展开的单分子膜中，例如当亚相中含有低相对分子质量的醇或酸时，则长链胺或所形成的单分子膜会明显的扩张，穿透现象可用来

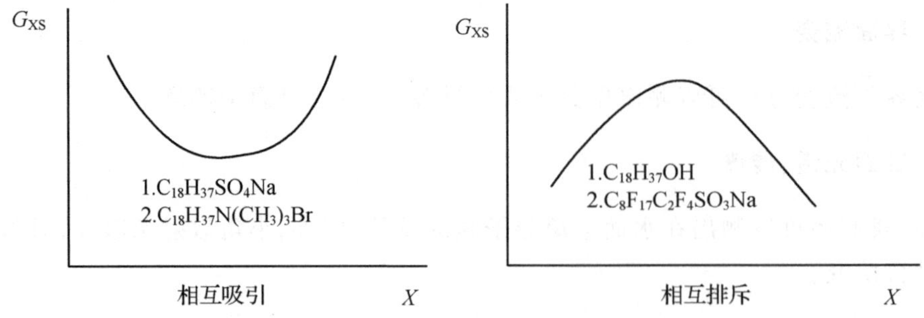

图 12.11 混合单分子膜的自由能与混合物物质的量的关系

研究蛋白质的插膜现象，研究表活剂与蛋白质相互作用，当表面铺满分子时，亚相中的分子无法钻入，其表面压不会随时间而增加，而在表面未铺满时，则有穿透(或插膜)现象，使膜的表面压增加 π，将最后到达的 π 减去起始表面压 π_0，可得 $\Delta\pi$，以 $\Delta\pi$ 对 π_0 作图，并延伸至横轴，可得插膜开始的阈值 π_t。

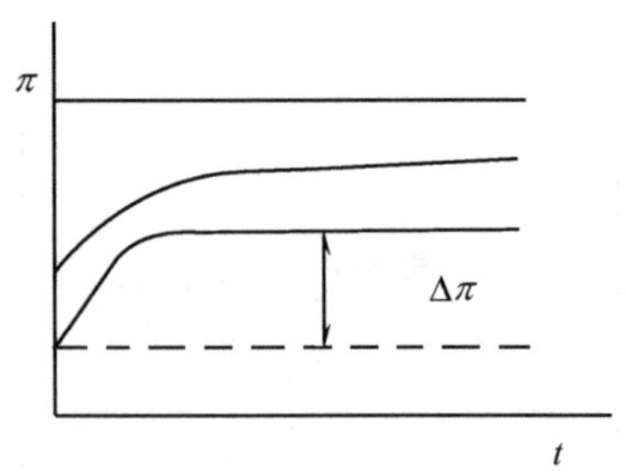

图 12.12 不同 π 值下的插膜的 π-t 曲线

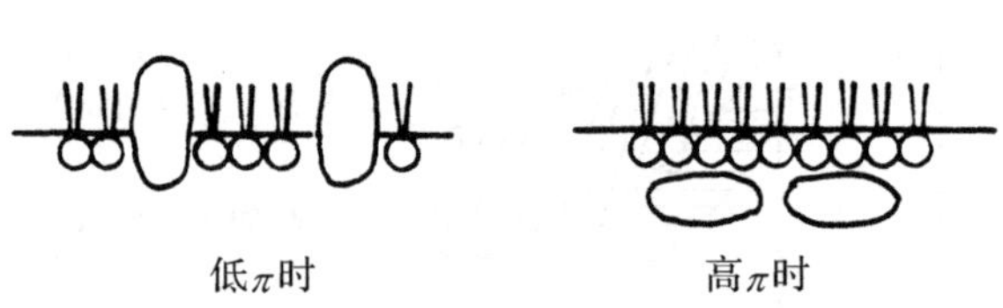

图 12.13 不同 π 值下的插膜现象示意图

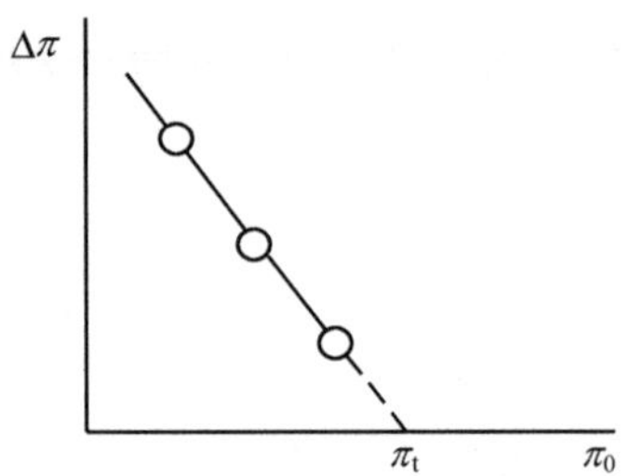

图 12.14 插膜阈值 π_t 的求得

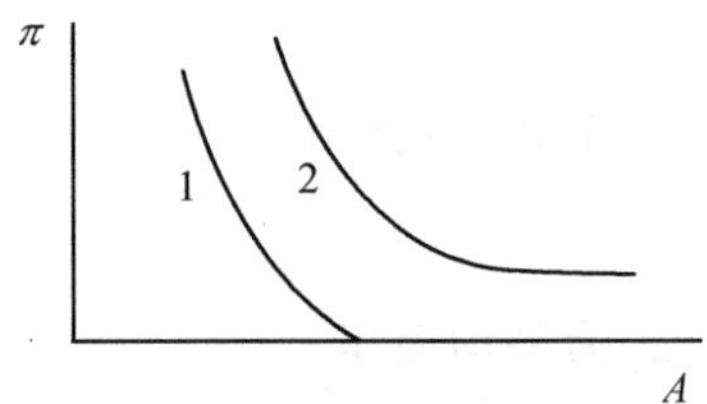

图 12.15 类脂在被蛋白质插膜前后的 π-A 曲线

1. 插膜前类脂；2. 插膜后类脂+蛋白

12.3.2 高分子相对分子质量的测定

严格来说，π-A 曲线方程式值只适用于气态膜，因此只适用于一些小相对分子质量高分子的相对分子质量的测定。

$$\pi(A - nA_0) = nRT = WRT/M \quad (\text{单分子气态膜}) \tag{12.10}$$

$$\pi A = nA_0\pi + WRT/M \tag{12.11}$$

式中，A 为膜面积，A_0 为 1mol 成膜物本身面积，n 为成膜物质物质的量，以 πA 对 π 作图，其截距为 WRT/M，斜率为 nA_0，可求出 M 和 A_0。

本法适用于 $M<25\,000$ 的成膜物质，其优点是所用的样品量少。

如不考虑分子本身所占面积，可用下例说明相对分子质量的求法。

例： 18°C 时，测胰岛素在水中的单分子膜表面压 π 与表面浓度 c 的数据如下：

$\pi\times10^3/\mathrm{dyn\cdot cm^{-1}}$	5	10	15	20	28	50	62	80
$c/\mathrm{mg\cdot m^{-2}}$	0.07	0.12	0.16	0.20	0.23	0.30	0.31	0.34

此体系的表面状态方程式为 $\pi A=RT$，（A 表示 1mol 的铺展物在膜表面所占的面积）。由以上数据计算胰岛素的相对分子质量。

解：

$$\pi A = RT$$
$$M = RT/\pi a$$

M 为相对分子质量。

或可写为 $$a=1/c$$

a 为单位物质（例如 1 克）在表面所占面积。

在 $\pi\to0$ 时，可求相对分子质量。以 π/c 对 π 作图，得一直线，外推至 $\pi=0$

$$\left(\frac{\pi}{c}\right)_{\pi\to0} = 5.8\times10^5\ (\mathrm{dyn\cdot cm^2/g})$$

$$M=\frac{8.31\times10^7\times291}{5.8\times10^5}=4.2\times10^4\mathrm{g/mol}$$

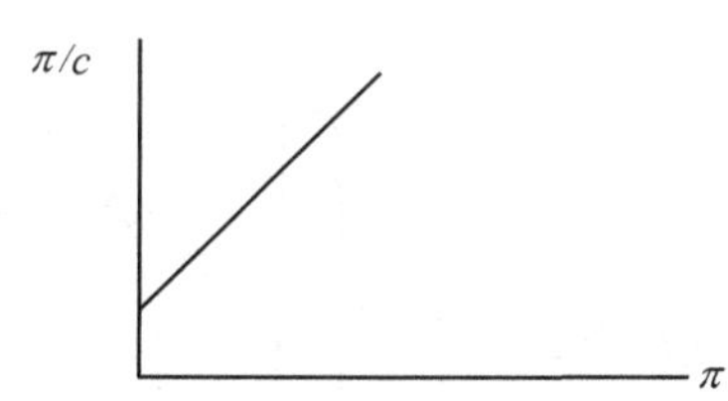

图 12.16 利用 π/c-π 曲线求高分子的相对分子质量

12.3.3 透过单分子膜的蒸发速度的测定

利用单分子膜，可以研究不同单分子膜防止蒸发的能力。

实验时，水面上放一小盒，盒中放干燥剂，通常为 LiCl，盒底为丝织的屏或其他多孔板，测盒重的变化。

水的吸收速度为 m/tA g/(s·cm^2)，倒数为水的蒸发阻力 R，也可用 τ 表示，$\tau=\frac{tA}{V}$(s/cm)。如考虑有膜与无膜，则 R 为

$$R = kA[(t/m)_f-(t/m)_w] \qquad (12.12)$$

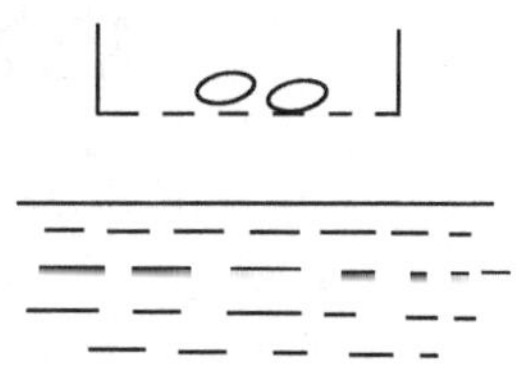

图 12.17 测量膜的防止蒸发能力的装置原理示意图

下标 f 为有膜时，w 为无膜时，$k=(c_w-c_d)$，c_w 为无干燥

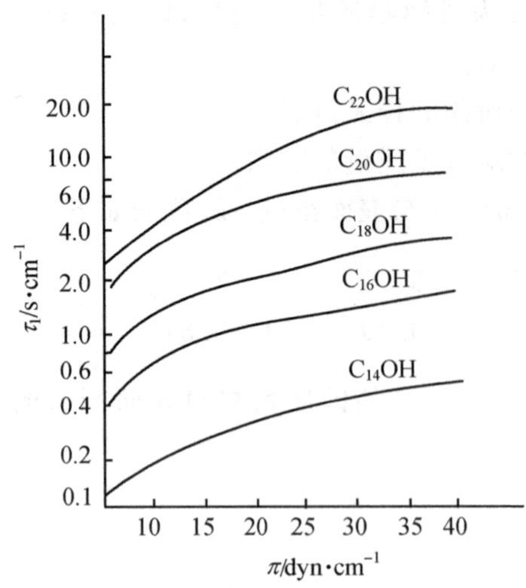

图 12.18 25℃时正脂肪酸的烷烃链长对水蒸发速度的影响

剂时水蒸气浓度，c_d 为有干燥剂时水蒸气浓度。

LaMer 等证明，在高膜压力下蒸发速度下降可达 60%～90%。图 12.18 表示在 25℃时正脂肪酸的烷烃链长对水蒸发速度的影响。

12.3.4 研究表(界面)反应

不同 π 时分子的取向不同，可以利用这一事实，进行不同取向分子的反应(如光聚合)，从而得到不同的反应物。由于在界面上分子的定向排列不同，在反应中可得到不同的聚合物，这是体相反应，如图 12.19 所示[10]。

12.3.5 制备有序蛋白质超分子结构[11]

Ringsdorf 在 Biotin 类脂单分子膜下吸附带有荧光标志的蛋白质，可以观测到在单分子膜下蛋白质的有序排列，见图 12.20。

Lang 和 Fromherz 发展了一种三槽法。单分子膜从第一槽的亚相上转移到第二槽的清洁亚相表面上，然后转移到第三槽的亚相上，与亚相中的物质作用。此方法可以用来研究单分子膜与亚相中的 DNA 和酶的相互作用[12,13]。

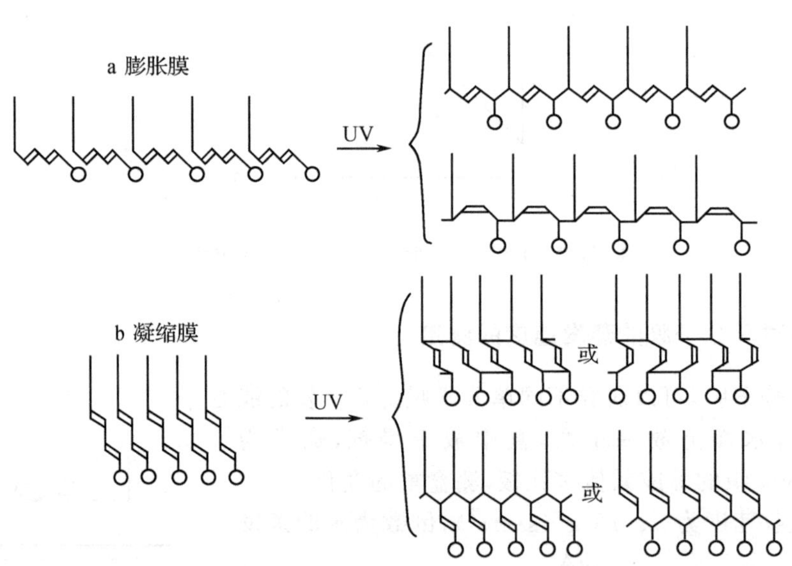

图 12.19 联乙炔单体的光聚合
a. 低 π 下；b. 高 π 下

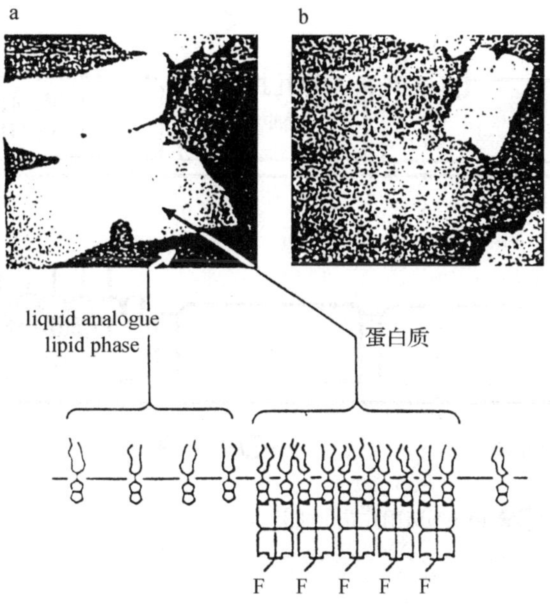

图 12.20　在单分子膜下制备有序蛋白质超分子结构

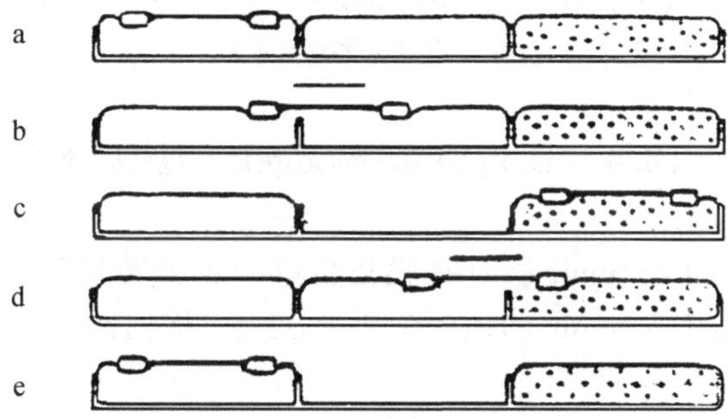

图 12.21　Fromherz 法制备仿生膜复合体

12.3.6　制备超细颗粒

在单分子膜下可以形成纳米颗粒/银的办法，即花生酸单分子膜下面放置 $AgNO_3$，使之先形成 RCOOAg 然后在 NH_2NH_2 溶液中使之还原成银颗粒，也可利用 Fromherz 的原理，将形成 RCOOAg 和还原 Ag 分别置于二槽中进行，这种方法可制成尺寸为 2～10nm 的亲水颗粒[14]。

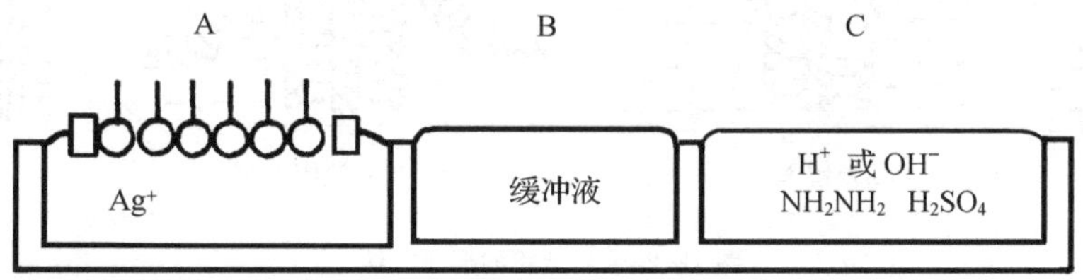

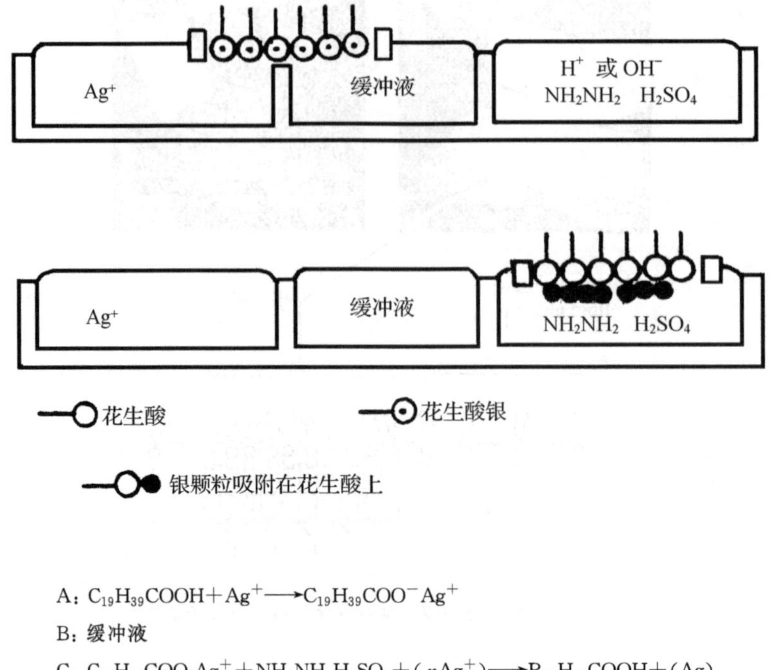

图 12.22 三槽法制备纳米颗粒

12.4 Langmuir-Blodgett 薄膜(LB 膜)

单分子膜又称为 Langmuir 膜，LB 膜是将单分子膜转移到固体载体上的膜，可多层，可单层，是 1935 年由 Langmuir 和他的学生 Blodgett 提出的，故称之为 Langmuir-Blodgett 膜，简称为 LB 膜。

12.4.1 Langmuir-Blodgett 薄膜的制备

图 12.23 表示了一种在憎水基板上沉积 LB 膜的办法，即在表面铺以单分子膜，使之紧密堆积。步骤一、将憎水基板由上至下插入单分子膜中，步骤二、此时表面膜中憎水端附着在基板上，而使基板亲水，当将板从水面向上拉出时，表面层中分子的亲水基团附在

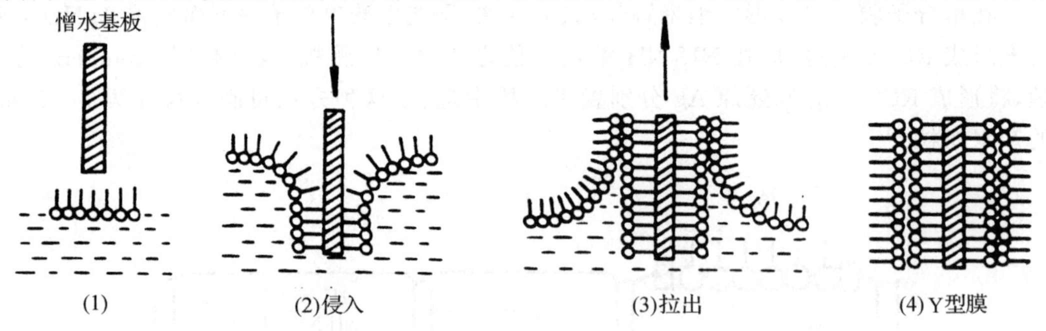

图 12.23 Y 型膜的形成方法

基板的表面，形成了憎水基团在外面的双层膜，即所谓的 Y 膜。如果我们将亲水基板放在溶液中，然后将在水中已形成好的单分子膜拉出液面，然后再浸入水中，则可形成亲水的 Y 型膜，在水中稳定。

通常把 LB 膜分成 X、Y、Z 三类，如图 12.24 所示，读者一看便知，X 和 Y 型都是不稳定的，但如果对其头尾的大小加以调整，是可以办到的。除去上述的垂直法累积膜法外，由 Schaefer[15] 先提出，Fukuda[16] 加以改进地发展了水平附着累积膜法，见图 12.25 即将基板水平放置，平放在已隔离的一段膜上，将其粘起可得 X 或 Y 型膜。

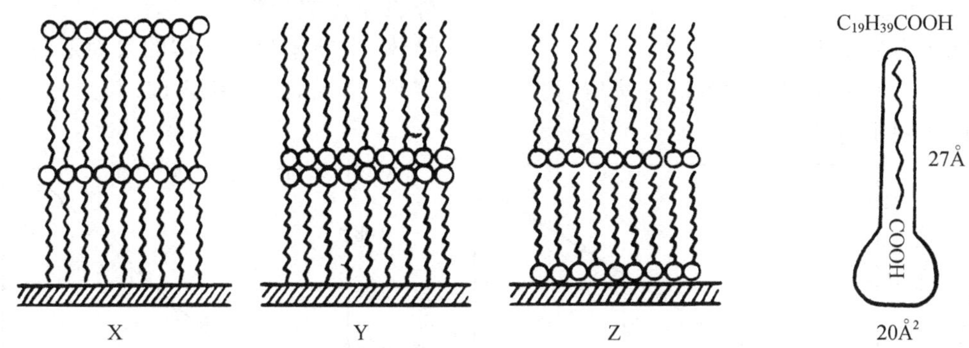

图 12.24 不同类型的 LB 膜示意图

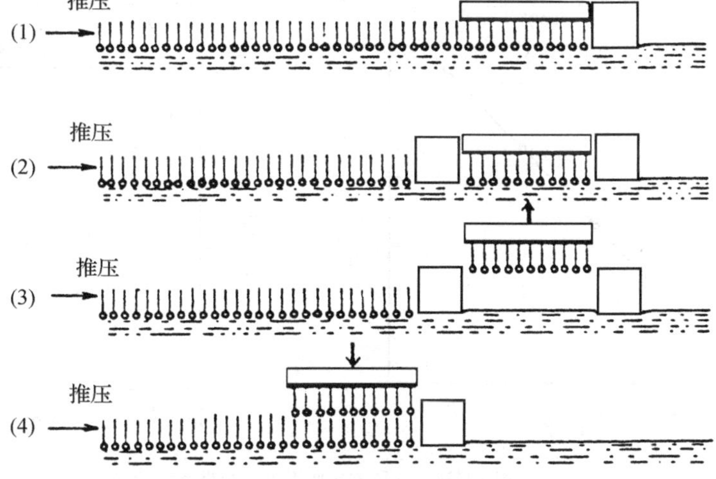

图 12.25 Fukuda 的水平附着累积膜法

12.4.2 表征 LB 膜的一些技术

偏振法	膜厚，光学指数
光学显微镜	形态，畴结构，缺陷
电镜(TEM，SEM)	微表面结构
扫描隧道显微镜(STM)	原子水平的表面结构
X 射线或电子衍射	分子堆积，层间距
X 射线或中子衍射	结构次序

近边缘 X 射线精细结构(NEXAFS)	原子键态
顺磁共振	微分子定向程度
红外与拉曼光谱	化学组成与分子定向
紫外,可见光谱	电子结构与发色基团定向
紫外,光电子能谱(UPS)	膜的电子结构
X 射线光电子能谱(XPS)	原子组成与深度剖面
二次离子质谱(SIMS)	原子组成与外层结构
Penning 离子谱	外表面化学结构
原子力显微镜	导体、半导体和非导体的表面形貌

图 12.26 表示出几种测试方法所得出的测试结果,结果表明,多层 LB 膜是一个非常有序的排列组合体[17]。

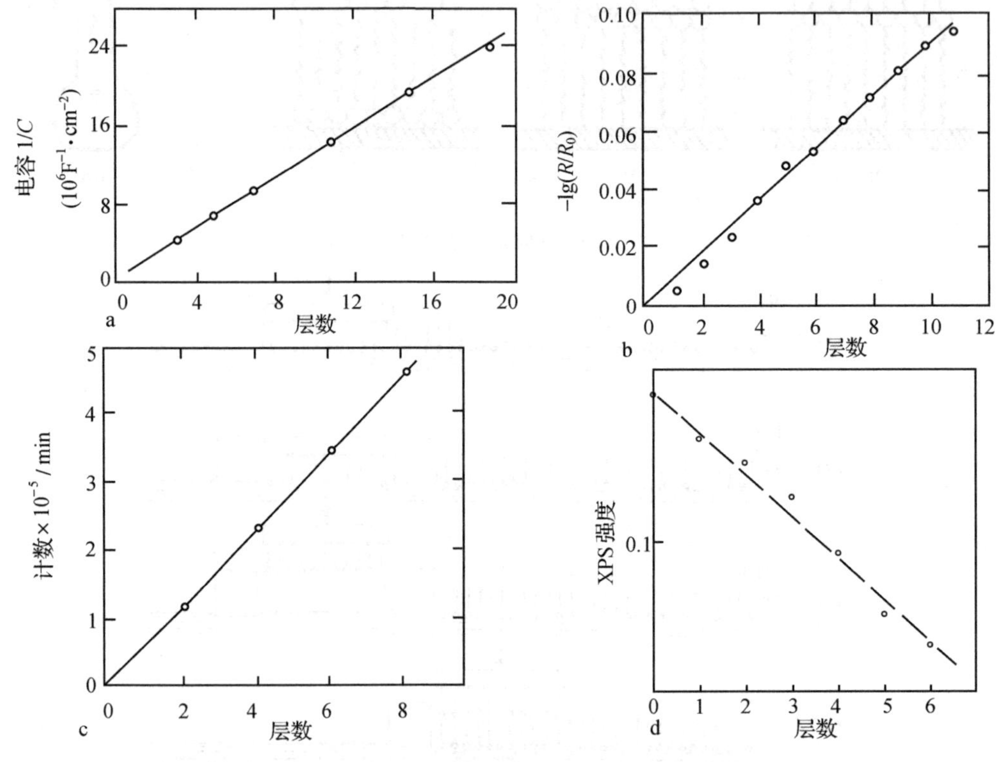

图 12.26 几种方法所得出的结果

a. 花生酸镉/铝的电容倒数与层数的关系; b. 花生酸镉/铝的红外峰强度(在 $1432cm^{-1}$处)与层数的关系; c. 标记 C^{14}的脂肪酸钡的β射线强度与层数的关系; d. 二甲基花生酸镉/银的 XPS 强度与单分子层层数的关系

12.4.3 LB 膜应用举例

在 20 世纪 60 年代以后,由于信息、材料及生物技术的进一步微型化,对于分子组装技术有更多的期望与要求,因此报道了许多利用 LB 膜的原型组装器件,LB 膜应用的领域遍及很多方面,如可应用于光刻、绝缘、MIS、MOS、电极修饰、非线性光学、光烧孔、光存储、光开关、光二级管、生物传感器、化学传感器、多层材料等方面。下面我们介绍几个应用实例。

1. LB 膜在电学上的应用

绝缘层和电子束抗蚀体。在固体上形成的超薄膜，具有致密、超薄等特点，加上 LB 膜是有机膜，因此是做成超薄绝缘体的理想材料。它可以被用来做 MIS 和 MIM 中的绝缘膜。

(1) MIS 和 MIM 的绝缘层

利用 LB 膜可在许多金属表面形成绝缘层，尤其在难形成氧化膜的金属上。日本 Fowler 将 NEC 使用于 GaS 和 InP 上。InSb，(Hg-Cd)Te 可用于远红外探测器，还可用于分子电容器、电阻等。不同 LB 膜的耐热性为：硬脂酸 72℃；双炔聚合 230℃；酞菁(phthalocyanine)400℃。人们还可以通过聚合提高膜力学强度。

(a) 庚酸乙酯

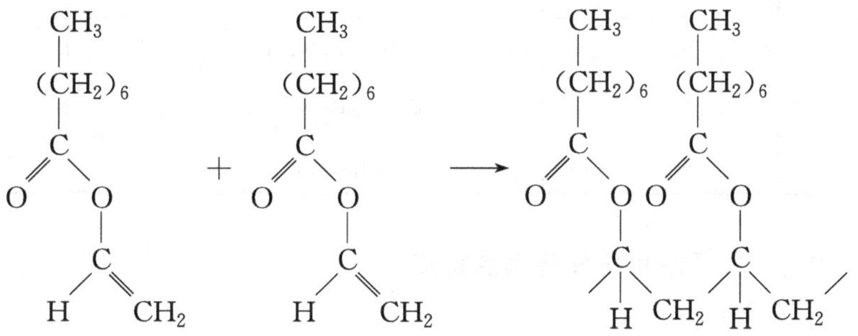

$$CH_3(CH_2)_6COOCH{=}CH_2 + CH_3(CH_2)_6COOCH{=}CH_2 \longrightarrow \left[-CH(OOC(CH_2)_6CH_3)-CH_2-\right]_n$$

(b) 双炔类

$$CH_3(CH_2)_{11}-C{\equiv}C-C{\equiv}C-(CH_2)_8-COOH + CH_3(CH_2)_{11}-C{\equiv}C-C{\equiv}C-(CH_2)_8-COOH \longrightarrow \left[-C(R)=C(R')-C{\equiv}C-\right]_n \quad (R = (CH_2)_{11}CH_3,\ R' = (CH_2)_8COOH)$$

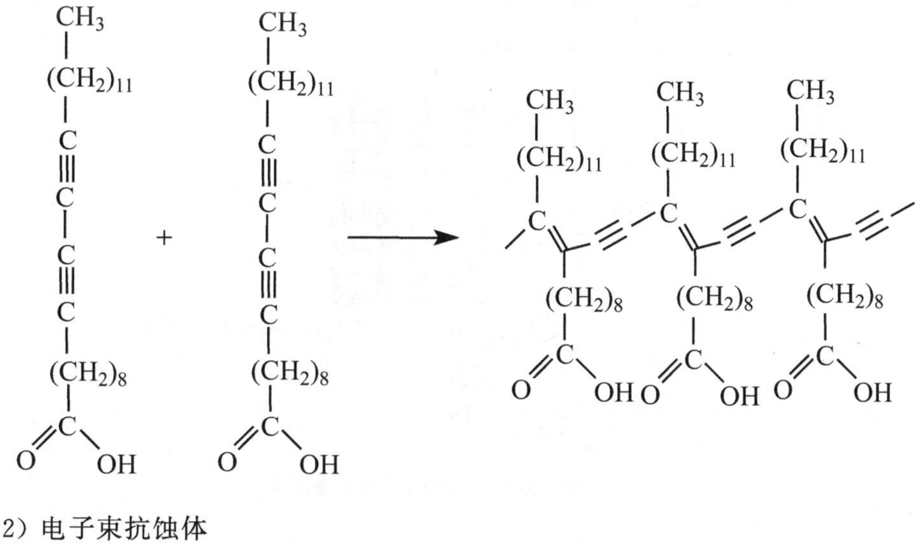

(2) 电子束抗蚀体

高分子掩膜　　0.5～1μm 厚无针孔

LB 膜　　100Å　无针孔　(0.01μm)

使用 ω-23 烯酸 LB 膜，多层，在 450Å 厚时，分辨率 600Å(0.06μm)

使用 ω-18 烯酸 LB 膜，多层，在 450Å 厚时，分辨率 500Å(0.05μm)

ω-23 烯酸

$$\begin{array}{c} H\quad H \\ \diagdown\ \diagup \\ C \\ \| \\ CH \\ | \\ (CH_2)_{20} \\ | \\ C \\ \diagup\!\!\!\!\!=\ \diagdown \\ O\quad OH \end{array} + \begin{array}{c} H\quad H \\ \diagdown\ \diagup \\ C \\ \| \\ CH \\ | \\ (CH_2)_{20} \\ | \\ C \\ \diagup\!\!\!\!\!=\ \diagdown \\ O\quad OH \end{array} \longrightarrow \begin{array}{c} H\quad H \\ \diagdown\ \diagup \\ C \\ \| \\ CH \\ | \\ (CH_2)_{20} \\ | \\ C \\ \diagup\!\!\!\!\!=\ \diagdown \\ O\quad OH \end{array} \begin{array}{c} H\quad H \\ \diagdown\ \diagup \\ C \\ \| \\ CH \\ | \\ (CH_2)_{20} \\ | \\ C \\ \diagup\ \diagdown \\ O\quad OH \end{array}$$

表 12.1 不同类型高分子掩膜的性能比较

抗蚀体	类型	灵敏度	反差
PMMA	正	低 50～100$\mu C/cm^2$	4～6 高
EPB	负	高约 1$\mu C/cm^2$	0.6 低
LB 膜	负	高约 1$\mu C/cm^2$	3 高

具有高灵敏度、高反差和高分辨率的特点。

2. H. Kuhn 的分子开关[18]

图 12.27 表示出一个由染料 LB 膜组成的光开关，D 染料是敏感染料，只有 D 才能被光激发出电子，将电子转移到染料 E 上，从而使电池通电；一旦 pH 值变小，就变成 DH^+，而 DH^+ 不能被光激发出电子，电池就不通电。

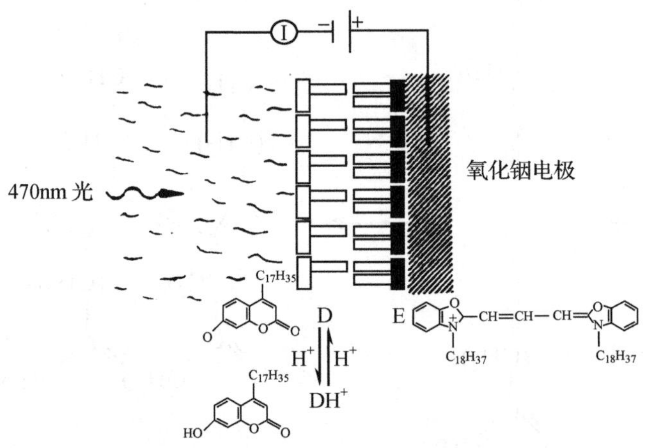

图 12.27 Kuhn H 的分子开关示意图

3. LB 膜光电池

Sugi 等[19]报道了利用 LB 膜技术做出的光电池。利用染料给电子和取电子能力的不同，可制成纳米级的光电池。

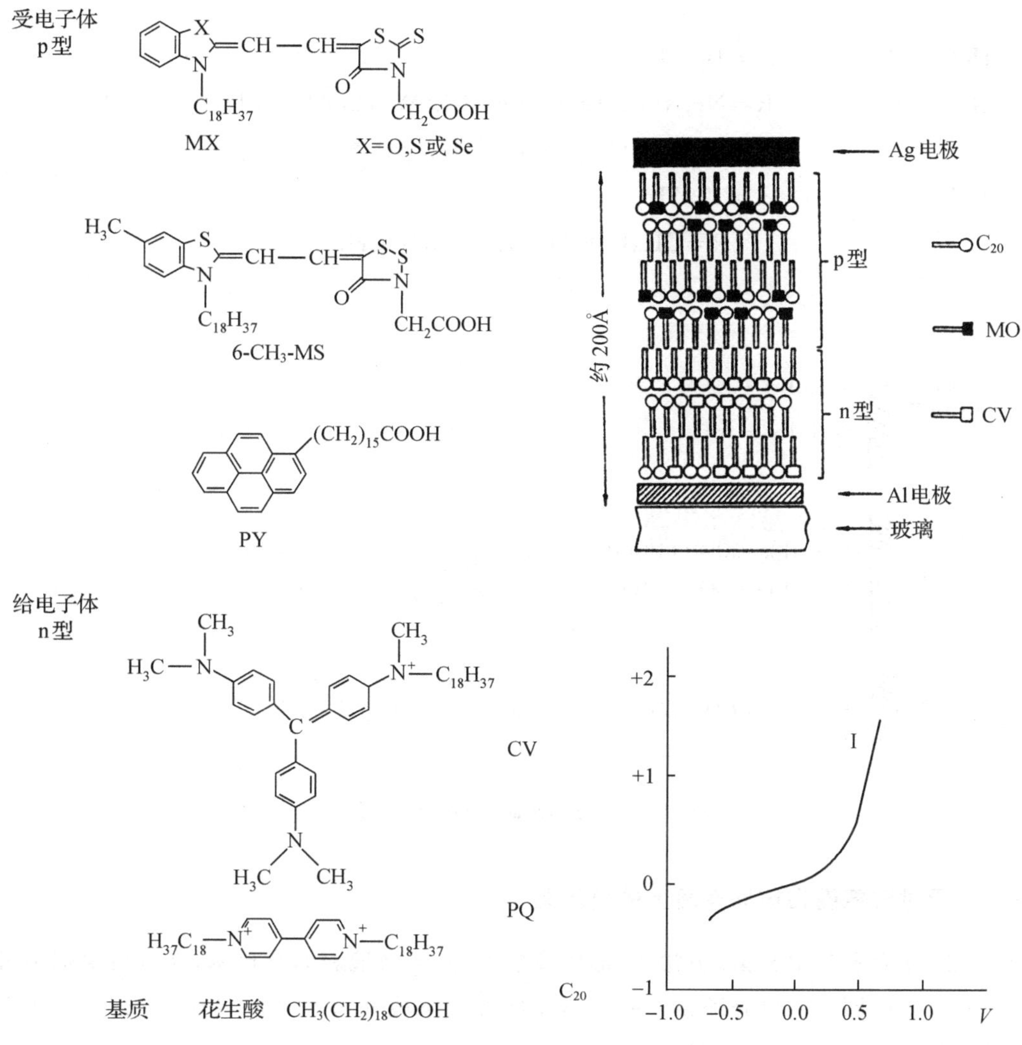

图 12.28　利用 p 型和 n 型长链染料的 LB 膜形成 p-n 结

12.5　吸附自组合

LB 膜成膜方法固然有许多优点，但成膜所需的仪器比较复杂，而吸附自组合只要在烧杯中即可进行，一般通过化学吸附和静电吸引来完成，具有较好的耐温、耐磨和耐洗的特性，因此发展得很快。下面介绍四种类型的自组合。

12.5.1　通过硫键在金属表面上的固定

因为硫能与很多的金属起作用，因此有很广泛的适应性。图 12.29 表示此方法可以形成单层膜，也可以通过酯化和酰胺化等反应形成多层膜。自组合的力是化学键，静电力。反应产物耐温大于 150℃，耐洗，耐磨。

$S—(CH_2)_n—R$　　　$n=10,11$

$S—(CH_2)_n—R$　　　$R=NH_2,OH,Br,COOH,COONa,COO—(CH_2)_3—COOH,$
$COOEt,CH_3$，N-Phthalimadyl 等

$HS—(CH_2)_n—R$　　　$n=10,11$
$R=CH,COOH,CH_2=CH_2,CH_3$

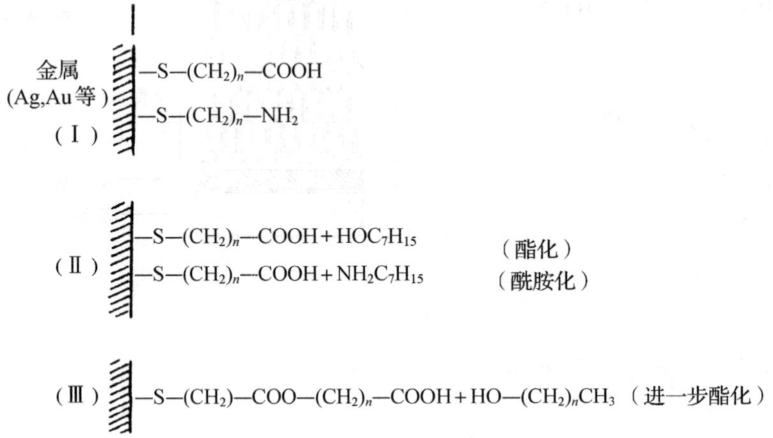

金属
(Ag,Au等)
(Ⅰ)
$—S—(CH_2)_n—COOH$
$—S—(CH_2)_n—NH_2$

(Ⅱ)
$—S—(CH_2)_n—COOH+HOC_7H_{15}$　（酯化）
$—S—(CH_2)_n—COOH+NH_2C_7H_{15}$　（酰胺化）

(Ⅲ)
$—S—(CH_2)—COO—(CH_2)_n—COOH+HO—(CH_2)_nCH_3$（进一步酯化）

图 12.29　在金属表面上的吸附自组装

12.5.2　通过硅氧键在玻璃表面上的自组装

图 12.30 表示利用 Sagiv 方法[20]形成多层膜，由于玻璃表面有羟基，在有机溶剂中可与三氯硅烷作用而形成单分子膜。如果是在硅烷的末段又可聚合的烯烃，那么经氧化后成羟基，可以进一步形成第二层。

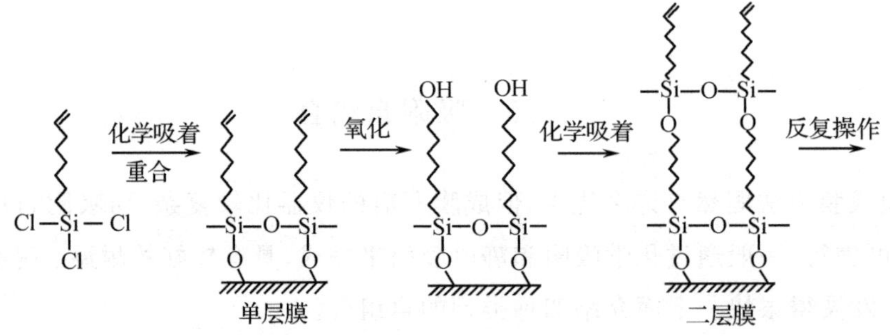

图 12.30　Sagiv 方法形成含硅的多层膜

12.5.3 通过自组装来形成纳米颗粒

我们也可以通过 LB 膜的方法在憎水的玻璃片上形成整齐排列的单分子膜，极性基团朝外，在水溶液中极性表面吸附金属离子，然后还原形成金属纳米颗粒，图 12.30 表示了这种制备金属纳米颗粒的方法，这种方法可适用于形成各种类型的颗粒[21]。图 12.31 表示出在聚乙炔表面上形成金原子图像的过程[22]。

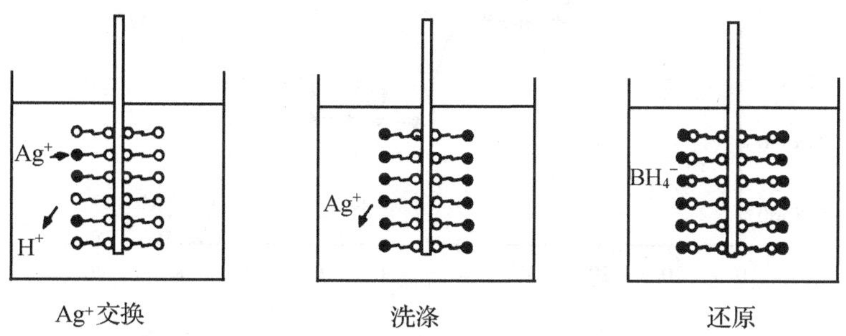

图 12.31 利用自组装法在基板上形成纳米颗粒

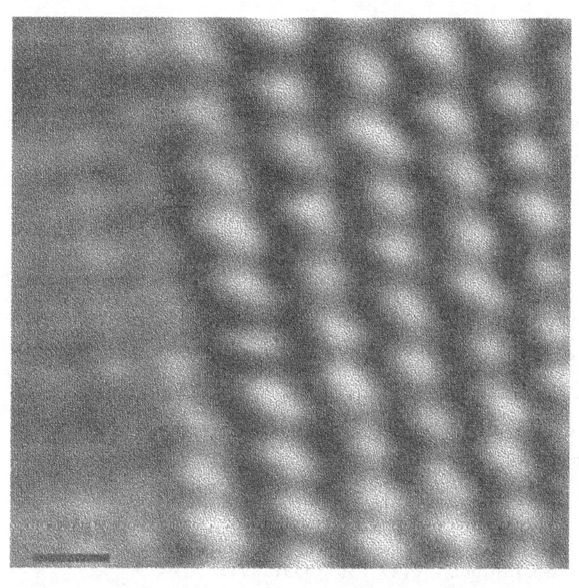

图 12.32 在聚联乙炔单分子膜基底上形成的金原子 STM 图像

12.5.4 利用自组装制备 DNA 传感器

图 1.5 和图 12.33 列出一个将 DNA 的单链固定在石英晶体微天平 QCM 表面上的例子，先将 QCM 的金表面用聚吡啶憎水化，然后用脂肪胺使之表面带正电，再与含负电的磷酸基 DNA 相接触形成探针，这一探针与被测的另一 DNA 单链相遇，如果匹配或杂交，QCM 的重量就会增加，如果不匹配，那么重量就不会增加[23,24]，从而形成了一个可检测 DNA 的传感器。

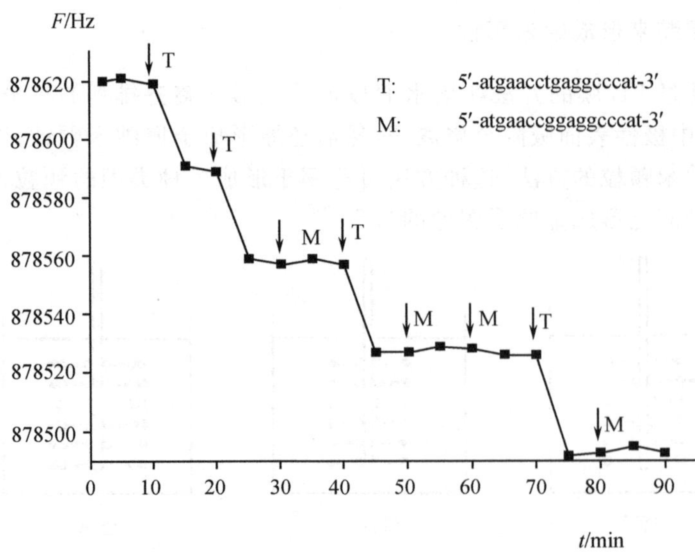

图 12.33 DNA 传感器示意图

综 合 参 考 书

1. Adamson AW,Physical Chemistry of Surfaces 3rd ed. , John-Wiley,1976;
   中译本:顾惕人译,表面的物理化学,北京:科学出版社,1984
2. 富田清城,加藤真二,中原弘雄,柴崎芳夫,超薄分子组织膜的科学,东京,1993

参 考 文 献

[1] Langmuir I. ,J. Am. Chem. Soc. ,38,2221(1916);ibid,39,1848(1917)

[2] Blodgett K. ,J. Am. Chem. Soc. ,56,495(1934);ibid,57,1007(1935)

[3] Rayleigh J. W. S. ,Phil. Mag. ,48,331(1899)

[4] Pockels A. ,Nature ,43,473(1891)

[5] 富田清城,加藤真二,中原弘雄,柴崎芳夫,超薄分子组织膜的科学,东京,1993

[6] Adamson AW, Physical Chemistry of Surfaces, 3rd Edi. John-Wiley, 1976

[7] Laschem,Rabe J,Fisher A,Rucha B U,Knellw, Mohwald H,1984,Thin Solid Films,117,269

[8] Henon S,Meunier J,Rev. Sci. Instrum. ,62(4),936～939(1991)

[9] Hoenig D,Moebius D,J. Physical Chemistry,95,4590～4592(1991)

[10] Fukuda K, Shibasaki Y, Nakahara H, J. Macromol Sci. Chem. Edi. ,A15,999(1981); Thin Solid Films,99,87(1983); ibid,103(1983)

[11] Ahlevs M,Meuller,Reichert A,Ringsdorf H and Vengmer J, Angew. Chem. , 102,1310,(1991)

[12] Lang,Kleinschmidt AK,land zahn,Biochem. Biophys. Acta. ,38,142(1964)

[13] Fromhelg P,Biochem. Biophys. Acta. ,225,382(1971)

[14] Ji SX,Fan CY,Chen XC, Ma FY, Jiang L, Thin Solid Films,242,16～20(1994)

[15] Langmuir I and Schaefer VJ, J. Am. Chem. Soc. ,60,1351(1938)

[16] Fukuda K,Nakahara and T. Kato,J. Collid Interface Sci. ,54,430,(1976)

[17] Roberts GG, Advances in Physics,34,No. 4,475～512,(1985)

[18] Kuhn H,Proceedings of Intl. Symposium on Future Eletron Diveces, Tokyo, Japan,1985

[19] Sugi M, Sakai K, Saito M, Kawabata Y, Iigawaqs, Thin Solid Films, 132, 69(1985); ibid, 152, 305～326(1987)
[20] Sagiv J, Netger L, J. Am. Chem. Soc., 105, 674, (1983)
[21] Fan CY, Lu T, Li BF, Jiang L, Thin Solid Films, 286, 37～39(1996)
[22] Chen XY, Li JR, Pang SJ, Shen AL, Jiang L, Surface Science, 441, 891～896(1999)
[23] Lin Lin, Jinru Li, Long Jiang, Fixation of Single-Stranded DNA Nucleotide by Self Assembly Technology Colloid and Interface A Vol. 175, No. 1～2, 2000
[24] 李华，江龙，癌症早期诊断中生物标记物的识别与检测，化学进展，Vol. 9, No. 4, 397～404, 1997

习　题

1. 何谓 LB 膜？LB 膜可能在什么研究领域中得到应用？
2. 油酸（$C_{17}H_{33}COOH$）相对分子质量的截面积约为 0.21nm^2，今将 100g 油酸倾倒于清洁水面，问所形成的圆形膜的直径最少可为多少米？
3. 如何利用单分子膜技术测定不溶物的相对分子质量？
4. Langmuir 层，Gibbs 层和 Langmuir-Blodgett 层分别代表何种单分子层，它们之间有什么区别？
5. 何谓表面压力？描述 1～2 类单分子膜的表面压力－面积等温线。
6. 举出两种单分子膜技术的可能应用范围。

第十三章　乳状液与泡沫

13.1 乳　状　液

乳状液是一种液/液粗分散体系，也是一种热力学不稳定体系，在工业中有着广泛的应用。有时我们需要很稳定的乳状液，能长期不分层，如化妆品等，这就需要研究如何增加其稳定性。当需要调控乳状液的流变性能时，则要调控乳状液的稳定性。而在一些场合，如污水处理中，我们需要分离或破坏乳状液，则要减小其稳定性。

13.1.1　乳状液、微乳状液和胶束的区别

乳状液、微乳状液和胶束有相同处，也有很多不同处。在沈钟和王果庭的《胶体与表面化学》[1]一书中有一详细表格，说明这三者的区别，摘录部分数据于此。

表 13.1　乳状液、微乳状液和胶束的区别

体　系 性　能	乳状液	微乳状液	胶束溶液
颗粒大小	＞0.1μm	10～几百 nm	1～几十 nm
类型	O/W，W/O，多重型	O/W，双连续，W/O	O/W，W/O
界面(表面)张力	几十 mN/m	10^{-2}～10^{-6}mN/m	1～40mN/m
颗粒形状	一般为球形	球形	各种形状
透光性	不透明	透明	透明
稳定性(用 100g 超离心机)	分层	不分层	不分层
表面活性剂用量	少，不加辅助剂	多，加辅助剂	超过 CMC 即可

13.1.2　乳状液

乳状液为液/液分散体系，尺寸大于 100nm，内相为分散相，外相为分散介质。乳状液分水中油(O/W)、油中水(W/O)与双连续相三种。从几何学得知，对立方堆积的大小均一的圆球而言，不论其尺寸多大，其内相最大体积分数均为 74.02%。

Ostwald 理论：当内相体积＞74.02%时，则发生变型，分散相变成分散介质。但实际上可再达到 94%，其原因是：

1. 大孔中可放小孔；2. 分散相可变形，膜厚 10nm。图 13.1 表示出当乳状液内相浓度

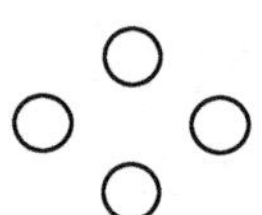 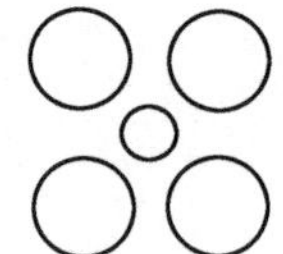 

图 13.1　乳状液的各种堆积方式

增加时，其堆积程度的变化。

13.1.3 乳状液稳定理论

1. 降低表面张力论

表面张力愈低，体系愈稳定。$\Delta G<0 \quad \sigma\Delta A<0$

如：石蜡油与水的界面张力 σ 为 41mN/m；石蜡油与含有油酸的水的界面张力 σ 为 31mN/m；石蜡油与含有油酸钠的水的界面张力 σ 为 7.2mN/m；在水相中再加 NaCl，其界面张力会变得更低，$\sigma\leqslant 0.01$mN/m。

2. 体积因子论

表面活性分子头尾体积不一时，体积大的一侧所处的液体为外相。

3. 稳定剂的溶解度理论

如乳化剂在某相中的溶解度或亲和力大，则该相为外相。

4. 固体乳化剂

固体粉末可以作为乳化剂，集中在界面上，该固体在何相中易浸润，则该相为外相。

(a) O/W 型乳状液　　(b) W/O 型乳状液

图 13.2　固体乳化剂示意图

5. 混合乳化剂

在表面活性剂膜中，如有脂肪醇、脂肪酸及脂肪胺等极性有机物存在时，则表面活性大大增加，膜强度大为提高。我们把这种醇、酸和胺称之为助表面活性剂。

例 1：图 13.3 表示在甲苯/(0.01mol/L) $C_{10}H_{21}SO_4Na$ 溶液中加入助表面活性剂 $C_{16}H_{33}OH$ 后，表面张力进一步下降。

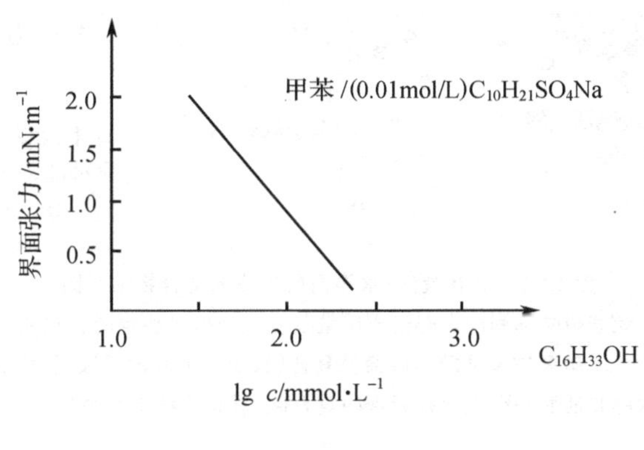

图 13.3

例 2：两种不同 HBL 值的失水山梨醇的复合乳化剂制得到乳状液的粒子大小见图 13.4。(逆转乳化法)

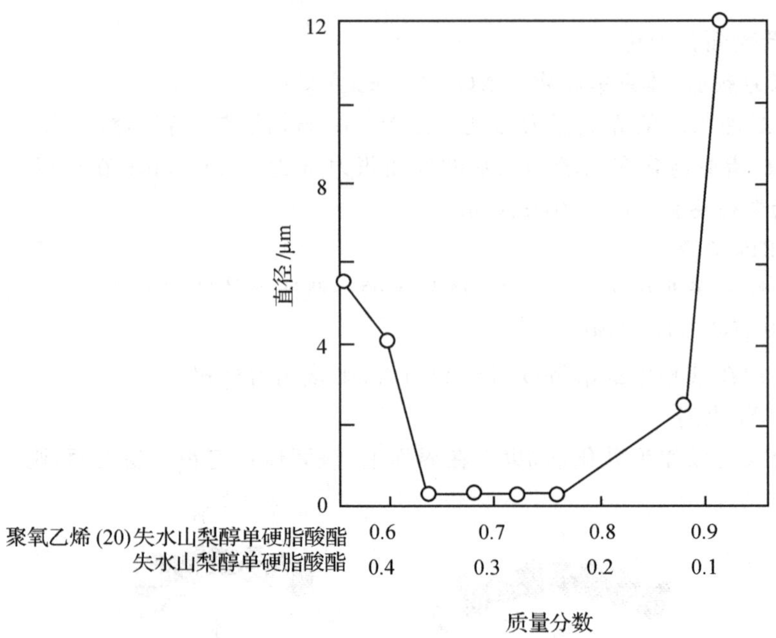

图 13.4 不同 HBL 值的失水山梨醇的复合乳化效果

因为两种表面活性剂 HLB 值不同，形成良好油水过渡，但若两者不能紧密堆积，则乳状液不稳定(见图 13.5)。实际上其紧密度可由 π-A 曲线得知，亦可由界面膜的黏弹性得知。因此表(界)膜的 π-A 曲线及其黏弹性的测定是对乳状液稳定性进行定量研究的重要方法。

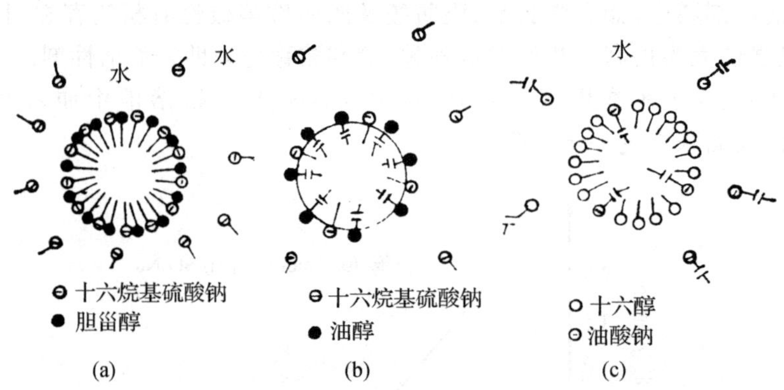

图 13.5 乳状液油/水界面所生成的复合物示意图[2]

(a) 十六烷基硫酸钠和胆甾醇组成密集复合膜产生极稳定的乳状液；

(b) 十六烷基硫酸钠和油醇组成稀松复合膜(因其中双键所致)乳状液不稳定；

(c) 十六醇和油酸钠组成比较紧密的复合膜，乳状液稳定性中等

13.1.4 乳状液与微乳状液的转型

转型是由 O/W 型转化成 W/O 型或相反的过程。并非一切乳状液与微乳液均能转型。

对于稳定功能不强的，能形成液晶相（双连续相）的体系，可以产生乳状液转型，一般为通过加热或加盐来实现。

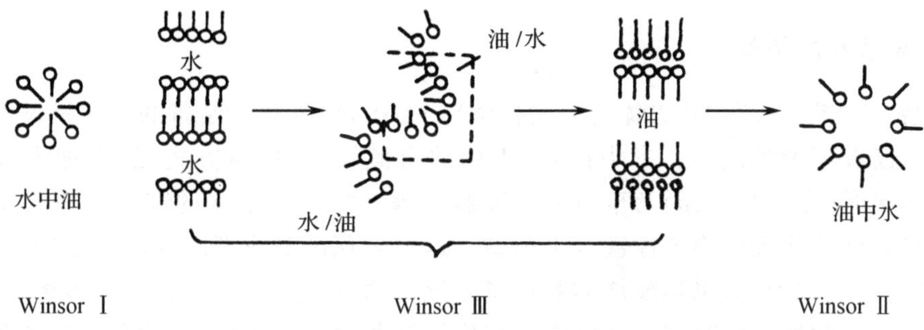

图 13.6 乳状液与微乳状液的转型

例如一体系中水和烷烃等量，表面活性剂 AOT 量超过 CMC，加入不同量的 NaCl，即所谓的盐扫描，可以使原有的水中油体系经过双连续相而变成油中水，而其颗粒的尺寸与形状则经历了由小至大和由大至小的过程。

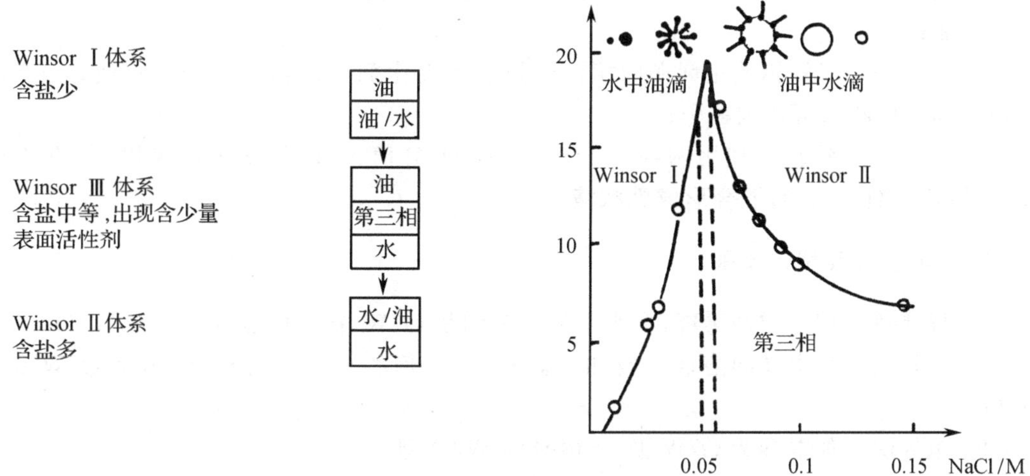

图 13.7 盐扫描示意图

在盐的含量增大时，由于压缩双电层亲水头变小，因而有利于形成油中水的体系。我们在十一章中提到过分子形状对所形成的胶束形状的影响。几何因素决定了乳状液的曲率半径。微乳液的半径 r 可用下式与分散相体积分数 Φ（水或油）、表面活性剂浓度 c（摩尔/体积）以及单个表面活性剂在曲率面上所占面积 Σ 相连[3~5]。

$$r = \frac{3\Phi}{c\Sigma} \tag{13.1}$$

在稀的乳状液中，颗粒的相互作用可以忽略不计，在CMC处的表面张力 γ_c 是指将曲面弯向所需曲率所需的功，即伸张一单位面积所需的功，在 γ_c 和 r 中存在如下简单关系。

$$\gamma_c = \frac{2K}{r^2} \tag{13.2}$$

K为弯曲弹性常数或单分子膜硬度，具有能量单位，称之为弯曲能。即平衡时将面积弯曲一单位曲率半径所需的能。

13.1.5 乳状液的制备

在沈钟、王果庭所写的《胶体与表面化学》一书中，对乳状液制备的方法及设备作了详尽的介绍，读者可参看此书。书中提到，不同的机械设备、加料方式(逐步加入或一次加入)和加入次序(先加与后加)乃至所用的容器是憎水的还是亲水的都起着极其重要的作用，都会影响到乳状液的稳定性甚至于类型。这里表现出最典型的胶体化学的特色，即其十分明显的工艺依赖性，也是胶体体系神秘之处。原因是这是一个多相和多组分体系，影响因素甚多，因此做实验时应十分仔细。严格控制各种实验条件，才能总结出各种具体的规律。应当强调的是，外因与内因中，内因是主要的，即如何降低其表面张力，如何运用高分子或纳米颗粒形成粒子间的空间位阻是内因。工艺过程的背后是物理化学。随着人们对胶体科学的深入研究和计算机的发展，这种过程将能得到定量化的解释。

一般说来，乳状液的制备有下列三种方法：

1. 正加法　亲外相乳化剂在外相。例如亲水乳化剂在水相，加入油滴，使之形成O/W乳液；

2. 逆转法　亲外相乳化剂在内相。例如亲水乳化剂在油相，加入水滴，使之逆转形成O/W乳液，此法可得细粒子；

3. 混合乳化剂法　使用两种乳化剂，亲水(HLB值大)的乳化剂在水相，亲油(HLB值小)的乳化剂在油相，混合形成乳状液。

13.1.6 乳状液类型的鉴别

1. 稀释法　用水或油稀释，在水中能分散的是O/W，在油中能分散的是W/O；

2. 染料法　取水或油溶性染料加入乳状液，看何相着色，从而区分出是O/W还是W/O；

3. 电导法　如电导为O/W型，不电导为W/O型。

13.1.7 多层乳状液

多层乳状液是将水中油乳状液再次分散在油中或者将油中水的乳状液分散在水中而形成的一种夹心乳状液。这种乳状液可用于药物缓释和物质分离以及污水处理上，是一种极有实用价值的乳状液。下面举两例予以说明。

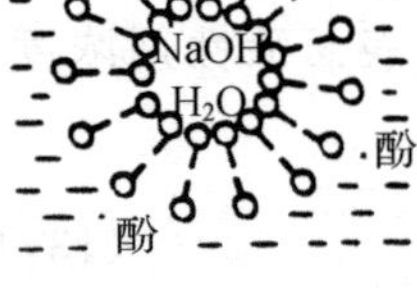

例1：含酚污水脱酚

油相：脱蜡的碳氢化合物，span80；水相NaOH。先制成W/O乳状液(1∶1)然后再分散在含酚污水中，形成W/O/W乳状液，酚可部分溶于油相，再向内相扩散，与内相中的 NaOH 作用而形成酚钠。而酚钠不溶于油相，因而酚不能逆扩散而富集于内相，污水中酚含量由 10^{-3}数量级降至 10^{-6}数量级。

例 2：药物的缓释和靶向[6]

博来霉素溶于 20%明胶作为内水相(S)分散于油中，制成 S/O(液滴约 1～2μm)乳状液，再用亲水性乳化剂制成 S/O/W 。对荷瘤的家兔进行注射，则 S/O 能明显的积集，改善对周围淋巴结的转移。以对淋巴转移效果相比，分别为水∶(S/O)∶(S/O/W)＝1∶3.1∶9.1。

13.2 泡 沫

泡沫是一种十分理想的模型，可以用来研究薄膜的各种性质，因为它十分直观且易于测量，虽然也是一种双层膜，但它是一种以表面活性剂的尾端指向空气的薄膜，与 BLM 的方向正好相反，如图所示。

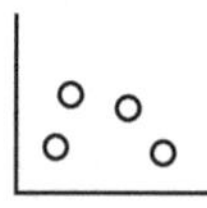
球形泡沫

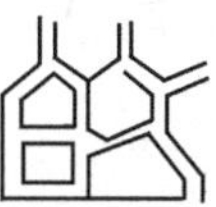
多面体泡沫

泡沫在日常生活及工业中也有很多应用，人们所熟知的有泡沫浮选、多孔泡沫料、多孔建筑材料、隔热板等。因此，泡沫的研究也仍然是胶体科学中的一个重要领域。

13.2.1 泡沫破坏的机理

(1)排液机制

根据 Laplace 公式，A 区中的压力要比 B 区中的小，液体向 A 区集中，称之为 Plateau 边界或 Gibbs 环。另外由于重力，液体从液膜中排出，称之为重力排液。总的结果是使膜变薄，造成破裂。

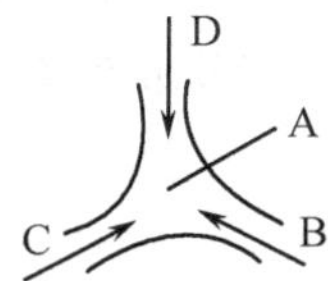

(2)气体的扩散

小气泡中压力大，大气泡中压力小，气体通过膜壁以求压力平衡，造成破裂。

13.2.2 泡沫的产生与稳定

起泡剂：起泡能力大，应当是 $-\mathrm{d}\sigma/\mathrm{d}c$ 大和 $\sigma_{\min}$小的表面活性剂，但这种表面活性剂的稳泡能力低，故又是消泡剂。

稳定剂：利用静电双电层和表面结构层来稳定泡沫，这种表面活性剂常常是高分子表面活性剂。

因此发泡时应同时有起泡剂和稳定剂。机理有：

1. 稳泡的 Marangoni 效应

这是一种动态效应。泡沫表面上的表面活性剂能抵消液体的排液作用，因为当液膜中液体流失时，表面活性剂在表面上的浓度改变，不同表面部位上表面张力的差别会产生表面压力，使表面活性剂浓度保持一致，而使液层不易变薄。

2. 表面电荷的作用

离子型表面活性剂使泡沫带电，静电相斥和电黏滞效应使泡沫不易聚并。

3. 表面层结构

介质的黏度要大，表面膜的力学性能具有较高的黏弹性。

13.2.3 稳定性的测量

1. 单泡法

在液体内形成气泡后，记录气泡上升到液面至破裂的时间。

2. 搅动法

在刻度量筒中放置表面活性剂溶液，在充分搅动后，记录泡沫的开始体积 V_0，记录体积随时间变化。一般利用下式求出泡沫的寿命 L_f[7]。

$$L_f = \frac{\int V dt}{V_0} \tag{13.3}$$

式中，L_f 表示泡沫的寿命，V_0 是泡沫刚形成时（$t=0$ 时）的体积，V 为经过时间 t 时的泡沫体积。

3. 气流法

使用底部带有沙芯滤片的刻度圆筒，在滤片上放置一定量的表面活性剂，气体从底部入口进入，通过滤板及溶液产生泡沫。记录平衡时高度（h），以 h 作为泡沫性能的量度。

4. 测压力法

虽然有很多测量泡沫稳定性的方法，但重复性很差，给出的参数也少。后来 S. Ross[8]和 Monsalve and Schechter[9]等发展了一种方法，具有较好的重复性。从他们建立的方法中，我们可以得到泡沫的寿命 L_f，以及表征重力排液和扩散过程的四个参数，可以得到半定量的数据。下面我们对这个办法进行详细介绍，并举例加以说明。如图 13.8 所

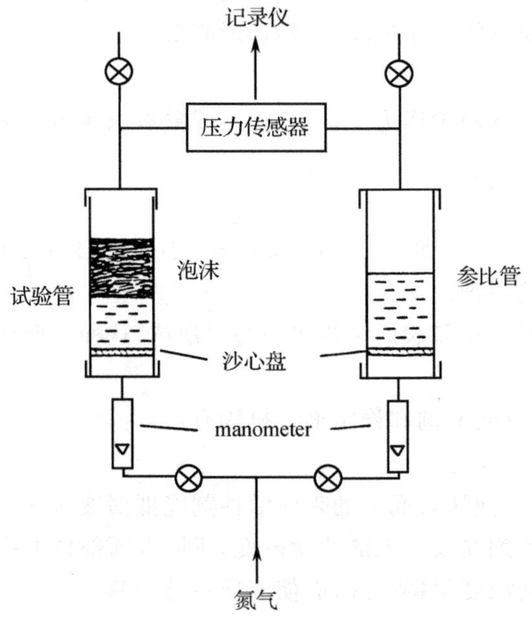

图 13.8 Ross 的测量泡沫稳定性的仪器

示，测量装置是由两个测量管组成，在试验管中放置表面活性剂，参比管中则无。两管之间以压力传感器连接。在实验开始时，两管均通大气，在试验管中形成泡沫后将两管通向大气的开关关闭，停止送氮气。因为气泡内的压力大于大气压力，随着泡沫的破灭，试验管中的压力逐步增大，在压力传感器中显示出压力的读数。从测压力差计得出 $p-t$ 图，如图 13.9 所示。再将数据代入式(13.4)中，算出相对面积 A_r、寿命 L_f 和半衰期 $L_{1/2}$。

相对面积 $$A_r=\frac{A(t)}{A(0)}=1-\frac{p_e(t)}{p_e(\infty)}=1-\frac{\Delta p(t)}{\Delta p(\infty)} \tag{13.4}$$

寿命 $$L_f=\int_0^{\infty}A_r\mathrm{d}t \tag{13.5}$$

半衰期 $$L_{1/2}=L_f/0.5\ (L\ 在\ A=0.5) \tag{13.6}$$

根据 A_r 和 t 做出 A_r-t 曲线(图 13.10)。Monsalve 和 Schechter 利用双指数方程式来模拟 A_r-t 曲线得到方程式(13.7)。

$$A_r(t)=A_g(t)+A_d(t)=K_g\exp\left(-\frac{t}{\tau_g}\right)+K_d\exp\left(-\frac{t}{\tau_d}\right) \tag{13.7}$$

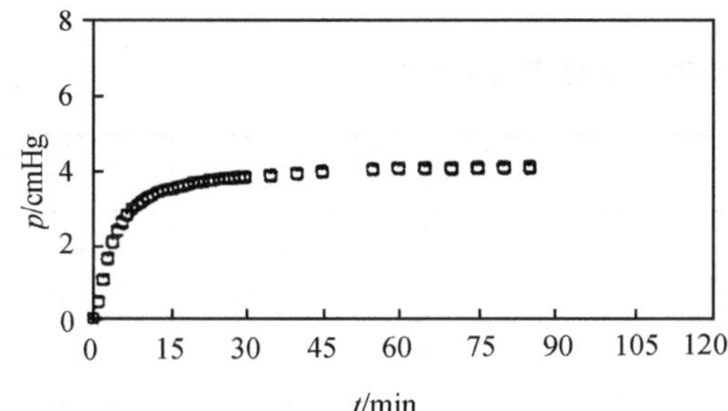

图 13.9 泡沫压力与时间的关系

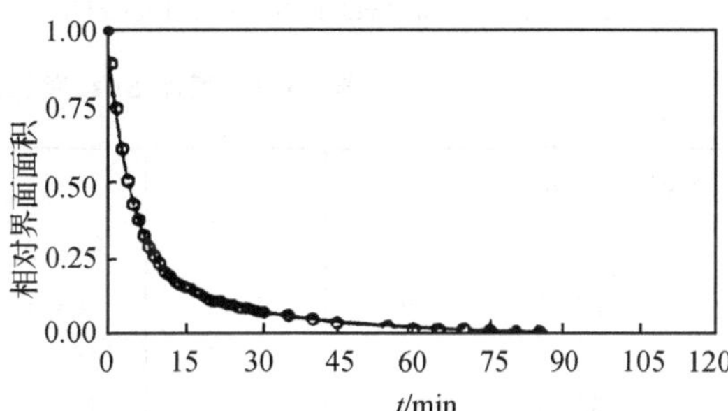

图 13.10 泡沫相对界面面积与时间的关系

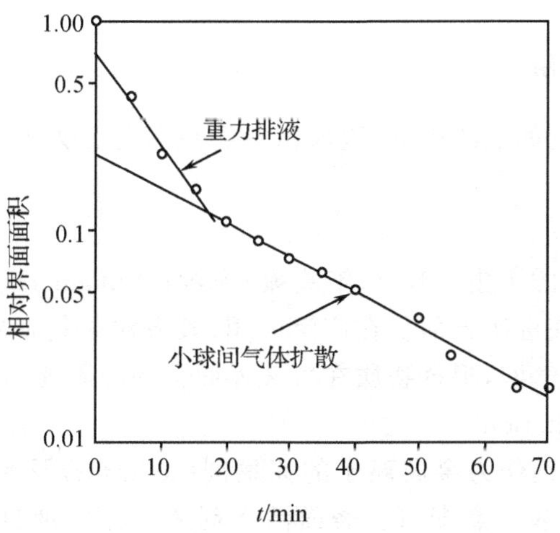

图 13.11 根据图 13.9 作出的 A_r-t 曲线

该式将泡沫破灭过程分为重力排液和扩散排液两个阶段，式中，$A_g(t)$代表由重力排液所造成的面积下降部分，$A_d(t)$表示由气体扩散造成的面积下降，K_g 和 τ_g 分别代表重力排液的面积分数和松弛时间。从 $A_r(t)$中算出扩散系数 K_d 和排液系数 K_g。

表 13.2 是利用此方法研究 SiO_2 粉末大小和浓度对气泡稳定性的结果，可以看出这是一个对泡沫进行定量化研究的好方法。

表 13.2 憎水 SiO_2 浓度对泡沫稳定性的影响[10]

SiO_2 浓度%	$L_{1/2}$	γ	$10^4\eta$	τ_g	τ_d	K_g	K_d	pH
0	9.5	42.4	2.8	11.1	40.3	0.79	0.21	12.65
0.03	24.5	36.8	2.8	21.6	77.4	0.72	0.28	12.65
0.06	27.5	35.5	2.7	24.7	227	0.69	0.31	12.65
0.12	30.2	34.5	2.9	23.5	231	0.66	0.34	12.64
0.48	40.1	30.5	2.7	57.0	242	0.64	0.36	12.65
1.00	58.7	24.8	2.8	84.5	258	0.62	0.38	12.66
5.00	70.5	21.6	2.6	101.7	273	0.60	0.40	12.66

注：$SDSO_3$ 1.000×10^{-3}mol/L；NaOH 0.100mol/L。

表 13.3 憎水 SiO_2 颗粒大小对泡沫稳定性的影响

颗粒尺寸/nm	$L_{1/2}$	γ	τ_g	τ_d	K_g	K_d	pH
无 SiO_2	6	42.6	6.7	26.5	0.73	0.27	12.64
770	20	36.2	25.3	67.4	0.64	0.36	12.62
400	76.5	31.6	84	322	0.44	0.56	12.64
～200	139	31.1	125	500	0.40	0.60	12.63
～100	201	33.7	131	714	0.30	0.70	12.63
20～50	407	38.9	169	909	0.17	0.83	12.61

注：$SDSO_3$ 1.000×10^{-3}mol/L；NaOH 0.100mol/L；c_{SiO_2} 5%；T=25℃。

13.2.4 泡沫的重要应用

泡沫有许多应用，例如泡沫灭火，泡沫钻井泥浆等已为人们所熟知，下面举几种重要的用途。

1. 浮选法(flotation)

此法已有一百多年的历史。1860 年威廉·海涅(William Haynes)取得气浮选矿的第一个专利，现在浮选法在选矿方面仍在广泛应用，其方法是把矿在粉碎后制成悬浊液，加各种浮选剂并通气形成气泡，根据物质在气液界面上的吸附能力的差异将混合物分离。

2. 离子浮选(ion flotation)

用离子型表面活性剂作为金属离子的捕集剂(collector)及起泡剂。表面活性剂的用量只需比化学计量值稍多一点即可。表面活性剂离子在气液界面上吸附形成定向离子层，这个离子层对不同的反离子有大小不同的电性引力，因而可用于不同离子的分离。这种方法特别适用于其他方法不容易分离的浓度很低的体系，可将含量很少的物质分离或富集。例如在溶液中将低浓度的金离子和银离子区分。

由于它特别适用于低浓度离子的富集，早在20世纪60年代人们已注意到用这种方法自海水中提取有用的元素，如铜、金、铀、锌的前景，提取率可达90%以上。海水中除含有钠、氯外，还含有镁(1×10^{-3})、钙(4×10^{-4})、溴(6.5×10^{-5})、碘($<5\times10^{-8}$)、铀(1.5×10^{-9})、铜($1\times10^{-8}\sim1\times10^{-9}$)、锌($5\times10^{-9}$)、铅($4\times10^{-9}$)。在水的净化方面，离子浮选法显示出极大的优越性，与传统的沉淀法相比，它具有操作迅速(提高效率数十倍)、能处理低浓度(十万分之一数量级)废水、残存浓度极低(可达百万分之一到千万分之一数量级)、占空间小(数十倍)、同一套设备可灵活运用于不同种类和浓度的金属离子的分离、浮渣的含水量小、体积小等特点。

3. 泡沫分离法

主要用来分离和提纯表面活性剂。例如在十二烷基硫酸钠中去除十二醇，可不断通气于表面活性剂溶液中，使易吸附于气泡中的十二醇分离出来。此外，在分离同系物方面也可应用，链长者易吸附于气泡上。目前已推广到提纯生物物质方面，效果也很好。

综合参考书

1. 沈钟，王国庭，胶体与表面化学，第二版，北京：化学工业出版社，1997
2. Becher P 著，北京大学化学系胶体化学室译，乳状液理论与实践，第二版，北京：科学出版社，1978
3. 周祖康，顾惕人，马季铭，胶体化学基础，北京：北京大学出版社，1984
4. 陈宗淇，戴闽光，胶体化学，北京：高等教育出版社，1987

参考文献

[1] 沈钟，王国庭，胶体与表面化学，第二版，北京：化学工业出版社，1997

[2] 梁梦兰，表面活性剂和洗涤剂制备、性质、应用，北京：科学技术出版社，1990

[3] de Gennes P G and Taupin C，J. Phys. Chem.，81，2294～3004，1982

[4] Abillon O，Binks B P，Otero B P，Langevin D，Ober R，J. Phys. Chem.，92，4411～4416(1988)

[5] Halfrich W，Z. Naturforsch，1973，28c，693

[6] 顾学裘等，药物制剂新剂型选编，北京：人民卫生出版社，1984

[7] 赵国玺，表面活性剂物理化学，北京：北京大学出版社，1984

[8] Ross S，IEC Anal. Ed.，15，329(1943)

[9] Monsalve A and Schechters，J. Colloid Interface Sci.，97，327(1984)

[10] Tang F Q，Xiao Z，Tang J A，Jiang L，J. Collid and Interface Science，131，No. 2，498～502(1989)

习　题

1. 何谓 Winsor Ⅰ，Winsor Ⅱ，Winsor Ⅲ体系？
2. 试讨论泡沫稳定的因素和不稳定因素。
3. 试举出泡沫的可能用途。
4. 举出制备乳状液的三种可能方式。
5. 要形成水中油的乳状液，以固体粉末作为乳化剂时，该固体粉末应当具有什么特点？
6. 为什么丁醇是最好的消泡剂，其原因何在？

第十四章　分散体系的结构形成与物理化学力学

14.1　分散体系的结构形成

由于溶胶是个热力学不稳定体系，因此在放置时就会逐步失去稳定性而成为沉淀或软胶。

溶胶（sol）→
- 沉淀（preciptate），分散相全部或绝大部分去溶剂化
- 软胶（jelly），分散相局部去溶剂化

凝胶（gel）是上述两种物质的统称，软胶又分：

软胶（jelly）→
- 弹性软胶，有高弹性形变，由线性分子组成，如橡胶、肉皮冻（1%）、洋菜瓜果（0.2%）、肌肉等
- 非弹性软胶，无高弹性形变，分散相由坚硬粒子组成，如 SiO_2，TiO_2，V_2O_5 等

14.1.1　凝胶形成的方法

总的原则是使溶胶失去稳定性，即去电荷、去溶剂化、去高分子保护层等。

具体的做法有：1. 降低或增加温度；2. 加不良溶剂；3. 加盐；4. 局部憎水化；5. 化学反应，聚合与交链。

14.1.2　软胶结构

在形成过程中，随时间的增加黏度与力学强度不断上升，光散射与导电性也会在某些体系中上升。大体分下面四种：

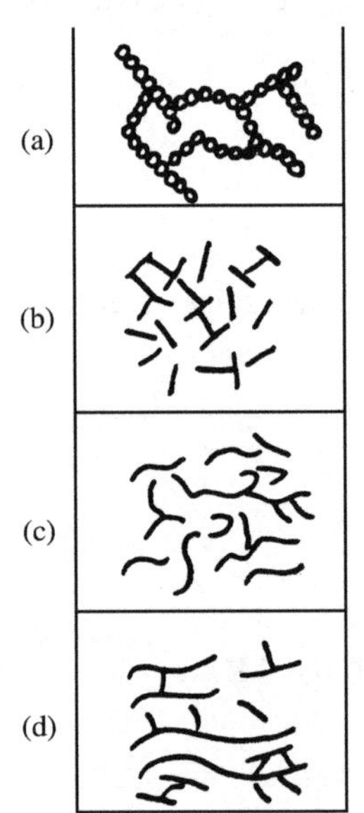

(a) 球形质点相互联结，如 TiO_2 软胶。一般为典型憎水胶体，颗粒越细，表面能越大，所需浓度越小。

(b) 棒锤体或片状质点搭成，如 V_2O_5，班脱土等。在低浓度时即可成软胶，如 V_2O_5 为 0.5% 时已成软胶，一般中间有水膜，可逆。

(c) 线性高分子，不是化学链，但有时有氢键，可逆。

(d) 立体网状空间结构，如硫化橡胶、硅酸凝胶。有化学键，不可逆。

图 14.1　各种软胶结构示意图

14.1.3　软胶中质点的相互作用力

（1）范德华力

往往粒子之间隔有一层溶剂化膜，即在势能-距离图中具有第二最小势能，因而力学强度小，可逆。如黏土，$Fe(OH)_3$，$Al(OH)_3$ 等，结合能为 0.2kcal/mol 左右。

（2）氢键力

具有键饱和性，方向性的特点，键能范围为 4～7kcal/mol。对温度敏感。明胶、面条、粉丝等软胶均由氢键结合，在介质中易膨化，加温时由有限膨化至无限膨化。

（3）化学键

包括离子键和共价键，形成晶体或非晶态塑料等，具有最强的键能，很难破坏，但破坏后不能自行恢复。

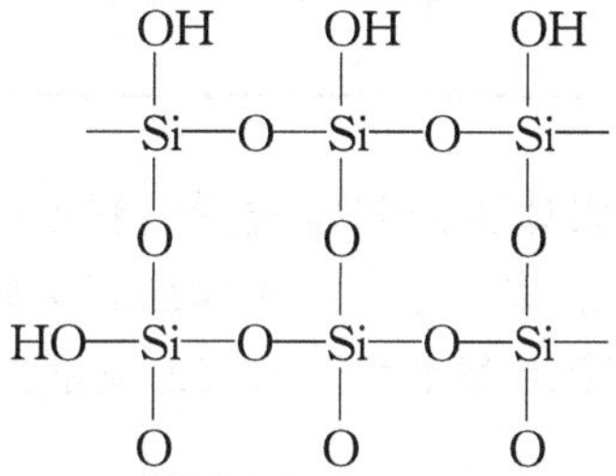

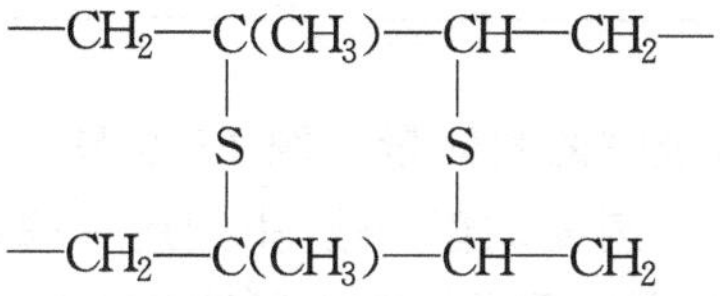

```
   OH        OH        OH
   |         |         |
 —Si—O—Si—O—Si—
   |         |         |
   O         O         O
   |         |         |
HO—Si—O—Si—O—Si—
   |         |         |
   O         O         O
```

```
—CH2—C(CH3)—CH—CH2—
       |         |
       S         S
       |         |
—CH2—C(CH3)—CH—CH2
```

键	键能
Si—Si	89.3kcal/mol
Si—O	89.3kcal/mol
Si—H	75.1kcal/mol
C—C	81.6kcal/mol
C—H	98.8kcal/mol
C—O	81.5kcal/mol

我国科学家戴安邦等[1]对矽酸的聚结过程提出了定量化的理论，完善地解释了硅酸胶凝过程与 pH 值的关系。证明了硅酸溶液的胶凝过程是一个无机高分子的聚合过程，是两个聚合过程的综合表现。在中性和微碱区为 $Si(OH)_4$ 和 $H_3SiO_4^-$ 的聚合，在 pH 值大约小于 2 时为 $Si(OH)_4$ 和 $Si(OH)_5^+$ 的聚合。他们的工作为硅酸软胶的形成过程提出了一个定量理论。

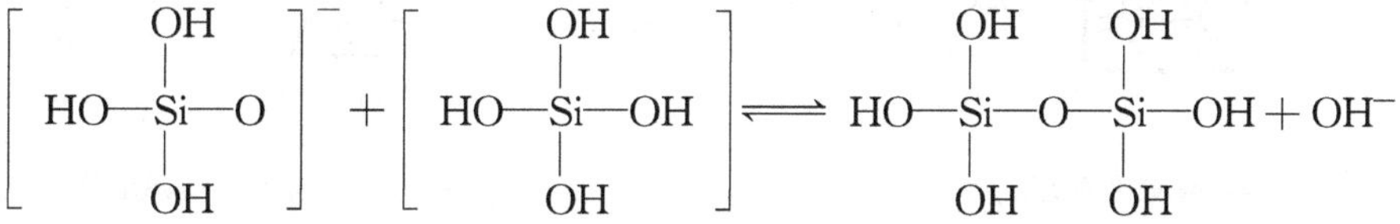

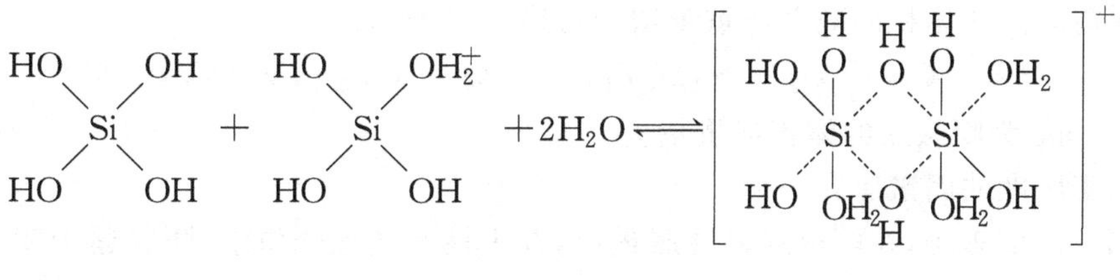

$$[HO\text{—}Si(OH)_2\text{—}O]^- + HO\text{—}Si(OH)_2\text{—}OH \rightleftharpoons HO\text{—}Si(OH)_2\text{—}O\text{—}Si(OH)_2\text{—}OH + OH^-$$

$$Si(OH)_4 + (HO)_3Si(OH_2^+) + 2H_2O \rightleftharpoons [(HO)_2(OH_2)Si(\mu\text{-}OH)_3Si(OH_2)(OH)(OH_2)]^+$$

14.1.4　软胶的性质

1. 膨胀性质

弹性软胶与溶剂的结合。可分为有限膨胀与无限膨胀两种情况。膨胀的原因是渗透压和陶南平衡，使溶剂不断地从外部向软胶内部渗透。由于软胶体积变大而对环境产生的压力称之为膨胀压。

(1)膨胀压 p 的定义是：

$$p = p_0 c^k \tag{14.1}$$

式中，c 为浓度，p_0 为常数，当 $c=1$ 时，$p=p_0$，k 值一般在 3～4。

实验装置见图 14.2[2]。该图表示在一底部可透过水而不透过汞的容器中放置明胶，当干明胶吸水膨胀时，会产生压力，需要增加汞提高压力，以使体积不变。用此装置可测出不同体积时明胶的膨胀压。表 14.1 是一组不同浓度明胶的膨胀压数据。

表 14.1　明胶在水中的膨胀压(室温)

($p_0=0.00002704$，$k=2.9715$，c 为 1L 软胶中所含干燥物质的克数)

$p/\mathrm{g\cdot cm^{-2}}$	c(实测值)	c(计算值)	$p/\mathrm{g\cdot cm^{-2}}$	c(实测值)	c(计算值)
520	306.3	283	3120	504.4	517
720	317.1	315	4120	555.0	567
1120	361.3	366	5120	613.3	610
2120	460.5	454			

(2)膨胀度是指 1g 凝胶吸收的液体量。图 14.3 是一种膨胀体积的测定装置。利用一磨砂接口将一三角锥形瓶与一刻度试管相连，中间用一滤板相隔，将一定量的液体放到干胶中(a)，经过一定时间，将装置倒放，测量被吸收后的液体余量。可测出膨胀度与时间的关系。

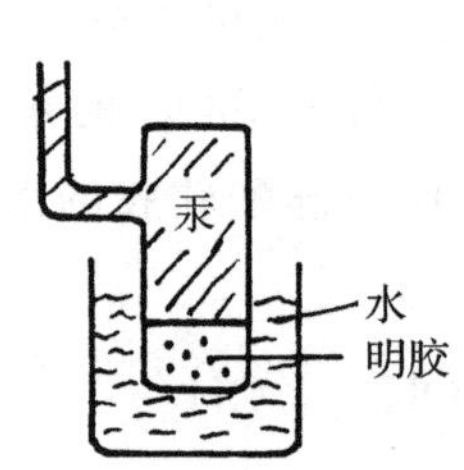

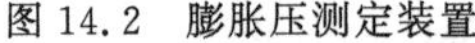

图 14.2　膨胀压测定装置

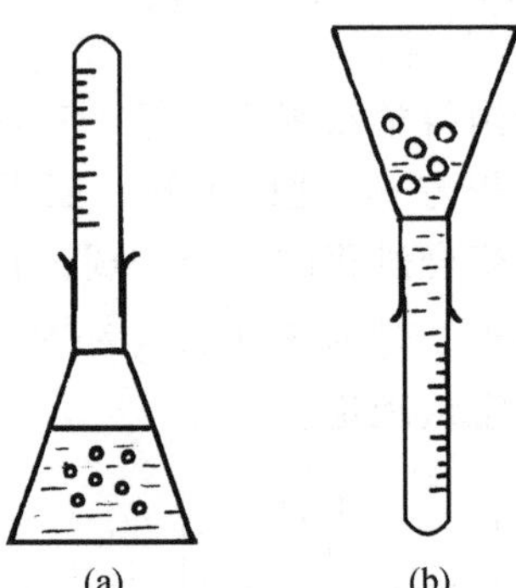

图 14.3　膨胀体积测定装置

吸附前后液体体积的减少或重量增加可用下式表示：

$$Q = (m_2 - m_1)/m_1; \qquad Q = (V_2 - V_1)/V_1 \tag{14.2}$$

式中，V_2，m_2 为膨胀后的体积或重量。

影响膨胀度的因素有：

a. 受 pH 值影响，在等电点时膨胀最小，在中性及弱碱介质中，膨胀逐步变小。

b. 受盐影响，其膨胀程度如下：

$$SCN^- > I^- > Br^- > NO_3^- > ClO_3^- > Cl^- > H_2O$$

$$CH_3COO^- > \text{柠檬酸根} > \text{酒石酸根} > SO_4^{2-}$$

2. 离浆现象，脱水收缩现象(syneresis)

在无挥发时，有液体自软胶中排出，是凝胶过程的继续，与陈化与老化现象有密切关系。凝胶结合水有 a. 化学水，b. 吸附水，c. 毛细管水。其中被结合在溶剂化膜中的水具

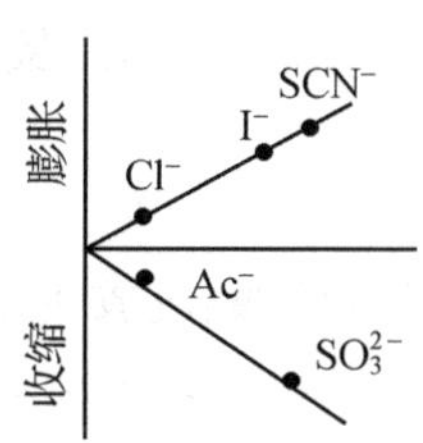

图 14.4　盐类对膨胀体积的影响

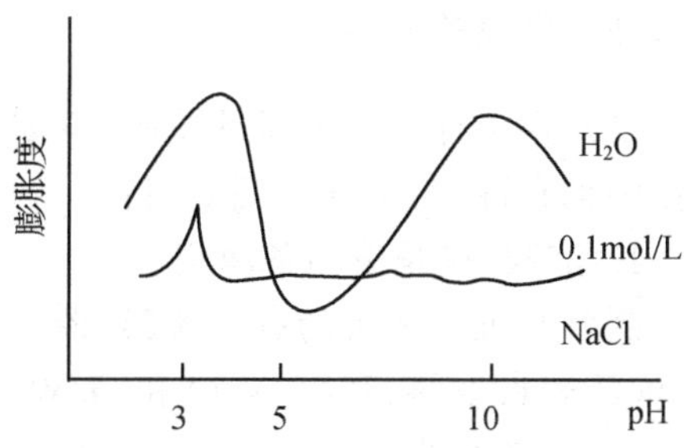

图 14.5　pH 值对明胶膨胀度的影响

有特殊性质：

a)无溶解能力。可利用蔗糖不溶于结合水的性质，当把蔗糖溶液加入吸附剂时，溶液的浓度提高，测定蔗糖浓度的变化可以测定其结合水量。

b)介电常数低。由 81 变成了 2.2，具有水的介电常数值。

凝胶结合水研究的生理意义：

人愈老，其机体中含水愈少，弹性变差，也不易膨化。胎儿体内含水 95%，初生婴儿 75%，成人 60%，植物在衰老时，会干枯，发脆。人的老化首先和失水作用有关，皮肤产生了皱纹，失去了弹性。而任何种子只有在吸水膨胀后才能发芽。许多人企图通过膨化来研究生理现象。

3. Liesegang 环现象

在凝胶中进行化学反应时，由于凝胶中扩散速度慢而且没有对流，因此出现 Liesegang 环。例如在 3.3% 的热明胶溶液中加入少量 $K_2Cr_2O_7$(0.1%)，倒入试管中冷却。胶体凝固后，在凝胶上面倒入 0.5mol/L $AgNO_3$ 溶液。几天后可以看到一层一层的 $Ag_2Cr_2O_7$ 沉淀(图 14.6)。这一现象是 Liesegang 于 1892 年最先发现的，故称之为 Liesegang 环。这是由于高浓度的 $AgNO_3$ 向下扩散时遇见 $K_2Cr_2O_7$ 即生成难溶的 $Ag_2Cr_2O_7$，形成以后，周围的 $K_2Cr_2O_7$ 就少了，因此 $AgNO_3$ 再继续扩散直到遇到的 $K_2Cr_2O_7$ 浓度达到足以与其生成沉淀时，即产生第二层沉淀。在自然界的许多层状或环状结构，如南京的雨花石、玛瑙、动物体内的许多层状结石都是和 Liesegang 环有关的。我们也可以利用 Liesegang 环现象去制备大尺寸的单晶。

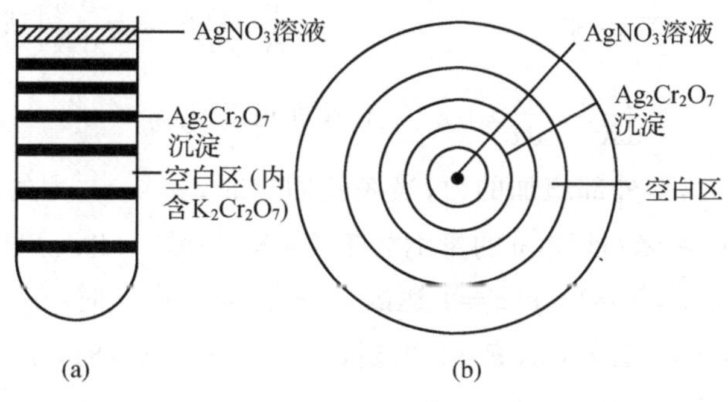

图 14.6　Liesegang 环

14.1.5 凝胶的应用

自然界中存在着大量的凝胶，例如动物的器官、肌肉，植物的叶、茎、根，土壤等。在工农业中也有许多，下列举例说明：

1. 溶胶-凝胶法制备薄膜

制备有机和无机的有孔薄膜、催化薄膜、光电薄膜、分离薄膜，环保、乳胶手套、泡沫手套、泡沫塑料填料、利用 W/O 和 O/W 来制备透气、绝缘薄膜。

2. 凝胶色谱

利用凝胶憎水亲水的吸附性和不同孔径来分离物质，大分子不能进入凝胶小孔，而小分子能进去，因此当将高分子溶液流过凝胶时，大分子先流出，小分子后流出，从而进行分级。

3. 膨化吸水现象可用于制备液体吸附剂（尿不湿……）、土壤保水剂、化妆品增稠剂等。吸水量可达到自身重量的 500～1000 倍，下式列出我国王果庭等研究成的 H-span，其最佳吸水量达 1200 倍，吸尿率达 61 倍[3]。

$$\text{淀粉}\quad -[CH_2-\underset{COONa}{CH}]_x-[CH_2-\underset{CONH_2}{CH}]_y-$$

14.2 液体的黏度和界面黏度

14.2.1 液体黏度的测量

当两个平行的平面在介质中进行相对移动时，将受到介质的阻力，这种阻力来自于介质本身各层之间的速度差。图 14.7 中速度 v_1 大于 v_2，两平面之间距离为 X，平面面积为 A，我们可得牛顿公式：

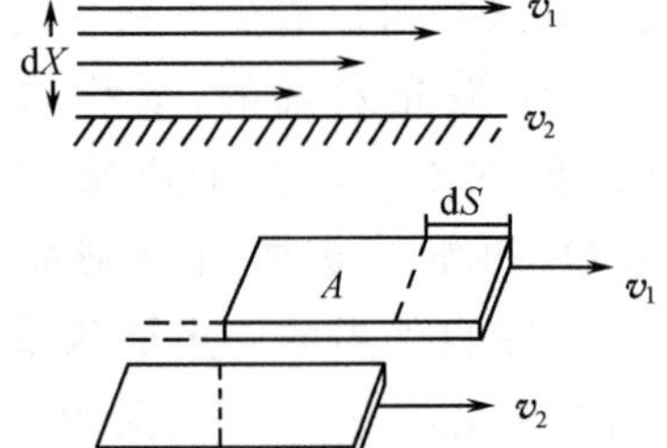

图 14.7 两平行板中的速度分布

$$\dot{\varepsilon} = \mathrm{d}\varepsilon/\mathrm{d}t = \mathrm{d}v/\mathrm{dX} \qquad \text{相对位移速度}$$

$$\varepsilon = \mathrm{dS}/\mathrm{dX} \qquad \text{相对位移}$$

$$\mathrm{F} = \eta \frac{v_1 - v_2}{\mathrm{X}}\mathrm{A} \tag{14.3}$$

亦可写成

$$\frac{\mathrm{F}}{\mathrm{A}} = p = \eta \frac{\mathrm{d}v}{\mathrm{dX}}\left(\text{或 } \eta \frac{\mathrm{d}\varepsilon}{\mathrm{d}t}\right) \tag{14.4}$$

$$\frac{\mathrm{d}v}{\mathrm{dX}} = \frac{\mathrm{d}\varepsilon}{\mathrm{d}t} = \dot{\varepsilon} \qquad \text{上式亦可写成 } \eta = \frac{p}{\dot{\varepsilon}} \tag{14.5}$$

F 为与阻力平衡的力，即外部施加的力，当底板固定时，$v_2=0$。力的量纲为牛顿＝千克·米/秒^2（或达因＝克·厘米/秒^2），η 的量纲为千克·米$^{-1}$·秒$^{-1}$（Pa·s）（巴·秒）或克·厘米$^{-1}$·秒$^{-1}$（泊），当 $A=1cm^2$，X＝1cm，F＝1 达因，$v_1-v_2=1cm/s$ 时，$\eta=1$ 泊。

SI 单位中，$A=1m^2$，X＝1m，F＝1 牛顿，$v_1-v_2=1m/s$ 时，$\eta=1Pa\cdot s=10$ 泊。

常用单位：1 厘泊＝0.01 泊，常写成 cP 或 mPa·s，1cP＝1mPa·s。

凡符合牛顿公式者为牛顿体。将 η 与 ε 作图得一通过 O 点的直线，或在任何切变应力或切变速度下黏度均为恒值，而不属于这种情况的则称之为非牛顿体。

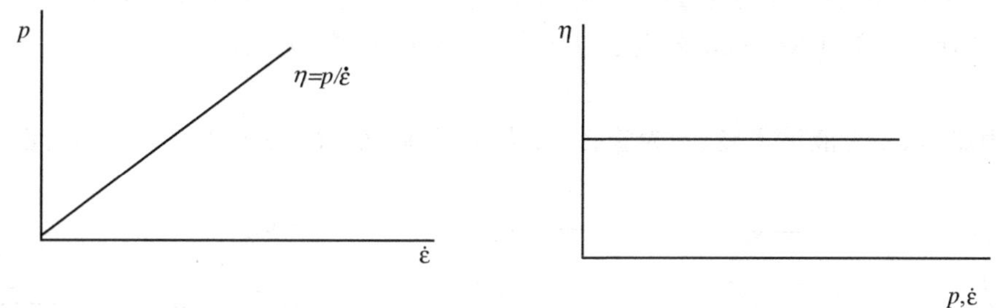

图 14.8 牛顿体的流变曲线

黏度的测量：

1. 利用毛细管黏度计测黏度

式(14.6)称为 Poiseuille 公式[4]。

$$Q = \pi \Delta p R^4 / 8 l \eta \tag{14.6}$$

在毛细管中，液体是一个抛物线流，其在边上和中心的速度是不一样的。因为力场不均一，只能测黏度，不宜作流变研究。下面我们对 Poiseuille 公式进行推导。

施加压力等于液体流动的阻力 P，可以下式表示：

$$\pi r^2 \Delta p = 2\pi r l P \tag{14.7}$$

式中，Δp 为压力差，r 为液柱半径；P 为液体流动的阻力，R 为毛细管半径。

$$P = r\Delta p / 2l = \eta \mathrm{d}v/\mathrm{d}r$$

$$\mathrm{d}v = (\Delta p / 2l\eta)\, r\mathrm{d}r \tag{14.8}$$

速度随液柱半径 r 而变。

对(14.8)式积分，可得

$$v = \Delta p r^2 / 4l\eta + C \tag{14.9}$$

当边界条件是 $v=0$ 时，$r=R$，可得常数 C。

$$C = -\Delta p R^2 / 4l\eta, \qquad \text{故}\ v = -(\Delta p / 4l\eta)(R^2 - r^2) \tag{14.10}$$

在中心，$r=0$，速度最大，而 $\mathrm{d}v/\mathrm{d}r=0$

此处速度为 $v_0 = \Delta p R^2 / 4l\eta$

单位时间内流量 Q，根据旋转抛物体公式，代入 v_0 式

$Q = R^2 \pi v_0 / 2 = \pi \Delta p R^4 / 8l\eta$ 即 Poiseuille 公式，而黏度为

$$\eta = \pi \Delta p R^4 / 8lQ \tag{14.11}$$

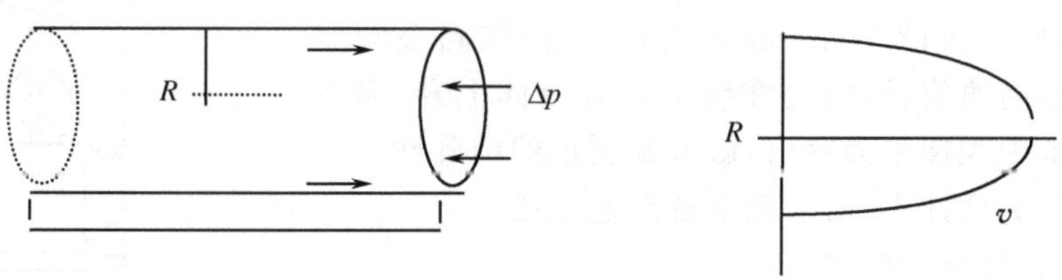

图 14.9 毛细管黏度计中流体的速度分布

层流与湍流：

层流服从牛顿公式，流速超过一定限度时会引起旋涡，变成湍流，不再服从牛顿公式。如图 14.10 所示，可用 Reynold 数表示其限度。Reynold 数，无因次

$$Re = vr\rho/\eta \tag{14.12}$$

式中，v 为流速，ρ 为液体密度，r 为管径，η 为黏度，临界 Re 在 1400～2000 之间。

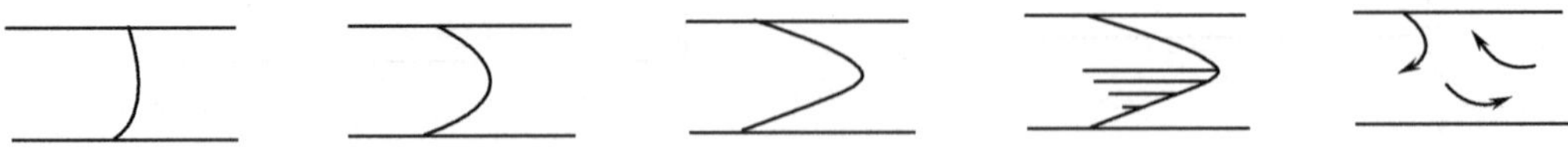

图 14.10　随着液体流速增加，从层流变为湍流

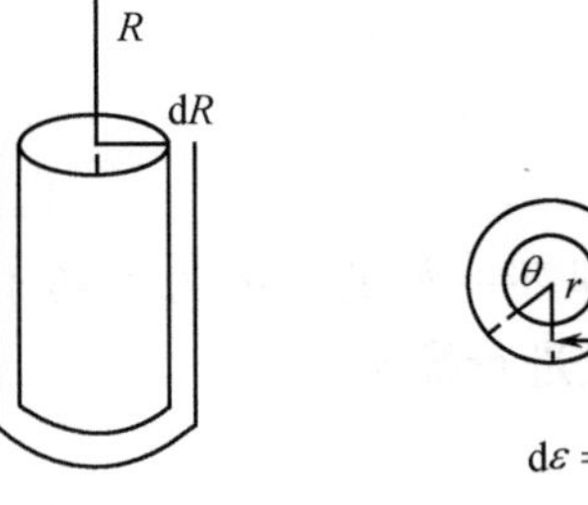

图 14.11　同心圆筒黏度计示意图

2. 利用圆心圆筒黏度计测液体黏度

两个圆筒，内筒固定，外筒以恒速转动，$d\omega$ 为外筒转速

$$d\omega = \frac{d\theta}{dt} \tag{14.13}$$

$$P = \eta\frac{d\varepsilon}{dt} = \eta\frac{rd\theta}{dr}\frac{1}{dt} = \eta\frac{rd\omega}{dr} \tag{14.14}$$

外筒施加力矩＝内筒扭转力矩

$$P2\pi r\cdot h\cdot r = K_y\alpha \tag{14.15}$$

$$P2\pi r^2 h = K_y\alpha$$

$$\eta r d\omega/dr\cdot 2\pi r^2 h = K_y\alpha$$

$$d\omega = K_y\alpha/2\pi\eta h\cdot dr/r^3$$

积分可得

$$\omega = \frac{K_y\alpha}{4\pi\eta h}\left(\frac{1}{r^2} - \frac{1}{(r+dr)^2}\right) \tag{14.16}$$

$$\eta = \frac{K_y\alpha}{4\pi\omega h}\left[\frac{1}{r^2} - \frac{1}{(r+dr)^2}\right] = K\alpha \tag{14.17}$$

式中，$d\omega$ 指外筒旋转，内筒固定。K_y 为扭丝扭力矩，α 为扭转角。

因 K_y，ω，h，r 均可固定，故可直接测出黏度，亦可用黏度比较法测定。在 K_y，ω，h，r 固定时，$\eta_1/\eta_2 = \alpha_1/\alpha_2$，如 η_2 已知，可通过测 α 求出 η_1。

3. 利用锥板式黏度计测黏度

锥板式黏度计的优点是：用量少，而且可以减弱 Weisenbeg 效应。所谓 Weisenbeg 效应，是指在同心圆筒黏度计的内桶高速旋转时，会在绕轴处有液体上升，而在黏度大的体系中表现尤为突出，影响到测量的精确性。

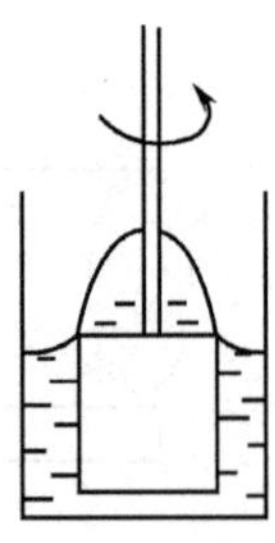

图 14.12　Weisenbeg 效应示意图

在锥板式黏度计中，由上至下各点速度相等。

顶角≈180°，如 179.5°；

半径为 r_i 处的线速度为 ωr_i；

半径为 r_i 处间隙宽度为 $r_i\tan\varphi$；

切变速度 $d\varepsilon/dt = dv/dx = \omega r_i / r_i \tan\varphi = \omega/\tan\varphi$；任一 r_i 时相等，与 v 无关。

如 φ 甚小，$\tan\varphi = \varphi$，线速度处处相等。

$$\varepsilon = \omega/\varphi$$

锥面为 πRL，当 $\varphi \to 0$ 时，$R \to L$，为 πR^2。

$$\eta = \frac{P}{d\varepsilon/dt} = \frac{K_y \alpha/\pi R^2}{\omega/\tan\varphi} = \frac{K_y \alpha/\pi R^2}{\omega/\varphi} = K' \frac{\alpha}{\omega} \tag{14.18}$$

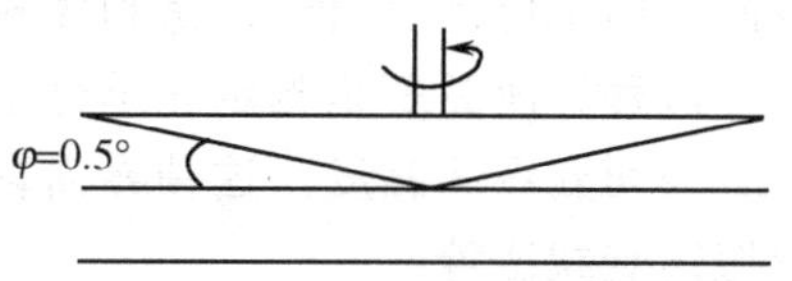

图 14.13　锥板式黏度计示意图

14.2.2　界面流变

液/气、液/固界面膜的流变特性对气泡稳定性和 LB 膜的转移，以及分子间的相互作用很重要。液/液界面膜的流变特性则对乳状液的稳定性及液/液界面性质的研究极为重要。在 Langmuir 槽的液面上安装一狭缝，如图 14.14，然后将液面从一端通过狭缝走向另一端，重要的是，在另一端中的面积要足够大，使压过去的分子不会产生可察觉的表面压，或者可利用特殊的装置以保证 π 值的恒定。

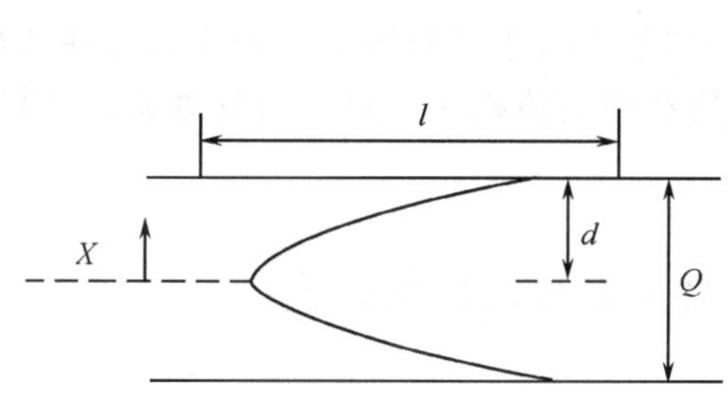

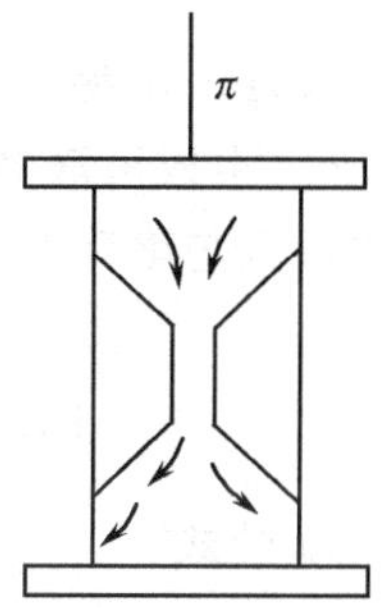

图 14.14　狭缝式表面黏度计原理图[5]

在计算时，如体相毛细管黏度计一样，作数学推导，只是将三维变二维，截面积变成狭缝的宽度，即 $\pi r^2 \to a$；毛细管壁面积变成狭缝长度 $2\pi rl \to 2l$，

$$\pi \cdot a = 2l\eta^s \cdot dv/dx$$

$$\pi \cdot 2x = 2l\eta^s \cdot dv/dx$$

$$dv = -(\pi/l\eta^s)x dx$$

利用 $x = d$，$v = 0$ 可得

$$v = (\pi/2\eta^s l)(d^2 - x^2) \tag{14.19}$$

面积流

$$dA/dt = 2\int_0^d v dx$$

将 v 代入λ

$$dA/dt = \frac{2}{3}(\pi d^3/\eta^s l)$$

$$\eta^s = \frac{2\pi d^3}{3l(dA/dt)} = \frac{\pi a^3}{12l(dA/dt)} \tag{14.20}$$

表面泊的单位是克/秒，这是和体相黏度的单位克·厘米/秒不一样的[6]。

这种界面黏度是测定在单分子膜内分子之间的相互作用，是建立在切变形变上的，故称之为切变界面黏度。这种界面黏度的测定方法，还有类似于同心圆筒法的同心圆片法和振荡衰减法等。

近年来，许多人认为对于乳状液和气泡的稳定性，界面膨胀黏度更为重要，即单分子膜内的分子扩散到体相介质时所遇到的阻力。其实这种阻力除了与分子之间的相互作用外，还包括分子离开界面膜的阻力等。现已经建立了许多方法来进行这种测量。有一种简易的方法[7]，即在固定表面积时，记录随时间而变化的，即可求出这种膨胀黏度。

$$\Delta \pi_t = \Delta \pi_0 e^{-t/\tau} \tag{14.21}$$

其中，$\Delta \pi_0 = \pi_0 - \pi_\infty$，指试验开始时的 π 减去完全松弛时的 π(即 π_∞)。$\Delta \pi_t$ 是指经过 t 秒以后的 π 减去 π_∞，τ 为应力松弛时间。当 $t=\tau$ 时，$\Delta \pi_t = \Delta \pi_0 / e$。而从应力松弛时间 τ，可求出扩散系数 D，而从 Einstein 的扩散系数公式可求出

$$\eta_d = K' \frac{kT}{D} \tag{14.22}$$

式中，η_d 为膨胀(或扩散)黏度，K'为分子的几何因子，k 为玻尔兹曼常量，T 为热力学温度。

除了利用 Langmuir 槽以外，悬滴法和悬泡法亦可采用上面公式来处理已得的数据，即在开始施加压力生成液滴和气泡，然后在固定体积时测量压力的衰退。计算出松弛时间，可求出扩散系数与膨胀黏度。

14.3 稀胶体分散体的黏度公式

14.3.1 Einstein 公式

Einstein 认为胶体溶液黏度增加主要是粒子溶剂化所造成。

$$\eta = \eta_0 (1 + k\phi) \tag{14.23}$$

式中，η 为胶体液黏度，η_0 为分散介质黏度，ϕ 为 1ml 胶体液中分散相的毫升量，叫体积分数，k 值为形状因子，球形 $k=2.5$，椭圆形 $a:b=50:1$，$k=4$…

应用 Einstein 公式的前提是：(1)粒子比溶剂大得多，但比测量容器小得多；(2)粒子为硬固体；(3)粒子间无相互作用；(4)层流。

利用 ϕ，即 η 的测量，可测颗粒溶剂化程度。如藤黄胶，溶剂化程度小，η 和 η_0 相差无几。下表列出藤黄胶的黏度与体积分数的关系。

ϕ	η(实验值)	η(计算值)
0	1.000 cP	
1%	1.000 cP	
2.1%	1.057 cP	1.05275 cP

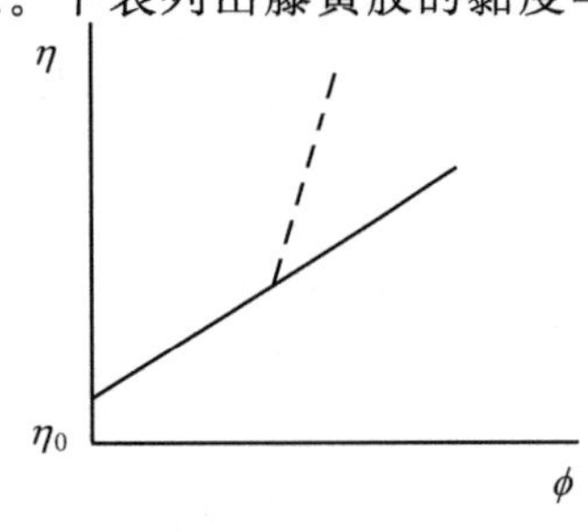

图 14.15 黏度与体积分数的关系

注意：ϕ 中包括胶体的分散程度，分散程度愈大，比表面愈大，溶剂化程度愈大。如果 η-ϕ 曲线为直线，则符合 Einstein 公式，黏度的增加是由于溶剂化所造成的；如为曲线，像图 14.15 中曲线的后半部，则意味着在胶体溶液

中已有颗粒的聚结，形成了结构。V. Vand[8]用半径为 10^{-3}cm 的玻璃珠证明爱因斯坦公式在 $\phi<0.10$ 时是直线，R. Roscoe[9]证明在浓度更高时，式(14.24)更适用。

$$\eta/\eta_0=(1-\phi)^{-2.5} \tag{14.24}$$

以后 Krieger-Dougherty 考虑到 ϕ 不可能为 1，因此在式中引入 ϕ_{max}，而且式中引入$[\eta]$，即

$$\lim_{c\to 0}\left(\frac{\eta}{\eta_0}-1\right)/c$$

得公式

$$\frac{\eta}{\eta_0}=[1-(\phi/\phi_{max})]^{-[\eta]\phi_{max}} \tag{14.25}$$

这些公式说明了人们一直在寻找更符合 Einstein 规定条件的理想公式，但实际上，到了浓体系，开始发生颗粒聚集和体系的结构形成，颗粒间的相互作用成为主要因素，加上内相的成分、形状都有影响，因此在浓体系中，采用流变学的研究方法更为重要和有效。

Smoluchowski 提出，如果胶体表面带电，由离子氛围造成 ϕ 变大，电黏滞公式可以写成：

$$\eta=\eta_0[1+K\phi(1+(\xi\varepsilon/2\pi)^2/\lambda\eta_0 r^2] \tag{14.26}$$

式中，λ 为比电导，r 为粒子半径，ξ 为 ξ 电位，ε 为溶液介电常数。

下面介绍几个常用名词：η/η_0 为相对黏度 η_r，$(\eta-\eta_0)/\eta_0$ 为比黏度 η_{sp}，η_{sp}/c 为比浓黏度(reduced viscosity)，$\lim\limits_{c\to 0}\eta_{sp}/c=[\eta]$为特性黏度(intrinsic viscosity)。

14.3.2 黏度法测稀分散体的溶剂化与结构形成

利用 Einstein 公式及电黏滞公式可了解稀分散体的溶剂化与结构形成。

例 1：石花菜。0.286%溶液，$\eta=2.4\,c\eta$，$\eta_0=1\,c\eta$

按 Einstein 公式：

$$(\eta-\eta_0)/\eta_0=2.5\phi$$

则
$$\phi=(2.4-1)/2.5=0.56$$

即 1mL 石花菜溶胶中，胶体分散相占 0.56 mL，而干的石花菜应占体积 $w/\xi=v$。每毫升溶胶占 0.00286 mL 体积，大了 0.56/0.00286＝196 倍。

例 2：石花菜稀溶液中加入酒精

当加入酒精少时，不足以去溶剂化，ϕ 变小时，$\frac{\eta\quad\eta_0}{\eta_0}=K\phi$。但去溶剂化后，再多加酒精亦无用。另外，此图表示，去溶剂化只在一很窄范围内进行，很灵敏也很奇怪。说明去溶剂化也不是渐变的，而是一突然过

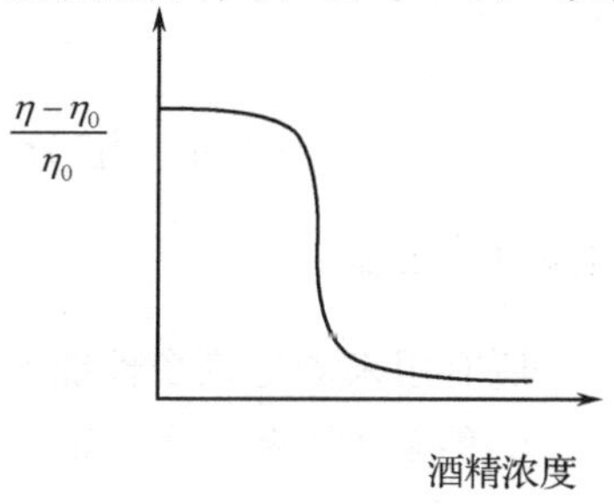

图 14.16 石花菜溶液的去溶剂过程

程。

例 3：石花菜稀溶液中加入电解质

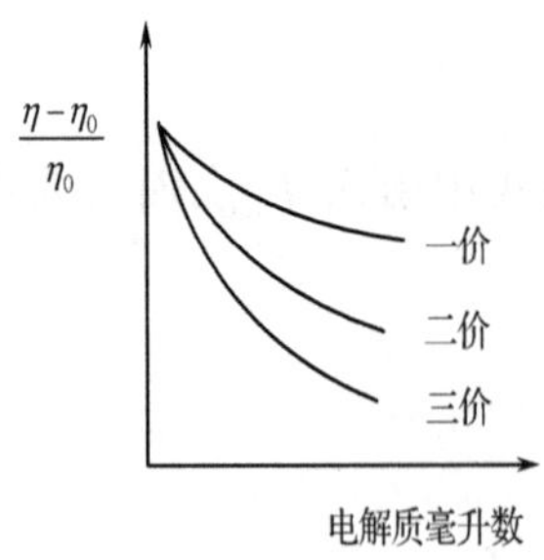

KCl：1.25mmol/L

$BaCl_2$：0.05mmol/L

$[Co(NH_3)_6]Cl_2$：0.03mmol/L

图 14.17　不同价数电解质对溶胶去溶剂化的作用

例 4：浓度 17%，比重 1.10 的氢高岭土加入各种电解质后的黏度见表 14.2。表中纵轴是阳离子的影响，横轴是阴离子的影响。

表 14.2　氢高岭土加入各种电解质后的黏度(cP)

	OH^-	CO_3^{2-}	SiO_3^{2-}	SO_4^{2-}	Cl^-		OH^-	CO_3^{2-}	SiO_3^{2-}	SO_4^{2-}	Cl^-
H^+	250				170	Cs^+	1.3				
Li^+	1.3	1.7	1.7	80	140	NH_4^+	—				
Na^+	1.3					Sr^{2+}	90				
K^+	1.3					Ba^{2+}	70				

此例说明在浓分散体系中黏度的上升已不是溶剂化的原因，而是由聚沉形成的结构所造成的，叫结构黏度。在高切变速度下结构被破坏，低切变速度下又恢复；黏度具有切变速度依赖性，属流变学研究范围。

在这里，对胶体体系的稳定性有两种理解，一是颗粒之间由于有了保护层，因而有了很好的聚结稳定性，但是如果颗粒比较粗，它仍然会由于重力随着时间而下沉，即所谓的沉降稳定性差，因而整个溶胶体系是不均一的，而且下沉的部分会由于颗粒的接近而成饼状坚固沉淀，难以再分散。另一种情况是颗粒之间的保护层并不太厚，因而较容易聚结而形成絮状聚结物。在聚结物浓度大时，这种聚结的不稳定性反而使体系形成了整体网状结构。而形成结构后，能阻止颗粒的沉降，称之为受阻沉降（hindered settling），反而增加了体系的沉降稳定性，这对于许多具有实用意义的粗分散胶体体系来说，是十分重要的。

14.4　浓分散体系的流变性能——物理化学力学

14.4.1　仪器

所有用来测定流变性能的仪器都必须满足下列条件：

i. 单纯的形变——切变。　　ii. 恒流状态。

iii. 没有沿壁滑脱。　　iv. 细隙缝。以接近于平行板。

v. 能在很大范围内变化 P，ε，$d\varepsilon/dt$。

积分法:观察总的性能。各种测力、黏度设备。这是我们书中要介绍的。

微分法:观察每一点的应力 P、形变 ε、形变速度 $d\varepsilon/dt$,利用染料,X 射线,偏光仪等来观察和记录流型和力场的分布。

1. 薄片拉伸仪

将表面粗糙的薄片浸入含可形成结构分散体(如黏土、巧克力浆、明胶、淀粉等)的容器中。待其结构形成后,放在升降台上,与测力的弹簧挂钩,以恒定速度下降平台,即有力作用于此薄片上,弹簧被拉长,当达到最高点时,结构被破坏,弹簧回缩,我们把这一最高点称之为相对极限抗剪切强度 P。$P=F/2S$,极限抗剪强度

$$P_m = f(\varepsilon) = F_m/2S \tag{14.27}$$

和一切力学性能一样,其强度是和施力速度有关的,如图 14.18。

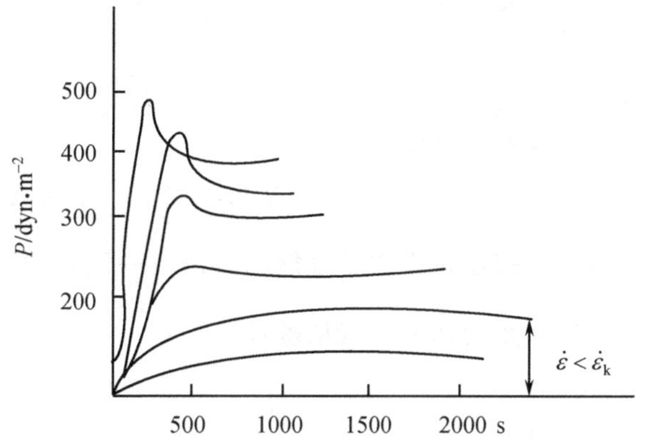

图 14.18 4%环烷酸铝胶在不同 $d\varepsilon/dt$ 下的 P_m[10]

此外,本方法只求一个相对比值,对容器的大小与形状均无严格规定。利用这一仪器,我们还可以研究体系结构形成的类型。我们可以平行地放置同一样品于几个小杯中,插上薄片,然后放在含水的干燥器中以防止蒸发。分时间依次取出测试,如该体系随时间而凝胶化,称之为结构形成,那么可以得出图 14.18 的软胶结构形成动力学图。根据此图可知何时结构已全部形成。如果将样品经搅拌破坏后,在进行新一轮的测试,那么我们还可以得到如下信息,即这种结构是可全部恢复、局部恢复还是完全不能恢复的。利用这种研究,我们可以了解到胶体颗粒间相互作用的性质以及改变他们的方法。

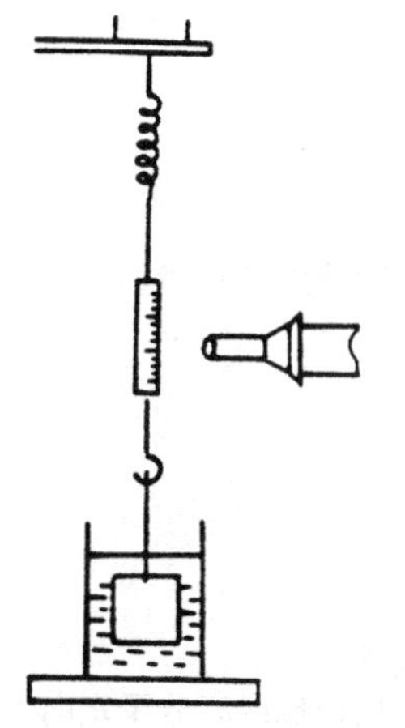

图 14.19 测胶体软胶力学的薄片拉伸仪

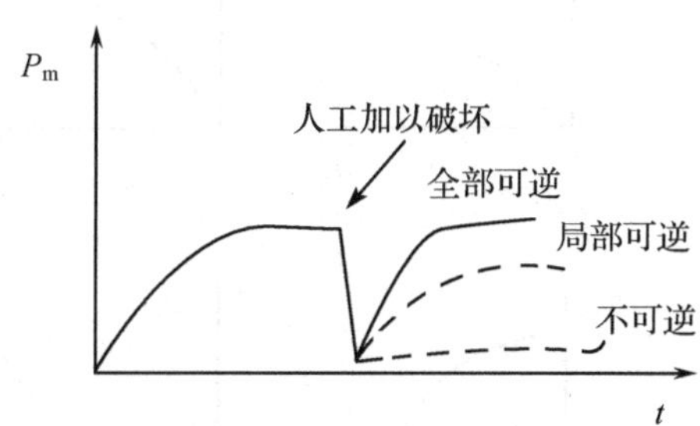

图 14.20 软胶中结构形成动力学

2. 锥度计

锥度计与薄片拉伸仪有相同作用,这是适用于黏度极大的分散体系的,如水泥、混凝

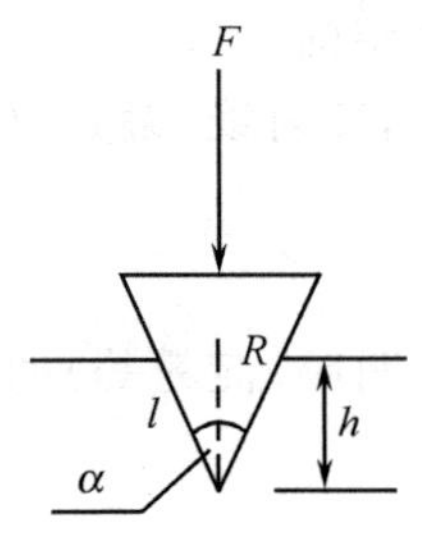

图 14.21 测浓分散体系力学性能的锥度仪

土、沥青等。其原理是，在荷重 F 下，不断下沉，接触面 S 不断变大。F/S= P 不断变小，直至平衡。

此时 $P=P_m=F_m/S_m$为条件极限剪应力。

$F_m=F\cos\frac{\alpha}{2}$； $S_m=\pi LR$； $R=h\tan\frac{\alpha}{2}$； $L=h/\cos\frac{\alpha}{2}$

$$P_m=\frac{F_m}{S_m}=\frac{F\cos\frac{\alpha}{2}}{\pi h^2\frac{\tan\frac{\alpha}{2}}{\cos\frac{\alpha}{2}}}=\frac{F\cos^2\frac{\alpha}{2}}{\pi h^2\tan\frac{\alpha}{2}}=K_\alpha\frac{F}{h^2} \quad (14.27)$$

例如可利用此仪器来研究水泥固化、地基加固等问题。

14.4.2 描述体系力学性能的方法——流变学基础

1. 体系的切变速度依赖性

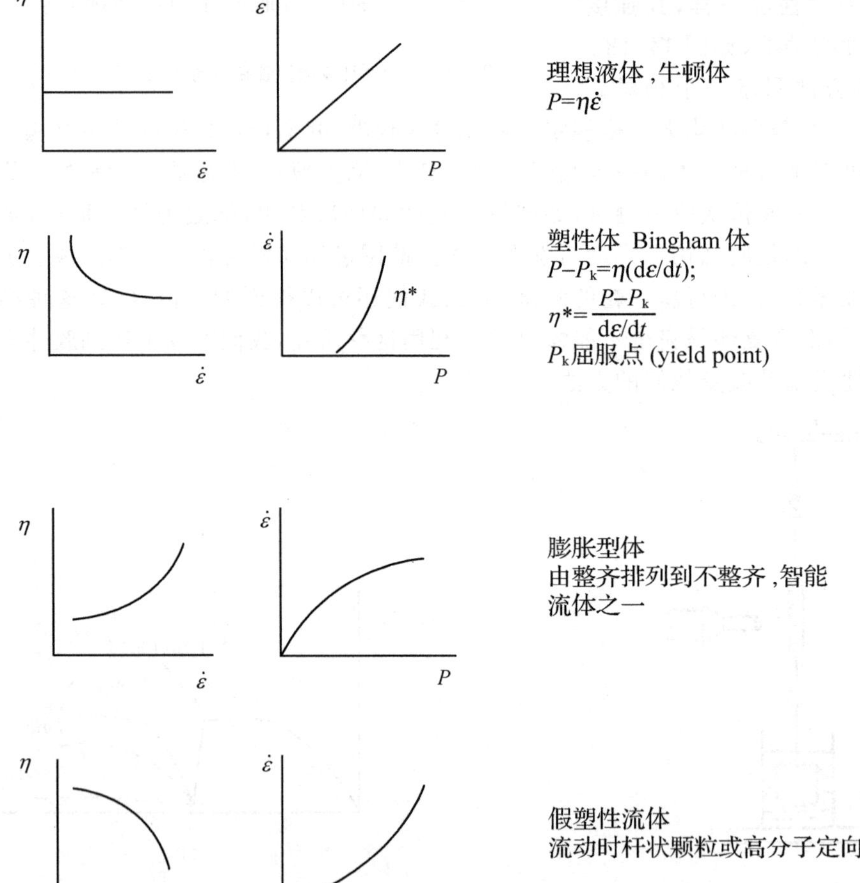

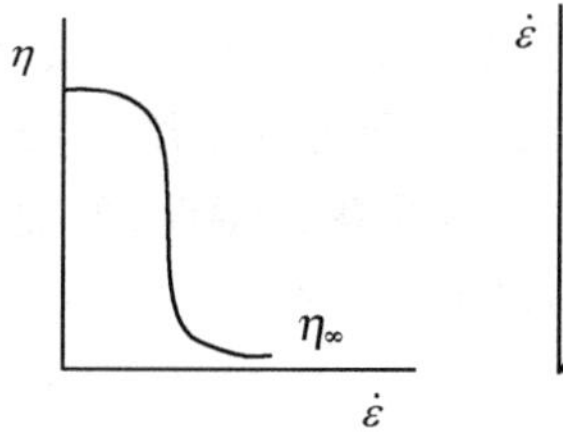

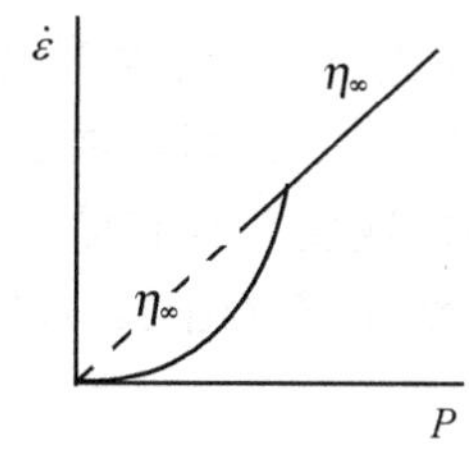

Ostwald-Rehbinder型

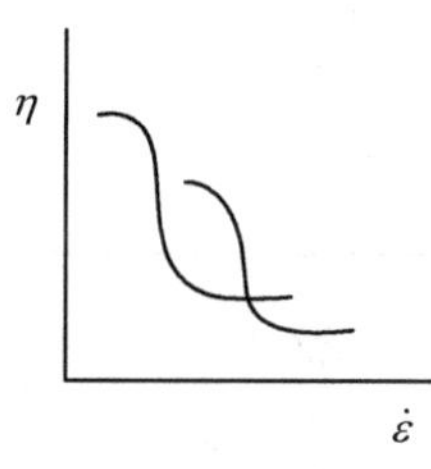

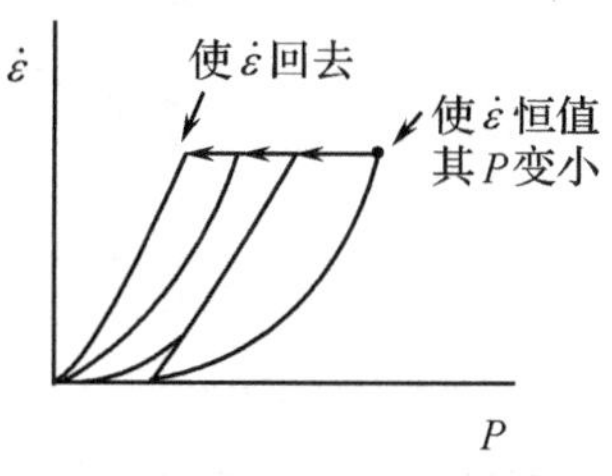

触变型
随时间恢复结构，与测量时取值条件关系很大，在$\dot{\varepsilon}$-P曲线上形成滞后圈，智能流体之二

2. 测量在恒定应力下，形变发展的动力学。

有两种仪器可以进行这种研究。

(1)同心圆筒黏度计

两个圆筒间的狭缝愈小愈好，才能近于平行板，用于流变研究。

可转内筒(Searle 型仪)，亦可转外筒(Couette 型)。

测量虎克限内固体，求 G。

a,b，内壁，半径为 r，使转动

c,d，外壁，半径为 $r+\mathrm{d}r$，使不转动

$aa'/ad=\varepsilon$ 相对形变，$P=G\varepsilon=Gr\mathrm{d}\theta/\mathrm{d}r$

施加力矩，丝扭力矩$=K_y\alpha$

K_y 为扭转模量，α 为扭转角。

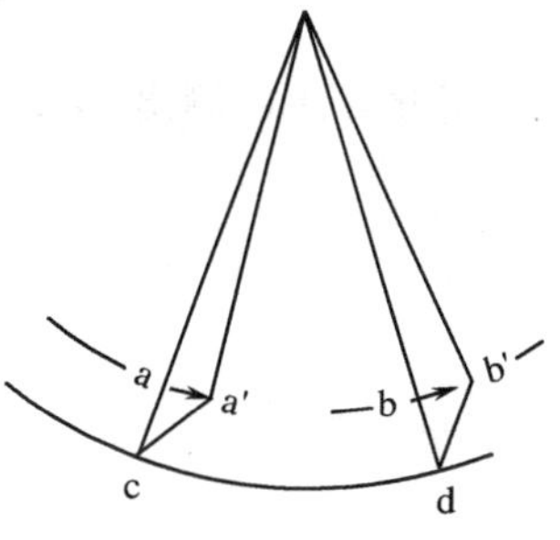

图 14.22　利用同心圆筒黏度计来测量虎克弹性模量

$$\text{转动力矩}=F\cdot r=P\cdot A\cdot r=P\cdot 2\pi r^2\cdot h \tag{14.28}$$

两力矩相等，

$$P\cdot 2\pi r^2\cdot h=K_y\alpha \tag{14.29}$$

即

$$Gr\frac{\mathrm{d}\theta}{\mathrm{d}r}\cdot 2\pi r^2 h=K_y\alpha \tag{14.30}$$

$$\mathrm{d}\theta=\frac{K_y\alpha\mathrm{d}r}{G\cdot 2\pi r^3\cdot h} \tag{14.31}$$

两边积分可得：

$$\theta=\frac{K_y\alpha}{G2\pi Gh}\int_r^{r+\mathrm{d}r}\frac{r}{r^3}=\frac{K_y\alpha}{4\pi Gh}\left[\frac{1}{r^2}-\frac{1}{(r+\mathrm{d}r)^2}\right] \tag{14.32}$$

$$G=\frac{K_y\alpha}{2\pi h\theta}\left[\frac{1}{r^2}-\frac{1}{(r+\mathrm{d}r)^2}\right] \tag{14.33}$$

(2)平行板测定仪

如图 14.23 所示，在两个平行板中放置欲测定的胶冻。下板固定，上板的右侧通过一砝码施加作用力，在上板的左侧连一长针，针上有标记，可通过读数显微镜观察

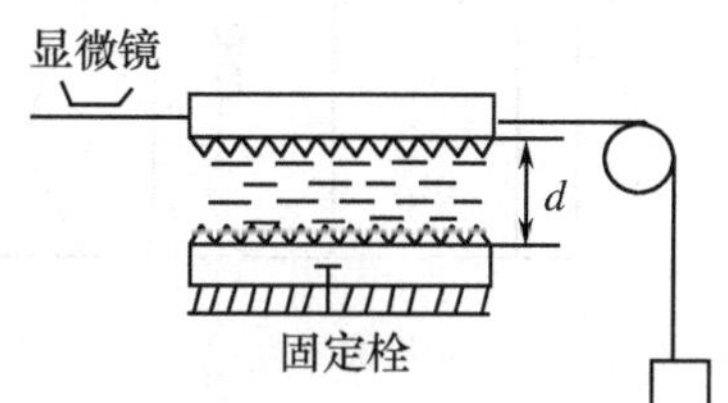

图 14.23　平行板测定仪

其位移。

以上这两种测定是用小于虎克限的外力来进行的，结构不受到破坏。对于理想虎克体，有弹性后效，但无剩余形变(图 14.24a)。现实中的固体在长时间受力作用下则往往带有塑性形变，其结构破坏速度远小于结构形成速度。具有黏弹体的各种特性，如虎克模量 G_0、高弹模量 G_2、高弹形变分量 λ、蠕变黏度 η_0 等(图 14.24b)。

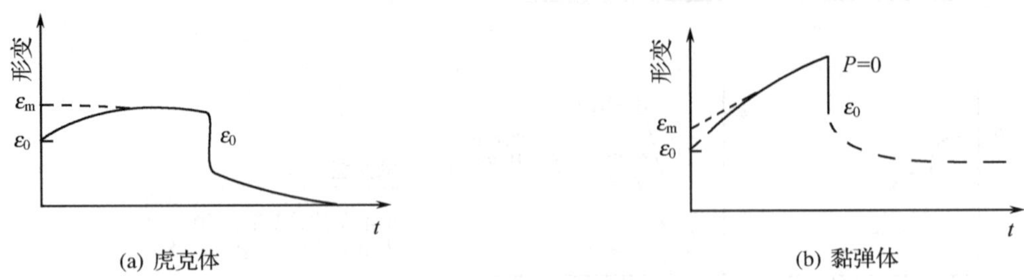

图 14.24 虎克体和黏弹性体的形变发展动力学

用此方法可测出 G_0，G_2，λ，η_0：

$G_0 = P/\varepsilon_0$	有条件的瞬时弹性模量，在改变一系列 P 时得到一系列 ε_0，以 P 和 ε_0 作图，在虎克限前可得一直线，其斜率为 G_0
$G_2 = \dfrac{P}{\varepsilon_m - \varepsilon_0}$	高弹模量，即图 14.24 中的 $\varepsilon_m - \varepsilon_0$ 部分形变所贡献
$\lambda = \dfrac{\varepsilon_m - \varepsilon_0}{\varepsilon_m}$	在整个弹性形变中高弹形变分量
$\eta_0 = \dfrac{P}{d\varepsilon/dt}$	结构实际无破坏的蠕变黏度
牛顿型液体	$P = \eta(d\varepsilon/dt)$(定义)或 $P = \eta dv/dx$
虎克弹性体	$P = G\varepsilon$

3. 描述物体流变性能的模型理论

该种研究方法类似于电学研究中的等效电路法，即用电阻、电容、电感等的串联与并联来说明物体的电学性质。在这种研究中，企图用虎克体(弹簧)与牛顿体(黏壶)的并联与串联来说明物体的流变性能。图 14.25 表示了 4 种模型及其表达公式。

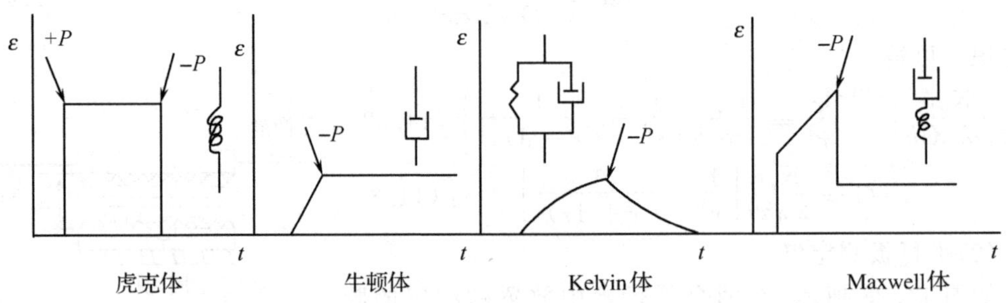

图 14.25 描述物体流变性能的几种模型

(1)Kelvin 体

由弹簧与黏壶并联而得

$$1/\varepsilon = 1/\varepsilon_1 - 1/\varepsilon_2 \tag{14.34}$$

可算出形变逐步发展和弹性后效的公式：

$$\varepsilon = \frac{P}{G}(1 - e^{-(G/\eta)t}) \tag{14.35}$$

(2)Maxwell 体

由弹簧与黏壶串联而得，此模型认为弹性形变转化为不可变形变。提出应力松弛的概念。当施加一力于一物体后，得一形变，保持总形变不变。形变由两部分组成：

$$\text{虎克体 } \varepsilon_1 = P/G \text{ 和牛顿体} \frac{d\varepsilon}{dt} = P/\eta$$

$$\frac{d\varepsilon_1}{dt} = \frac{d\frac{P}{G}}{dt} = \frac{1}{G}\frac{dP}{dt} \tag{14.36}$$

$$\frac{d\varepsilon_2}{dt} = \frac{P}{\eta} \tag{14.37}$$

$$\frac{d\varepsilon}{dt} = \frac{d\varepsilon_1}{dt} + \frac{d\varepsilon_2}{dt} = 0 \tag{14.38}$$

或

$$\frac{d\varepsilon_1}{dt} = -\frac{d\varepsilon_2}{dt}$$

$$\frac{1}{G}\frac{dP}{dt} = -\frac{P}{\eta} \tag{14.39}$$

$$dP/P = -(G/\eta)dt$$

$$\ln P/P_0 = -(G/\eta)t \tag{14.40}$$

$$P = P_0 e^{-(G/\eta)t} \tag{14.41}$$

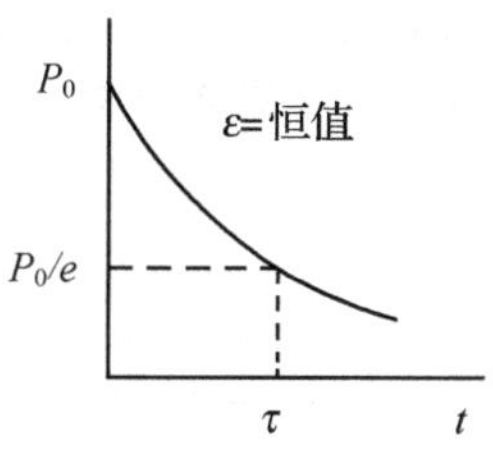

图 14.26 应力松弛的压力-时间示意图

随着时间增加，应力逐步下降，故称之为应力松弛。当令 $\tau = \eta/G = t$ 时，$P = P_0$，而 η，G 均为物质常数，故 τ 亦为物质常数，称为松弛时间。其物理意义是当施加力的时间大大超过应力松弛时间时，物体流动，物体表现为液体。反之，物体表现为固体。这一概念十分重要，也更接近于实际，例如水的 τ 约为 10^{-6}秒，一般是觉察不出其固体性质的，但在速度极高时，水可以变得十分硬，可以用来“水力采焊”，使坚硬的煤粉碎，又如气垫船利用高速气流喷在水面上而使船离开水面，高楼上跌下的鸡蛋足以击碎汽车窗玻璃，都是由于作用时间大大小于应力松弛时间的缘故。而相反，山脉的流动与移动却是因为作用时间长而造成的。其中 0.5％明胶具有的松弛时间竟是 55℃松香的 16 倍，虽然松香黏度很大，但却比明胶易于流动。表 14.3 列出了一些液体的应力松弛时间。

表 14.3 一些液体的应力松弛时间

空气	10^{-10}s	55℃松香	5×10^{-1}s	斑脱士 1.6％	2.1×10^{-1}s
水	10^{-6}s	12℃松香	4×10^{6}s	古巴清漆	2×10s
蓖麻油	2×10^{-3}s	斑脱士 1.2％	3×10^{-2}s	0.5％明胶	8×10^{2}s

这个理论告诉我们一个重要的概念，即固体和液体的概念都是相对的，而我们平时所测出的固体强度都是与施加力的速度有关的。施力速度愈快，固体强度就愈高，因此所有材料的硬度测定中必须有关于施力速度的规定。

综 合 参 考 书

1. Ребиндер ПА, Новые методы физико-химических исследований поверхностных явлений труды инст физической химии, АНСССР, вып. М , Издво. АН СССР 1950 с5

2. Ребиндер ПА, Поверхностные явления в дисперсных системах Физико-химическая Механика, Избранных труды, М Наука, 1978

3. Hiemeng PC and Rajagopalan, Principles of Colloid and Surface Chemistry 3rd Edi. , Marcel Dekker, Inc. New York, 1997

4. Reiner M, Deformation, Strain and Flow, Lewis & Co. Ltd. Hong Kong, 1960

5. Kruyt HR, Ed. Colloid Science, Vol. 1 and 2, Elsevier, Amsterdam, Netherland, 1952

6. 陈宗淇，戴闽光，胶体化学，北京：高等教育出版社，1984

参 考 文 献

[1] Tai A P, Sci. Sinica (Peking), 12, No. 9, 1311～1320 (1963)；戴安邦，江龙，硅酸及其盐的研究，I. 硅酸聚合的速度和机制，化学学报，1957 年，2 期；戴安邦，陈荣兰等，南京大学学报(化学版)，1963

[2] Каблуков ИА 等著，虞宏正等译，物理化学及胶体化学(下册)，上海：商务印书馆，1953

[3] 沈钟，王国庭，胶体与表面化学，第二版，北京：化学工业出版社，1997

[4] Reiner M, Deformation, Strain and Flow, Lewis & Co. Ltd. Hong Kong, 1960

[5] Adamson A W, Physical Chemistry of Surfaces 3rd ed. , John Wiley, 1976；中译本：顾惕人译，表面的物理化学，北京：科学出版社，1984

[6] 陈秀春，张家芸，唐季安，江龙，薄膜科学与技术，8 卷，4 期(1995)

[7] 江龙，赵丰，唐季安，朱红，李津如，李冰冰，科学通报，45 卷，23 期，2501～2505 (2000)

[8] Vand V, J. Phys. Colloid Chem. , 52, 300 (1948)

[9] Roscoe R, Br. J. Appl. Phys. , 3, 267 (1952)

[10] Rehbinder ПА, Ivanova-Tschumakova L, Z. Phys. Chem. , 209, (1958)；Rehbinder P, Discuss Faraday Soc. , N18, 151(1954)

习 题

1. 两个面积为 $0.5m^2$ 的平行板浸在一液体中，一平行板固定，一平行板平行地前移。两板间距为 1cm。当施加 0.5N 力时，活动板以 0.1m/s 速度向前移动。问液体黏度为多少？
2. 石花菜水溶液的浓度为 0.286%，具有黏度 2.4cP。如果该溶液服从 Einstein 黏度公式，其体积分数是多少？
3. 何谓应力松弛？用什么方法可以定量地表示一个体系的应力松弛？
4. 什么是流变学？流变学研究的对象是什么？
5. 非牛顿体是什么？非牛顿体有哪些类型？
6. 何谓触变现象？用什么方法可以定量地测定触变现象？